普通高等学校
计算机教育 "十二五" 规划教材

12th Five-Year Plan Textbooks of
Computer Education

软件测试

（第 2 版）

朱少民 ◎ 编著

Software

Testing

人民邮电出版社

北京

图书在版编目（CIP）数据

软件测试 / 朱少民编著. — 2版. — 北京：人民
邮电出版社，2016.7
普通高等学校计算机教育"十二五"规划教材
ISBN 978-7-115-41293-5

Ⅰ. ①软… Ⅱ. ①朱… Ⅲ. ①软件－测试－高等学校
－教材 Ⅳ. ①TP311.5

中国版本图书馆CIP数据核字(2015)第298402号

内 容 提 要

软件测试是一门新兴的学科，同时又是一门越来越重要的学科。本书首先从软件测试的产生和定义出发，描述了一个完整的软件测试知识体系轮廓，让读者从全局来把握软件测试；然后，针对软件测试的不同知识点展开讨论。

本书在内容组织上力求创新，尽量使软件测试知识具有很好的衔接性和系统性，使需求和设计评审、软件测试用例设计、自动化测试和主要类型的测试活动有机地结合起来，使读者更容易领会如何将测试的方法和技术应用到单元测试、集成测试、系统测试中去。本书提供了丰富的实例和实践要点，特别加强了移动应用 App 的各项测试，从而更好地满足当今软件测试工作的实际需求，使读者掌握测试方法的应用之道和品味测试的最佳实践。

本书条理清晰，语言流畅，通俗易懂，内容丰富、实用，将理论和实践有效地结合起来。本书可作为高等学校的软件工程专业、计算机软件专业和相关专业的教材，成为软件测试工程师的良师益友，也可以用作其他各类软件工程技术人员的参考书。

◆ 编　　著　朱少民
　　责任编辑　刘　博
　　责任印制　沈　蓉　彭志环

◆ 人民邮电出版社出版发行　　北京市丰台区成寿寺路 11 号
　　邮编　100164　　电子邮件　315@ptpress.com.cn
　　网址　https://www.ptpress.com.cn
　　涿州市般润文化传播有限公司印刷

◆ 开本：787×1092　1/16　　　拉页：1
　　印张：19.25　　　　　　　2016 年 7 月第 2 版
　　字数：492 千字　　　　　　2025 年 1 月河北第 20 次印刷

定价：49.80 元

读者服务热线：**(010)81055256**　印装质量热线：**(010)81055316**
反盗版热线：**(010)81055315**

（7）将书中出现的一些链接转换成了二维码，全书二维码近百个，有利于读者更方便、更快地获得相应的阅读材料。

希望通过这次修改，广大教师和学生能够更喜欢本教材。但同时，由于笔者毕竟时间和能力都有限，本教材还会存在一些问题，请大家不吝指正。我自己也会继续努力，不断完善本教材，并尽快推出第3版。这个过程也需要大家的支持，及时提供反馈，为下一版的改进提出宝贵意见，在此表示由衷的感谢！

朱少民
于同济大学美丽的校园

第2版前言

有时，我不禁会问自己：时间都去哪儿了？《软件测试》第 1 版于 2009 年出版，到现在已经 6 年多了。现在才出第 2 版，更新比较慢，不符合当今敏捷软件开发的快速迭代思想，自己要检讨，要继续不断问自己：时间都去哪儿了？《软件测试》出版这几年还是受到了国内不少大学的欢迎，已重印多次，还成为同济大学"十二五"规划教材，所以笔者有责任及时更新本教材，希望将来每 2~3 年就更新一次，和软件测试技术的发展保持同步。

这几年，最突出的变化是移动应用越来越广泛，如 2014 年移动设备迅速增长，达到 10.6 亿部，是 2013 年的 3 倍，而且每台设备平均安装了 34 个应用程序，平均每天有 20 个左右的移动应用被打开，也就是每天有 200 亿次的移动 App 在运行。移动应用的测试在今天自然也很火，有必要引入到软件测试，所以在第 2 版新增了一章"移动 App 的测试"，不仅涉及其功能测试、自动化测试工具及其应用，而且还详细介绍了移动 App 的专项测试（流量测试、耗电量测试等）、性能测试（侧重内存分析）、安全性测试、针对"闪退"的测试、用户体验测试等。同时，由于本地化和国际化测试已经比较成熟，软件开发平台和语言对本地化和国际化支持越来越好，为了不增加本课程的学时，故将这一章删去，相当于用"移动 App 的测试"这章替换了第 1 版中"本地化测试"那章。除了这项重大改动之外，本书主要还进行了下列一些改动。

（1）引入了敏捷测试，适应当前软件开发模式的变化，但还保留了传统的软件测试。让读者从不同的思维方式来理解软件测试，因此未将"单元测试、集成测试、系统测试、验收测试"看作测试阶段，而是看作测试的不同层次、不同活动。

（2）需求评审也不局限于需求规格说明书的评审，还包括用户故事的评审，如 INVEST 标准。在集成测试中，增加了"持续集成及其测试"的介绍。

（3）第 3 章"测试用例设计"改为"测试分析与设计"，加强测试分析，因为测试分析往往容易被忽视，而实际上，测试分析是测试设计的基础；其次，测试设计也不局限于测试用例的设计。如果不写测试用例，而是开发自动化测试脚本，也需要测试设计。再进一步，在探索式测试中，没有测试用例，也依然需要测试设计。

（4）在功能测试上，不仅加强业务分析，而且扩展整体的分析思路，给出 LOSED 模型，从多个方面去分析，相互补充，更好地确保测试的充分性。

（5）对测试工具进行了更新，删除一些淘汰的工具，增加了一些新出现、更流行的一些测试工具，确保工具的有效性。

（6）增加了 8 个实验，分布在第 2~8 章，这些实验覆盖需求评审、测试设计、单元测试、系统功能测试、性能测试、安全性测试、移动应用自动化测试、Windows 应用自动化测试等。当然，教师还可以结合自己学校的特点，安排一些其他实验。

第1版前言

在过去的半个世纪，软件获得了空前的发展，逐渐渗透到各个领域，从最早的科学计算、文字处理、数据库管理、银行业务处理到工业自动控制和生产、办公自动化、新闻媒体、通信、汽车、消费电子、娱乐等，软件无处不在，改变了人类的生活与生产方式。随着计算机软件在各行各业的普及应用，人们对软件质量的要求也越来越高，专业化和多样化的特点越来越显著。但同时，我们看到软件产业还不够成熟，软件质量状况不容乐观，软件在运行和使用过程中出现的问题还比较多。例如，2008年互联网Web发展十大失败的事件中，90%的失败都是由软件质量问题造成的，与"宕机""停机""崩溃"等一系列严重的质量问题联系在一起。

软件质量一直是软件工程中的一个焦点，成为人们几十年来不断研究、探索的领域。为了改善软件质量，人们不仅从企业文化、软件过程模型、需求工程、设计模式等不同方面来获取有效的方法和最佳的实践，而且开始重视软件测试，在软件测试上有更多的考虑和投入。虽然质量是内建的，但软件测试依旧承担着非常重要的作用。软件测试自身也在发生变化，已经不再只充当门卫的角色——在软件发布之前进行检验，而是正在成为一个持续的反馈机制，贯穿软件开发的整个过程，能尽早地发现问题，降低开发成本，提高软件开发生产力。软件测试人员不再是软件开发的辅助人员，而是软件开发团队的主体之一、积极的参与者。从项目开始的第一天，测试人员就参与项目需求和设计的讨论、评审等各种活动，尽早发现软件需求定义和设计实现上的问题，及时发现软件项目中存在的质量风险。软件开发团队必须尽可能地在交付产品之前控制未来的质量风险，这就必然需要依赖于卓有成效的软件测试。将传统的程序测试的狭义概念扩展到今日业界逐渐认可的、广义的软件测试概念，测试涵盖了需求验证（评审）、设计验证（评审）等活动。软件测试贯穿整个软件生命周期，从需求评审、设计评审开始，就介入软件产品的开发活动或软件项目实施中，和其他开发团队相互协作、相互补充，构成软件生命周期中的有机整体。

软件测试不是一项简单的工作，远比人们所直观想象的要复杂。高效、高质量地完成一个软件系统的测试，涉及的因素很多，也会碰到各种各样的问题，并且要在测试效率和测试风险之间找到最佳平衡点和有效的测试策略，这些都需要测试人员一一克服。要做好软件测试，不仅需要站在客户的角度思考问题，真正理解客户的需求，具有良好的分析能力和创造性的思维能力，完成功能测试和用户界面的测试，而且能理解软件系统的实现机理和各种使用场景，具有扎实的技术功底，通过测试工具完成相应的性能测试、安全性测试、兼容性测试和可靠性测试等更具挑战性的任务。软件测试的主要目的是发现软件中的缺陷，坚持"质量第一"的原则，在实际操作中会遇到一些阻力，需要测试人员去克服。从这些角度看，要成为一个优秀的测试工程师，其实比对成为设计、编程人员的要求还要高，测试人员不仅要体现高超的技术能力，如系统平台设置、架构设计分析、编程等方面的能力，而且要展示自己的业务分析能力、对客户需求的理解能力和团队沟通协作的能力。

本书在内容上进行了精心组织，从概念到方法，再从方法到实践，满足知识层次和逻辑关系的要求，使课程教学和学习更加自然和有效。例如，先介绍软件测试用例的基本内容和基本方法，然后结合单元测试、功能测试和系统测试来介绍测试用例的具体设计方法，包括白盒方法和黑盒方法。再如，先介绍自动化测试的特点、原理和方法，然后在后面各章结合实际测试需要，引入所需要的测试工具，使方法、工具和测试实践有机地结合起来，使读者更容易理解和掌握工具的使用。

本书全面介绍了软件测试的先进理念和知识体系，演绎了如何使用软件测试的方法、技术和工具，帮助大家尽快成为优秀的测试工程师。首先，在第1章回答了一系列关于软件测试的基本问题。

¤   为什么要进行软件测试？

¤   软件测试是什么？

¤   软件测试学科是如何发展而来的？

¤   软件测试带给我们什么？

然后逐步地深入到软件测试领域的各个知识点，包括需求和设计的评审、测试用例设计、自动化测试、缺陷报告、单元测试、功能测试、系统测试、测试计划和管理等。

¤   第2章，不仅介绍了各种评审方法，而且从测试人员角度出发，讨论了如何理解需求和设计实现、如何对需求和设计进行评审，包括清晰地描述了需求评审和各类设计评审的标准。

¤   第3章，从一个简单的实例引入测试用例，阐述了为什么需要测试用例以及如何从书写、基本设计方法和评审等各个方面保证测试用例的质量，并说明如何组织、使用和维护测试用例。

¤   第4章，也是从一些有趣的、简单的实验和一个实实在在的自动化测试的例子，引入软件测试自动化，然后介绍自动化测试的概念、原理、特点和优势，包括代码分析、对象识别和脚本技术。最后，讨论了如何引入自动化测试以及选择测试工具。

¤   第5章，重点介绍了单元测试中白盒测试方法和代码评审，包括分支覆盖、条件覆盖法、基本路径、组合覆盖等方法和代码缺陷检查表等。而且，还讨论了集成测试的策略和方法，以及单元测试工具，包括JUnit和微软VSTS等。

¤   第6章，重点介绍了功能测试用例的各种设计方法，包括等价类划分、边界值分析、因果图、决策表、功能图和正交试验等方法，并讨论了可用性测试、功能测试执行策略和实践、功能测试工具及其使用。

¤   第7章，介绍了国际化和本地化的概念及其关系，详细展示了国际化测试和本地化测试的要求、方法、工具和具体的技巧，包括功能、数据格式、UI、配置、兼容性和翻译等方面的验证。

¤ 第 8 章，内容丰富，详细讨论了负载测试、压力测试和性能测试等概念及其联系，重点讨论了负载测试和性能测试的方法、技术和工具，包括输入/输出参数、场景设置、结果分析等。然后，介绍了兼容性测试、安全性测试、容错性测试和可靠性测试等。

¤ 第 9 章，描述了缺陷报告的内容、格式和各种属性，如类型、来源、严重性和优先级等，重点阐述了缺陷生命周期、如何有效地报告和处理缺陷、各种缺陷分析方法及其作用。

¤ 第 10 章，强调了测试原则，详细介绍了软件测试计划的过程，包括如何制定测试的目标和策略、如何分析测试范围和预估测试的工作量、如何完成资源安排和进度管理等。最后，讨论了测试风险、测试报告和测试管理工具等。

本书特别重视理论与实践相结合，使读者既能领会软件测试的思想和方法，又能将这些方法和技术应用到实际工作中去。因此，本书既适合作为计算机应用、计算机软件、软件工程、软件测试等学科的大学教材，也适合从事软件开发和维护的工程技术人员阅读，包括软件测试人员、开发人员、项目经理和产品经理。

由于作者水平有限，本书不可避免会存在一些错误、不准确以及其他问题，恳请读者见谅并能及时提出宝贵意见。

作　者

2009 年 1 月

目　录

第1章　软件测试概述 1

1.1　一个真实的故事 2
1.2　为什么要进行软件测试 3
1.3　软件缺陷的由来 4
1.4　软件测试学科的发展历程 5
1.5　软件测试的定义 7
　1.5.1　基本定义的正反两面性 7
　1.5.2　服从于用户需求——V&V 8
1.6　软件测试的层次和类型 10
　1.6.1　软件测试的层次 10
　1.6.2　不同类型的软件测试 11
1.7　软件测试的过程 12
　1.7.1　传统的软件测试过程 13
　1.7.2　敏捷测试过程 14
小　结 16
思考题 17

第2章　需求和设计评审 18

2.1　软件评审的方法与技术 19
　2.1.1　什么是评审 19
　2.1.2　评审的方法 20
　2.1.3　评审会议 22
　2.1.4　评审的技术 24
2.2　产品需求评审 25
　2.2.1　需求评审的重要性 25
　2.2.2　如何理解需求 27
　2.2.3　传统软件需求的评审标准 29
　2.2.4　敏捷开发中用户故事评审标准 30
　2.2.5　如何对需求进行评审 31
2.3　设计审查 33
　2.3.1　软件设计评审标准 33
　2.3.2　系统架构设计的评审 35
　2.3.3　组件设计的审查 36
　2.3.4　界面设计的评审 37
小　结 37
思考题 38
实验1　用户故事评审 38

第3章　测试分析与设计 40

3.1　如何进行测试需求分析 40
3.2　测试设计 42
　3.2.1　测试设计流程 42
　3.2.2　框架的设计 43
　3.2.3　功能测试设计 44
3.3　什么是测试用例 46
　3.3.1　一个简单的测试用例 46
　3.3.2　测试用例的元素 47
3.4　为什么需要测试用例 49
3.5　测试用例的质量 49
　3.5.1　测试用例的质量要求 50
　3.5.2　测试用例书写标准 51
　3.5.3　测试用例的评审 52
3.6　测试用例的组织和使用 53
　3.6.1　测试集 53
　3.6.2　测试用例的维护 55
小　结 55
思考题 56
实验2　测试用例结构的设计 56

第4章　软件测试自动化 58

4.1　测试自动化的内涵 58
　4.1.1　简单的实验 59
　4.1.2　自动化测试的例子 60
　4.1.3　什么是自动化测试 62
　4.1.4　自动化测试的特点和优势 63
4.2　自动化测试的原理 64
　4.2.1　代码分析 65
　4.2.2　GUI对象识别 66
　4.2.3　DOM对象识别 68
　4.2.4　自动比较技术 69
　4.2.5　脚本技术 70
4.3　测试工具的分类和选择 73
　4.3.1　测试工具的分类 73
　4.3.2　测试工具的选择 75
4.4　自动化测试的引入 76

4.4.1 普遍存在的问题 77
4.4.2 对策 78
小　结 80
思考题 80
实验 3　Windows 应用自动化测试 80

第 5 章　单元测试和集成测试 82

5.1　什么是单元测试 83
5.2　单元测试的方法 83
　　5.2.1　黑盒方法和白盒方法 84
　　5.2.2　驱动程序和桩程序 85
5.3　白盒测试方法的用例设计 86
　　5.3.1　分支覆盖 86
　　5.3.2　条件覆盖法 87
　　5.3.3　基本路径测试法 88
5.4　代码审查 90
　　5.4.1　代码审查的范围和方法 90
　　5.4.2　代码规范性的审查 91
　　5.4.3　代码缺陷检查表 93
5.5　集成测试 96
　　5.5.1　集成测试的模式 96
　　5.5.2　自顶向下集成测试 96
　　5.5.3　自底向上集成测试 97
　　5.5.4　混合策略 97
　　5.5.5　持续集成测试 98
5.6　单元测试工具 101
　　5.6.1　JUnit 介绍 102
　　5.6.2　用 JUnit 进行单元测试 103
　　5.6.3　微软 VSTS 的单元测试 107
　　5.6.4　开源工具 108
　　5.6.5　商业工具 111
小　结 113
思考题 114
实验 4　单元测试实验 114

第 6 章　系统功能测试 117

6.1　功能测试 117
　　6.1.1　功能测试范围分析 118
　　6.1.2　LOSED 模型 119
6.2　功能测试用例的设计 120
　　6.2.1　等价类划分法 120
　　6.2.2　边界值分析法 124

6.2.3　循环结构测试的综合方法 126
6.2.4　因果图法 127
6.2.5　决策表方法 130
6.2.6　功能图法 133
6.2.7　正交试验设计方法 134
6.3　易用性测试 137
　　6.3.1　可用性的内部测试 138
　　6.3.2　易用性的外部测试 140
6.4　功能测试执行 141
　　6.4.1　功能测试套件的创建 142
　　6.4.2　回归测试 143
6.5　功能测试工具 144
　　6.5.1　如何使用功能测试工具 144
　　6.5.2　开源工具 146
　　6.5.3　商业工具 147
小　结 150
思考题 150
实验 5　系统功能测试 151

第 7 章　系统非功能性测试 153

7.1　非功能性的系统测试需求 153
7.2　概念：负载测试、压力测试和性能
　　　测试 157
　　7.2.1　背景及其分析 157
　　7.2.2　定义 158
7.3　负载测试技术 159
　　7.3.1　负载测试过程 159
　　7.3.2　输入参数 160
　　7.3.3　输出参数 163
　　7.3.4　场景设置 163
　　7.3.5　负载测试的执行 165
　　7.3.6　负载测试的结果分析 166
7.4　性能测试 167
　　7.4.1　如何确定性能需求 167
　　7.4.2　性能测试类型 168
　　7.4.3　性能测试的步骤 169
　　7.4.4　一些常见的性能问题 171
　　7.4.5　容量测试 172
7.5　压力测试 173
7.6　性能测试工具 174
　　7.6.1　特性及其使用 174
　　7.6.2　开源工具 176

7.6.3　商业工具 178

7.7　兼容性测试 181

7.7.1　兼容性测试的内容 ...181

7.7.2　系统兼容性测试 182

7.7.3　数据兼容性测试 183

7.8　安全性测试 184

7.8.1　安全性测试的范围 184

7.8.2　Web 安全性的测试 185

7.8.3　安全性测试工具 187

7.9　容错性测试 188

7.9.1　负面测试 189

7.9.2　故障转移测试 189

7.10　可靠性测试 191

小　结 192

思考题 193

实验 6　系统性能测试 193

实验 7　安全性测试 194

第 8 章　移动应用 App 的测试 ...196

8.1　移动应用测试的特点 196

8.2　移动 App 功能测试 198

8.2.1　面向接口的自动化测试 ...198

8.2.2　Android App UI 自动化测试 203

8.2.3　iOS App UI 自动化测试 213

8.2.4　跨平台的 App UI 自动化测试 217

8.3　专项测试 219

8.3.1　耗电量测试 219

8.3.2　流量测试 221

8.4　性能测试 223

8.4.1　Android 内存分析 224

8.4.2　iOS 内存分析 226

8.5　移动 App "闪退" 的测试 228

8.6　安全性测试 228

8.7　用户体验测试 229

小　结 231

思考题 231

实验 8　系统功能测试 232

第 9 章　缺陷报告 233

9.1　一个简单的缺陷报告 233

9.2　缺陷报告的描述 234

9.2.1　缺陷的严重性和优先级 235

9.2.2　缺陷的类型和来源 236

9.2.3　缺陷附件 236

9.2.4　完整的缺陷信息列表 ...237

9.3　如何有效地报告缺陷 238

9.4　软件缺陷的处理和跟踪 239

9.4.1　软件缺陷生命周期 239

9.4.2　缺陷的跟踪处理 241

9.4.3　缺陷状态报告 241

9.5　缺陷分析 242

9.5.1　实时趋势分析 242

9.5.2　累计趋势分析 244

9.5.3　缺陷分布分析 246

9.6　缺陷跟踪系统 247

小　结 249

思考题 249

第 10 章　测试计划和管理 250

10.1　测试的原则 250

10.2　测试计划 253

10.2.1　概述 253

10.2.2　测试计划过程 254

10.2.3　测试目标 255

10.2.4　测试策略 256

10.2.5　制订有效的测试计划 ...259

10.3　测试范围分析和工作量估计 ...259

10.3.1　测试范围的分析 260

10.3.2　工作量的估计 261

10.4　测试资源要求和进度管理 ...263

10.4.1　测试资源需求 263

10.4.2　测试进度管理 265

10.5　测试风险的控制 266

10.5.1　主要存在的风险 267

10.5.2　控制风险的对策 268

10.5.3　测试策略的执行 269

10.6　测试报告 271

10.6.1　评估测试覆盖率 271

10.6.2　基于软件缺陷的质量评估 ...273

10.6.3　测试报告的书写 274

10.7　测试管理工具 275

10.7.1　测试管理系统的构成 ...275

10.7.2　主要工具介绍 277

小　结 278

思考题......................279

附录......................280

    附录A 软件测试术语中英文对照..........280
    附录B 测试计划简化模板.....................285
    附录C 测试用例设计模板.....................287
    附录D 软件缺陷模板.........................289
    附录E 软件测试报告模板.....................291
    附录F 参考文献和资源.......................294

第1章
软件测试概述

我们匆忙地将众测平台 TestZilla 发布之后，让同学们去测试。虽然发布之前开发人员已经做了基本的测试，但是同学们还是发现了几十个 Bug，主要包括以下问题。

✧ 输入的问题描述格式无法正常显示。

✧ Markdown 语法支持不完整。

✧ 当用户提交了缺陷后不能正常修改。

✧ 本地化缺陷：语言切换功能在产品列表中切换不了。

✧ 安全性缺陷：进入账号后可以随意修改密码，并没有邮箱验证等措施。

✧ 一个问题提交后再马上新建问题时，编辑框内保存了上一个问题的数据。

✧ home page 滚动显示插件、滚动时机问题。

人们在使用一个刚发布的软件时，总是比较容易发现问题，特别是在互联网时代，人们更急于把产品推向市场，即使产品还有比较多的缺陷。无论是知名互联网企业的产品，还是某个创业公司的产品，这种现象比较常见。产品不仅在功能上出现问题，而且在性能、安全性、易用性等各个方面上也会出现问题，例如现在移动 App 应用越来越多，但常常出现闪退（应用崩溃）、兼容性不好、耗流量、耗电等问题。

软件产品形式越来越多，系统越来越复杂，会存在各种各样的问题，而这需要通过软件测试来发现这些问题，并促使这些问题得到修正，从而所发布的软件能够满足质量要求，受到用户的喜欢。软件测试是软件生命周期中最重要的活动之一，从需求评审开始，完成软件定义、设计和实现的验证，全过程地揭示产品质量风险，成为软件质量的守护者，帮助企业获得更强的市场竞争力和更高的利润。

1.1 一个真实的故事

这是一个真实的故事，故事发生在 1945 年 9 月 9 日一个炎热的下午。当时的机房是一间第一次世界大战时建造的老建筑，没有空调，所有窗户都敞开着。Grace Hopper（程序语言编译器的第一位开发人员，后来成为海军少将，如图 1-1 所示）正领导着一个研究小组夜以继日地工作，研制一台称为"MARK II"的计算机，它使用了大量的继电器（电子机械装置，那时还没有使用晶体管），一台不纯粹的电子计算机。突然，MARK II 死机了。研究人员试了很多次还是无法启动，然后就开始用各种方法找问题，看问题究竟出现在哪里，最后定位到板子 F 第 70 号继电器出错。Hopper 观察这个出错的继电器，惊奇地发现一只飞蛾躺在中间，已经被继电器打死。他小心地用镊子将蛾子夹出来，用透明胶布贴到"事件记录本"中，并

图 1-1　海军少将 Grace Hopper
（1906.12.9 – 1992.1.1）

Bug 故事

注明"第一个发现虫子的实例"，然后计算机又恢复了正常。从此以后，人们将计算机中出现的任何错误戏称为"臭虫"（Bug），而把找寻错误的工作称为"找臭虫"（Debug）。Hopper 当时所用的记录本，连同那只飞蛾，一起被陈列在美国历史博物馆中，如图 1-2 所示。

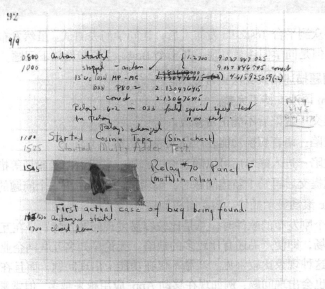

图 1-2　陈列在美国历史博物馆的记录本和飞蛾

（来源：Department of the Navy，Navy Historical Center，Washington，DC）

这个故事告诉我们，在软件运行之前，要将计算机系统中存在的问题找出来，否则计算机系统可能会在某个时刻不能正常工作，造成更大的危害。从这个故事中，我们也知道软件缺陷

被称为"Bug"的原因；而且知道在什么时候，第一个"Bug"被我们发现。

1.2　为什么要进行软件测试

为什么要进行软件测试？就是因为软件缺陷的存在。因为只有通过测试，才可以发现软件缺陷。也只有发现了缺陷，才可以将软件缺陷从软件产品或软件系统中清理出去。至于为什么会存在软件缺陷，我们将留在下一节来讨论。

软件缺陷的危害有小有大，小的缺陷可能使软件看起来不美观，使用起来不流畅或不方便。而严重的缺陷则可能给用户带来损失，甚至造成生命危险，也可能给软件企业自身带来巨大损失。下面列举的几个例子可以说明软件缺陷所带来的严重危害。美国商务部国家标准和技术研究所（NIST）进行的一项研究表明，软件缺陷每年给美国经济造成的损失高达 595 亿美元。这说明软件中存在的缺陷给我们带来的损失是巨大的，也说明了软件测试的必要性和重要性。

【例一】

苹果推出万众期待的 iPhone 3G 的同时，也推出了一个同步服务器 MobileMe。MobileMe 允许 Mac 和 PC 用户通过一个 Web 界面去同步他们的联系人、日历、电子邮件、照片等内容。但在它推出的第一天便出现了大量的问题——性能缓慢、宕机、用户随机注销等，还有一个致命的问题——整整耗费了一天的时间，同步服务也无法同步日历和全部联系人。就像苹果 CEO Steve Jobs 在一封内部邮件里所写的一样——这不是苹果的"光荣时刻"。后来，苹果修复了那些漏洞，并且承诺所有的 MobileMe 用户可以免费使用 90 天。2008 年，互联网产品宕机的现象非常严重，包括 Twitter 网站频繁出现宕机，Gmail 服务宕机 30 小时等，Twitter 宕机标志 Fail Whale 甚至拥有了其狂热者（Fans）的俱乐部、商店等，如 http://www.zazzle.com/failwhale。

【例二】

当 Facebook 推出创新广告平台 Beacon 的时候，受到了极其严厉的批评。事实证明，Facebook 的用户不喜欢让 Web 上的每个人知道他们的交易记录。例如一个小伙子在某电子商务站点上买了订婚戒指，他的 Facebook 资料里会立刻显示这个交易信息，从而暴露了不该暴露的信息，毁坏了他的订婚惊喜。Facebook 之后在 Beacon 里增加了选项，允许用户设置，不显示相关信息。但是很多不良的影响已经造成了，例如一对夫妇诉讼 Facebook 及提供这类服务的合作伙伴。

【例三】

2008 年 8 月，诺基亚公司承认其 Series40 手机平台存在严重缺陷，Series40 手机所使用的旧版 J2ME 中的缺陷使黑客能够远程访问本应受到限制的手机功能，使黑客能够在他人的手机上秘密地安装和激活应用软件。

【例四】

2007 年 10 月 30 日上午 9 点，北京奥运会门票面向境内公众第二阶段预售正式启动。由于瞬间访问数量过大造成网络堵塞，技术系统应对不畅，造成很多申购者无法及时提交申请。为此，票务中心向广大公众表示歉意，并宣布暂停第二阶段门票销售。

【例五】

2007 年，美国 12 架 F-16 战机执行从夏威夷飞往日本的任务中，因计算机系统编码中出现了一个小错误，飞机上的全球定位系统纷纷失灵，导致一架战机折戟沉沙。

【例六】

2003 年 8 月 14 日发生的美国及加拿大部分地区史上最大停电事故是由软件错误所导致的。SecurityFocus 的数据表明，位于美国俄亥俄州的第一能源（FirstEnergy）公司下属的电力监测与控制管理系统"XA/21"出现的软件错误，是北美大停电的罪魁祸首。根据第一能源公司发言人提供的数据，由于系统中重要的预警部分出现严重故障，负责预警服务的主服务器与备份服务器接连失控，使得错误没有得到及时通报和处理，最终多个重要设备出现故障导致大规模停电。

【例七】

2003 年 8 月 11 日，"冲击波"计算机病毒首先在美国发作，使美国的政府机关、企业及个人用户的成千上万的计算机受到攻击。随后，"冲击波"蠕虫很快在因特网上广泛传播，结果使十几万台邮件服务器瘫痪，给整个世界范围内的 Internet 通信带来惨重损失。"冲击波"计算机病毒仅仅利用了微软 Messenger Service 中的一个缺陷，便攻破了计算机安全屏障，可使基于 Windows 操作系统的计算机崩溃。

【例八】

导航软件 Bug 使俄罗斯飞船偏离降落地。2003 年 5 月 4 日，搭乘俄罗斯"联盟-TMA1"载人飞船的国际空间站第七长期考察团的宇航员们返回了地球。但在返回途中，飞船偏离了降落目标地点约 460 公里。据来自美国国家航空航天局的消息，这是由飞船的导航计算机软件设计中的错误引起的。

【例九】

仅仅由于没有进行有效的集成测试，就导致 1999 年美国宇航局的火星探测器在试图登陆火星表面时坠毁。原因是当探测器的脚迅速摆开准备着陆时，触发了着地开关，设置了错误的数据位，导致探测器在着陆之前反推器被关闭。

【例十】

爱国者导弹防御系统存在一个致命的软件缺陷，当时钟累计运行超过 14 小时后，系统的跟踪系统就不准确了。在 1999 年多哈袭击战中，爱国者导弹防御系统由于连续运行 100 多个小时，导致了问题的发生。防御系统未能防住飞毛腿导弹，从而造成 28 名美国士兵死亡。

【例十一】

1996 年欧洲航天局阿丽亚娜 5 型火箭发射后 40 秒钟火箭爆炸，发射基地 2 名法国士兵当场死亡，历时 9 年的航天计划严重受挫，震惊了国际宇航界。爆炸原因在于惯性导航系统软件技术和设计的小失误。

【例十二】

1994 年，已大批卖出的英特尔奔腾 CPU 芯片存在浮点运算的缺陷，导致英特尔公司为此付出 4.5 亿美元的代价。

1.3　软件缺陷的由来

软件缺陷是指软件中存在各种各样的问题，包含了一些偏差、谬误或错误，其主要表现形式是结果出错、功能失效、与用户需求不一致（偏差）等。软件产品或系统中存在的任何一种影响正常运行能力的问题、错误，或者隐藏的功能缺陷或瑕疵，都被认为是软件缺陷。说到底，软件缺陷会导致软件产品在某种程度上不能满足用户的需要。IEEE 国际标准 729 给出了软件缺陷的定义——软件缺陷就是软件产品中所存在的问题，最终表现为用户所需要的功能没有完全实现，不能满足或不能全部满足用户的需求。

（1）从产品内部看，软件缺陷是软件产品开发或维护过程中所存在的错误、误差等各种问题。

（2）从外部看，软件缺陷是系统所需要实现的某种功能的失效或违背。

软件缺陷反映了软件开发过程中需求分析、功能设计、用户界面设计、编程等环节所隐含的问题。软件缺陷表现的形式有多种，不仅体现在功能的失效方面，而且体现在其他方面，例如表现为：

◇　设计不合理，不是用户所期望的风格、格式等；

◇　部分实现了软件某项功能；

◇　实际结果和预期结果不一致；

◇　系统崩溃，界面混乱；

◇　数据结果不正确，精度不够；

◇　存取时间过长，界面不美观。

由于软件开发人员思维上的主观局限性，且目前开发的软件系统都具有相当的复杂性，决定了在开发过程中出现软件错误是不可避免的。引起软件缺陷的原因比较复杂，来源于方方面面，有软件自身的问题，也有沟通问题，还有技术问题等。主要的因素有：

◇　在需求定义时，用户或产品经理在产品功能上还没有想清楚；

◇　当一个产品在做出来之前，在设想过程中，很难构想得很完美；

◇　需求分析、系统设计时，相关方不能准确表达自己的意见，沟通之间也会存在误解，特别是技术人员和用户、市场人员的沟通存在较大的困难；

◇　沟通不充分，或在多个环节沟通以后信息容易失真，误差会不断放大，真可谓"失之毫厘，谬以千里"；

◇　软件设计规格说明书（functional specification，Spec）中有些功能不可能或无法实现；

◇　系统设计存在的不合理性，难以面面俱到，容易忽视某些质量特性要求；

◇　复杂的程序逻辑处理不当，数据范围的边界考虑不够周全，容易引起程序出错；

◇　算法错误或没有进行优化，从而造成错误、精度不够或性能低下；

◇　软件模块或组件多，接口参数多，配合不好，容易出现不匹配的问题；

◇　异常情况，一时难以想到某些特别的应用场合，如时间同步、大数据量和用户的特别操作等；

◇　其他人为错误，文字写错、数据输入出错、程序敲错等。

1.4　软件测试学科的发展历程

前面的故事告诉我们，任何一个系统都可能存在故障，计算机系统也不例外。有了计算机软件，就可能存在问题；有了问题，就需要测试，一切看起来都是自然而然地发展起来的。实际上，软件测试的发展历程并不一帆风顺，经历了一些波折。特别是在早期阶段，软件测试得不到重视，测试技术发展比较慢，而在最近 20 年发展比较快，成为软件业的热门领域之一，也达到了较高的水准。

测试的历史

对于软件测试的发展历史，没有统一的、明确的阶段划分。有一种划分是从测试的基本思想或导向来划分的，分为4个阶段。

1）1957年至1978年，以功能验证为导向，测试是为了证明软件是正确的（正向思维）。

2）1978年至1983年，以破坏性为导向，测试是为了找到软件中的错误（逆向思维）。

3）1983年至1987年，以质量评估为导向，测试是为了提供产品的评估和质量度量。

4）1988年起，以缺陷预防为导向，测试是为了展示软件符合设计要求，发现缺陷，预防缺陷。

这里将软件测试历史分为3个阶段——初期阶段、发展阶段和成熟阶段。

1. 初级阶段（1957～1971年）

在早期，软件规模都很小，复杂程度低，软件开发的过程混乱无序，相当随意，测试的含义比较狭窄，测试被视为"调试"，目的是纠正软件中已经知道的故障。对测试的投入极少，测试介入比较晚，不到代码全部写完，测试都不会开始。这一阶段还没有形成真正意义上的软件测试，也没有出现专业的测试人员。

直到1957年，软件测试才开始与调试区别开来，成为一种发现软件缺陷的活动。但测试通常被认为是对产品进行事后检验，检查软件产品是否能正常工作，所以测试活动始终落后于开发活动，往往被安排在软件生命周期中最后阶段。

这一阶段缺乏有效的测试方法，主要依靠"错误推测（Error Guessing）"来寻找软件中的缺陷。因此，软件交付后，一般会存在比较多的问题，软件产品的质量无法得到保证。

2. 发展阶段（1972～1982年）

这个阶段的标志性事件是1972年在美国北卡罗来纳大学（The University of North Carolina）召开了历史上第一次关于软件测试的正式会议。而此前，软件危机愈演愈重，迫使人们开始思考如何用系统的、工程化的方法来克服软件危机。1968年，北大西洋公约组织（NATO）的计算机科学家在联邦德国召开国际会议，讨论软件危机问题，正式提出了"软件工程"思想。软件开发的方式逐渐由混乱无序的开发过程过渡到结构化的开发过程，在需求分析、设计和测试等活动中普遍采用了结构化方法。软件工程的思想，促进了软件测试的发展，软件测试地位也得到了确认。

这一阶段产生了专业的测试人员，软件测试开始得到重视。软件测试的先驱者建议在软件生命周期的开始阶段就应该根据需求制订测试计划，并进行了大量的研究、探索和实践。人们开始进行主动的测试，努力搜寻软件缺陷，但软件测试的工作主要集中在基本的软件功能验证之上。

3. 成熟阶段（1983年至今）

从20世纪80年代以来，软件业进入了高速发展时期，渗透到工业的各个领域和人们日常生活中的各个方面，软件产业逐渐走向成熟，软件质量越来越重要。同时，软件系统规模越来越大，复杂程度越来越高，对软件开发和测试不断提出了新的挑战。

测试不单纯是一个发现错误的过程，而且包含软件质量评价的内容。软件开发人员和测试人员开始坐在一起探讨软件工程和测试问题。制定软件测试的专业标准。1983年，国际电气和电子工程师协会（IEEE）发布了国际标准Std 829-1983《软件测试文档IEEE标准》（IEEE Standard For Software Test Documentation，其最新版本是Std 829-2008 IEEE Standard for Software and System Test Documentation），这可以看作是一个标志性的事件。软件测试终于有了自己的国际标准，形成一门独立的学科和专业，成为软件工程学科中的一个重要组成部分。

这也预示着软件测试走向成熟，从此，软件测试的内涵发生了变化，测试不再停留在发现问题上面，软件测试被看作是软件质量保证（SQA）的重要手段，软件测试完全融于整个软件生命周期中。正如 Bill Hetzel 在《软件测试完全指南》（Complete Guide of Software Testing）一书中指出："测试是以评价一个程序或者系统属性为目标的任何一种活动。测试是对软件质量的度量。"

2002 年，Rick 和 Stefan 在《系统的软件测试》（Systematic Software Testing）中对软件测试重新进行了定义："测试是为了度量和提高被测软件的质量，对测试件进行工程设计、实施和维护的整个生命周期过程"，进一步推动了软件测试研究和发展。软件测试的理论、方法和技术也逐渐走向成熟。例如，面向对象的测试方法、面向构件的测试方法和测试驱动开发的思想等相继诞生。软件测试工具也得到了快速发展，无论是商业化的测试工具还是开源的软件测试工具，可以说，应有尽有。

1.5　软件测试的定义

在传统的制造业中，在产品生产过程中每一道工序结束时，都由质量人员进行检验，或由仪器自动进行检验。软件测试，简单地理解，就是对软件产品进行检验和验证，包括对软件阶段性产品和最终产品进行检验。如果要对软件测试有更全面的理解，这样的定义还不够，我们还需要从不同的角度对软件测试进行更为科学的、全面的定义。

1.5.1　基本定义的正反两面性

最早给软件测试下定义的是 Bill Hetzel 博士，在 1973 年给出了软件测试的第一个定义——软件测试就是为程序能够按预期设想那样运行而建立足够的信心。在 1983 年，他又将软件测试的定义修改为："软件测试是一系列活动以评价一个程序或系统的特性或能力并确定是否达到预期的结果"，测试是对软件质量的度量。在上述两个定义中的"设想"和"预期的结果"可以被认为是用户的需求或者是产品功能设计。从 Bill Hetzel 的定义可以看出，测试是为了验证软件是否符合用户需求，即验证软件产品是否能正常工作，是正向思维，针对软件系统的所有功能点，逐个验证其正确性。

1983 年，IEEE 给软件测试下的定义是："使用人工或自动的手段来运行或测定某个软件系统的过程，其目的在于检验它是否满足规定的需求或弄清预期结果与实际结果之间的差别"。这个定义和 Bill Hetzel 给出的定义比较接近，强调软件测试是为了检验软件系统是否满足（客户的）需求。随后，1990 年，IEEE 再次给出了软件测试的定义（IEEE/ANSI，1990 [Std 610.12-1990]）。

（1）在特定的条件下运行系统或构件，观察或记录结果，对系统的某个方面做出评价。

（2）分析某个软件项以发现现存的和要求的条件之差别（即错误），并评价此软件项的特性。

与正向思维相反的是逆向思维，即人们无法证明软件是正确的，只能认定软件是有错误的，然后去发现尽可能多的错误，以提高软件产品的质量。这种观点的代表人物是 Glenford J. Myers（代表作《软件测试的艺术》），他还从人的心理学的角度论证，如果将"验证软件是工作的"作为测试的目的，非常不利于测试人员发现软件的错误。于是他于 1979 年给软件测试下了一个完全不同的定义："测试是为发现错误而针对某个程序或系统的执行过程"。简单地说就是验证软件是"不工作的"，或者说是有问题的。从这个概念出发，一个成功的测试必须是发现缺陷的测试，不然就没有价值。这就如同一个病人（假定此人确有病），到医院做一项医疗检查，结果各项指标都正常，那说明该项医疗检查对于诊断该病人的病情是没有价值的，是失败的。概括起来，Myers给出了与测试相关的3个要点：

◇ 测试是为了证明程序有错，而不是证明程序无错误；

◇ 一个好的测试用例在于它能发现至今未发现的错误；

◇ 一个成功的测试是发现了至今未发现的错误的测试。

基于"验证"的观点，主要是在设计规定的环境下运行软件的各项功能，将其结果与用户需求或设计结果相比较，如果相符则测试通过；如果不相符则视为不通过，进行修正，直至所有的功能通过验证。基于"找错"的观点，强调测试人员发挥主观能动性，用逆向思维方式，不断思考人们容易犯错误的地方（如误解、不良习惯造成的，数据边界）和系统的薄弱环节，试图破坏系统，从而发现系统中所存在的问题。图1-3对上述两种看似对立的观点进行了总结。

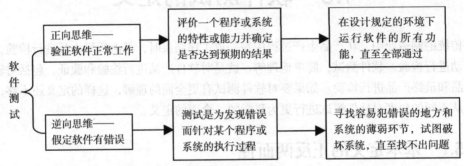

图1-3　软件测试定义的对立性（两面性）

这两种观点都有一定的局限性，正向思维有利于界定测试工作的范畴，促进与开发人员协作，但可能降低测试工作的效率。而逆向思维有利于测试人员主观能动性的发挥，可以使测试人员发现更多的问题，但也容易使测试人员忽视用户的需求，使测试工作存在一定的随意性和盲目性。实际上，测试可以看作这两者的统一，既要尽可能地、快速地发现问题，加快测试的进程；又能对实现的各项功能进行验证，保证测试的完整性和全面性。

1.5.2　服从于用户需求——V&V

前面讨论软件测试，是验证软件能否正常工作，并设法找出软件不能工作的地方，着重是从正向思维还是反向思维来考虑，但忽视了一个基本点，那就是基于什么来判断软件是能正常工作还是不能正常工作的？所以在软件测试时，必须建立判断的基准，也就是判断软件是否存在缺陷的依据。判断软件是否存在缺陷的基本依据是软件的用户需求，软件功能特性就是为了满足用户需求，不能满足用户需求的功能是有缺陷的。从这一点来看，测试要服从于用户需求，以用户需求为依据，来对产品进行检验。

DO-178C 文档

但是，软件测试不能靠用户来完成，还必须由软件开发组织的测试人员来完成，所以我们要为软件建立相应的质量标准和软件设计规格说明书（Spec）。软件规格说明书是对用户需求的描述，是对实现的功能特性的说明，从而使软件设计、编程的人员知道要完成哪些功能，要将软件做成什么样子。所以，软件测试就是检验开发人员是否按照规格说明书来构造产品的，所构造的产品是否和规格说明书一致。

V&V 代表 Verification 和 Validation，即"验证"和"有效性确认"。软件测试被看作就是执行这两项任务，软件测试可以被定义为"验证"和"有效性确认"两项活动构成的整体。

（1）"验证"是检验软件是否已正确地实现了产品规格书所定义的系统功能和特性。验证过程提供证据，表明软件相关产品与所有生命周期活动的要求（如正确性、完整性、一致性、准确性等）相一致。相当于，以软件规格说明书为标准进行软件测试的活动。

（2）"有效性确认"是确认所开发的软件能满足用户真正需求的活动。因为软件规格说明书本身就可能存在问题，这些问题是无法通过"验证"活动来发现的，必须通过"确认"活动来发现问题，即一切从客户的观点出发，正确理解客户的需求，敢于怀疑需求定义和设计中不合理的东西，发现需求定义和产品设计中的各种问题。"确认"活动主要通过各种软件评审活动来实现，包括让客户参加评审、测试活动。

从以上内容可以看出，软件测试不仅要通过运行软件程序或软件系统来进行检验，而且要对软件相关文档，特别是需求定义和设计规格说明书等进行评审，以确认这些文档所描述的内容都是客户所需要的。这就说明，Myers 明显受到传统的"软件开发瀑布模型"的影响，早期所给出的测试定义——"程序测试是为了发现错误而执行程序的过程"是片面的、不足的，这样就限制了软件测试活动，将需求和设计阶段产生的问题留到编程之后去发现、去解决，其结果将造成设计、编程的部分或全部返工，给软件开发带来巨大的劣质成本。实际上，我们也清楚知道，软件不等于程序或软件包，软件应当包括软件开发过程中产生的文档，软件是程序、文档和数据构成的一个集合或系统。

V&V 将软件测试扩展到用户需求、设计等早期阶段，也符合软件测试的最基本原则：测试越早执行，对项目越有利，其项目进度越容易控制，其成本也越低。将软件测试扩展到需求、设计阶段，即将"需求评审、设计评审、代码评审"归为软件测试。

（1）需求评审：检查软件产品的需求定义和用户实际需求是否一致，即需求文档（包括 use case、user story）是否客观、准确、清晰地描述了业务需求、用户需求等。通过需求评审，能够发现需求文档中存在的问题，包括描述存在的二义性、丢失的需求、不可测试性等，从而能够尽早修正需求定义中存在的问题。

（2）设计评审：检查软件系统的设计（如设计文档）与事先定义的需求是否一致，检查系统是否满足系统功能和非功能性需求，检查系统设计是否合理，是否存在单点失效问题、不可测试性等问题，及早纠正系统设计问题。

（3）代码评审：检查代码的逻辑运算、算法和其他处理等是否正确，还要检查代码是否符合编程规范，包括变量命名、格式、注释等。代码检查可以通过研发人员来完成，也可以通过工具进行代码分析和检查。

这意味着软件测试不再是编程之后的一个阶段，而是贯穿整个软件生命周期的活动。这样，软件测试不仅包含了动态测试，而且也包含了静态测试。

- ◇ 动态测试是通过运行程序来发现软件系统中的问题。这种测试是在程序运行过程中将缺陷发现出来，具有动态性，所以称为动态测试。
- ◇ 静态测试主要活动是评审，即通过对需求、设计、配置、程序和其他各类文档的审查来检验相应内容是否满足用户的需求。不需要运行程序，测试对象属于静态的。

概括地说，测试可以看作"验证"和"有效性确认"的统一，以客户的需求为基准，参照设计规格说明书，不仅对程序进行检验，而且要对软件产品的各种文档进行评审，从而更早地发现软件中存在的各种缺陷，降低软件开发成本，全面提高软件质量。

Testing 和 Verification 关系的不同观点

（DO-178C/ED-12C）

我们这里强调的软件测试，或者说，在软件企业中常见的工作是开发工作和测试工作，不容易见到其他软件质量活动，所以把更多的责任给了测试，即

$$Test = Verification + Validation$$

但传统理论上，有另外一种说法，强调系统的验证活动，即：

$$Verification = Review + Analysis + Test$$

测试只是验证工作的活动之一，软件产品验证还包括评审、分析等活动。

- ◇ 评审（Review）：人工检查或借助简单工具来验证某个结果（需求文档、设计文档、代码等）符合特定的需求。
- ◇ 分析（Analysis）：通过所收集的数据分析来对一个完整的系统或子系统进行定量的（质量）评估。
- ◇ 测试（Testing）：通过精确测量（measurements）或操作，来证明或展示项目 / 产品满足需求。这里的测试主要是运行可执行程序而进行的动态测试，不涵盖"静态测试"。

1.6 软件测试的层次和类型

为了先让读者掌握一个相对完整的、全面的软件测试，有必要给大家介绍软件测试的不同维度，如：

- ◇ 不同层次的软件测试
- ◇ 不同类型的软件测试
- ◇ 软件测试工程过程
- ◇ 软件测试项目的管理过程

在这一节，我们介绍软件测试的层次和类型，在下一节介绍软件测试的过程。

1.6.1 软件测试的层次

软件测试的对象是软件产品本身，包括软件的半成品（如设计文档、代码），或者从另一个角度看，软件 = 可运行的程序 + 文档，所以软件测试就是对需求文档、设计文档、代码、子系统 / 系统、用户手册等进行检查、质量评估，发现缺陷。测试不同于传统意义上说的质量保证（quality assurance，QA），QA 更侧重过程定义、过程评审，预防缺陷的产生。

从软件测试对象看，可以分为构成系统

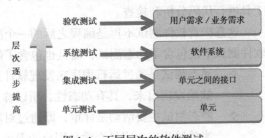

图 1-4 不同层次的软件测试

的单元、单元之间的接口、系统、业务需求，而对应的测试则分为单元测试、集成测试、系统测试和验收测试，如图 1-4 所示。

（1）单元测试是对软件基本组成单元进行的测试，其测试对象是软件设计的最小单位——模块或组件，也可以包括类或函数。软件单元测试尽量保证其测试的相对独立，将它与系统其他部分隔离开来，从而能够准确、彻底地完成单元测试，单元测试包括代码评审（静态测试）和运行单元程序测试（动态测试），单元测试不仅是功能测试，而且可以进行性能测试、安全性测试等。

（2）集成测试是将已分别通过测试的单元按设计要求组合起来再进行测试，以检查这些单元之间的接口、参数传递是否存在问题。集成测试，一般是一个逐渐加入单元进行测试的持续过程，直至所有单元被组合在一起，成功地构成完整的、可以正常运行的软件系统。

（3）系统测试就是操作或模拟运行软件系统，以验证系统是否满足产品的质量需求，特别是能否满足事先定义的系统功能特性和非功能特性。系统测试主要是指系统功能测试、系统性能测试、系统兼容性测试、系统安全性测试和系统可靠性测试等，而功能测试是验证软件功能是否符合产品规格设计说明和满足用户的需求。

（4）验收测试是指在软件产品完成了功能测试和系统测试之后、产品发布之前所进行的软件测试活动。它是技术测试的最后一个阶段，也称为交付测试。验收测试，一般根据产品规格说明书，严格检查产品，逐行逐字地对照说明书上对软件产品所做出的各方面要求，确保所开发的软件产品符合用户预期的各项要求，即验收测试是检验产品和产品规格说明书（包括软件开发的技术合同）的一致性，同时应该考虑用户的实际使用环境、数据和习惯等。验收测试的重要特征就是用户参与。

1.6.2　不同类型的软件测试

了解了不同层次的软件测试层次后，进一步了解不同类型的测试——功能测试、回归测试、性能测试、可靠性测试、安全性测试和兼容性测试等。这其实来源于质量属性，即系统的功能性需求和非功能性需求。这些测试类型也可以发生在不同的层次，如单元功能测试、单元性能测试、系统功能测试、系统性能测试。当然，不同的层次有其主要的测试目的，例如单元测试侧重功能，验收测试侧重功能和易用性等，如图 1-5 所示，其中对应不同层次的测试类型比重通过右边矩形区域大小来表示。

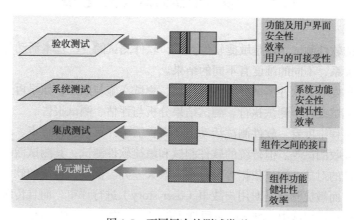

图 1-5　不同层次的测试类型

◇ 功能测试（functionality test），也称正确性测试（correctness testing）：验证每个功能是否按照事先定义的要求那样正常工作。

◇ 压力测试（stress testing），也称负载测试（load test）：用来检查系统在不同负载（如数据量、并非用户、连接数等）条件下的系统运行情况，特别是高负载、极限负载下的系统运行情况，以发现系统不稳定、系统性能瓶颈、内存泄漏、CPU 使用率过高等问题。

◇ 性能测试（performance testing）：测定系统在不同负载条件下的系统具体的性能指标。

◇ 可靠性测试（reliability testing）：检验系统是否能保持长期稳定、正常的运行，如确定正常运行时间，即平均失效时间（mean time between failures，MTBF）。可靠性测试包括强壮性测试（robustness testing）和异常处理测试（exception handling testing）。

◇ 灾难恢复性测试（recovery testing）：在系统崩溃、硬件故障或其他灾难发生之后，重新恢复系统和数据的能力测试。

◇ 安全性测试（security testing）：测试系统权限设置有效性、应对非授权的内部/外部访问、防范非法入侵、数据备份和恢复能力等。

◇ 兼容性测试（compatibility testing）：测试在系统不同运行环境（网络、硬件、第三方软件等）下的实际表现。

◇ 回归测试（regression testing）：回归测试的目的是发现原来正常的功能特性出现新的问题，即为保证软件中新的变化（新增加的代码、代码修改等）不会对原有功能的正常使用有影响而进行的测试。回归测试伴随着测试过程，单元测试、集成测试和系统测试中，一旦有变更或修正，都要进行相应的回归测试。

◇ 烟雾测试（smoke testing）：在代码被检入（check in）代码库之前对代码修改进行验证活动，一般是对系统的最基本的功能进行测试，以确认代码的修改符合基本要求，不会造成软件包构建的失败。

◇ 安装测试（installation testing）：在一个真实的或近似的用户环境中，验证系统是否能按照安装说明书成功地完成系统的安装，其中要考虑环境的不同设置或配置、安装文档的准确性等。

1.7 软件测试的过程

无论是传统的软件测试，还是敏捷软件测试，软件测试的一些基本活动是相同的，只是和看问题的角度有关系，不同的维度有不同的结果。

从项目管理角度看，软件测试分为测试计划、测试实施与监控；如果再进一步分解，可以分为测试计划、测试设计、测试执行、测试结果分析与评估、测试报告。

如果从软件工程维度看，软件测试活动主要有：需求评审、设计评审、单元测试、集成测试、系统测试和验收测试等。但传统的软件测试和敏捷软件测试，其测试活动的介入时间、活动形式，甚至测试的对象、测试依据等都存在着较大差异。例如，传统的软件测试对规范的需求文档进行评审，而敏捷测试是对用户故事（user story）进行评审，而且传统软件测试具有明显的阶段性，而在敏捷测试中，测试的阶段性不够显著，更强调"持续测试"。下面，我们就详细来讨论传统的测试过程和敏捷测试过程。

1.7.1　传统的软件测试过程

在传统的瀑布模型中，软件测试只是作为一个阶段性工作，处于编程之后。而正确的软件工程思想是将软件测试看作是贯穿整个软件生命周期的软件质量保证的重要手段之一，而不是编程之后的一个阶段。在编程中免不了要进行单元测试，写代码和单元测试同步进行，效果更好。更何况，缺陷在早期更容易被发现，且缺陷发现越早，返工的周期越短，给企业带来的劣质成本就越低，这些都需要我们从需求评审、设计评审开始，才能更好地确保软件产品的质量，更好地介入到软件产品的开发活动或软件项目实施中。软件测试从开发生命周期的阶段来划分，如图 1-6 所示，可以分为需求评审、设计评审、单元测试、集成测试、系统测试、验收测试等。不同阶段的输入和输出标准见表 1-1。即使从项目管理角度来看，其测试计划、测试设计、测试执行、测试结果分析和评估、测试报告等活动的阶段性也是显著的。

图 1-6　传统的软件测试过程

表 1-1　软件测试阶段的输入和输出标准

阶段	输入和要求	输出
需求评审 （Requirements Review）	市场/产品需求定义、分析文档和相关技术文档 要求：需求定义要准确、完整和一致，真正理解客户的需求	需求定义中问题列表，批准的需求分析文档 测试计划书的起草
设计评审 （Design Review）	产品规格设计说明、系统架构和技术设计文档、测试计划和测试用例 要求：系统结构的合理性、处理过程的正确性、数据库的规范化、模块的独立性等 清楚定义测试计划的策略、范围、资源和风险，测试用例的有效性和完备性	设计问题列表、批准的各类设计文档、系统和功能的测试计划和测试用例 测试环境的准备
单元测试 （Unit Testing）	源程序、编程规范、产品规格设计说明书和详细的程序设计文档 要求：遵守规范、模块的高内聚性、功能实现的一致性和正确性	缺陷报告、跟踪报告；完善的测试用例、测试计划 对系统功能及其实现等了解清楚
集成测试 （Integration Testing）	通过单元测试的模块或组件、编程规范、集成测试规格说明和程序设计文档、系统设计文档 要求：接口定义清楚且正确，模块或组件一起工作正常，能集成为完整的系统	缺陷报告、跟踪报告；完善的测试用例、测试计划；集成测试分析报告 集成后的系统
系统测试 （System Testing）	代码软件包（含文档）、系统设计说明书；测试计划、系统测试用例、测试环境等 要求：系统能正常、有效地运行，包括功能、性能、可靠性、安全性、兼容性等	缺陷报告、系统性能、可靠性等分析报告、缺陷状态报告、阶段性测试报告
验收测试 （Acceptance Testing）	产品规格设计说明、预发布的软件包、确认测试用例 要求：向用户表明系统能够按照预定要求工作，使系统最终可以正式发布或向用户提供服务。用户要参与验收测试，包括 α 测试（内部用户测试）、β 测试（外部用户测试）	用户验收报告、缺陷报告审查、版本审查 最终测试报告

从快速开发模型（V 模型）出发，对 V 模型进行改进，就可以得到 W 模型，如图 1-7 所

示。W 模型能更准确地描地述软件测试和软件开发之间的关系，更好地展示贯穿整个生命周期的测试。

测试的活动建立在软件开发的成果之上，即测试的对象就是软件开发的阶段性成果，如设计文档、程序代码和可执行的程序。而软件开发的进一步活动依赖于测试的结果，如果测试结果反映开发成果正确、良好，开发活动可以快速地进入下一个阶段，否则，开发活动需要修正当前阶段所存在的缺陷，不能进入下一个阶段。在前期，软件过程的活动主要集中在设计、实现阶段，设计和实现能力决定整个软件过程的进展状态。自然，测试过程前期更多地依赖于开发过程。在后期，测试策略和能力会直接影响测试效率，测试效率高就能更快地发现缺陷，缺陷就能更快地被修正，所以开发过程后期更多地依赖于测试过程。

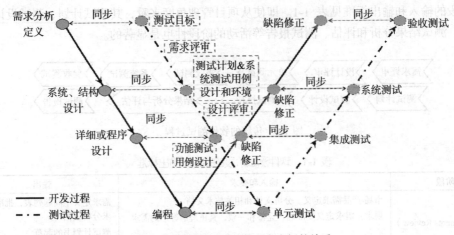

图 1-7　软件测试和软件开发之间的关系

（1）在需求阶段，测试人员参与需求分析、需求定义和需求评审，不仅能发现需求定义的问题，而且可以深入了解产品的设计特性、用户的真实需求，确定测试目标，开始制定测试计划。

（2）在软件设计阶段，测试人员可以了解系统是如何实现的、系统架构的构成等各类问题，对系统设计进行评审，并可以提前准备系统的测试环境，着手研究如何测试系统。还可以开展其他一些测试活动，如系统测试用例设计、测试工具的选型或启动测试工具的开发、进一步完善测试计划等。

（3）在做详细设计时，测试人员可以直接参与具体的设计和设计的评审，找出设计的缺陷。同时，完成功能特性方面的测试用例，并基于这些测试用例开发测试脚本。

（4）在编程阶段，单元测试是不可缺少的，更容易、更快地发现程序当中所存在的缺陷，充分的单元测试是集成测试、系统测试的基础。

1.7.2　敏捷测试过程

敏捷测试是符合敏捷测试宣言的思想、遵守敏捷开发原则，在敏捷开发环境下能够很好地和其整体开发流程融合的一系列的测试实践。敏捷测试作为敏捷开发的组成部分，能够适应敏捷开发的流程，具有鲜明的敏捷开发的特征，如测试驱动开发（TDD）、验收测试驱动开发（ATDD）。

究竟什么是敏捷测试

TDD

敏捷测试与传统测试的区别如下。

（1）传统测试更强调测试的独立性，将"开发人员"和"测试人员"角色分得比较清楚。敏捷测试强调整个团队对质量、对软件测试负责，可以没有专职的测试人员。

（2）传统测试更具有阶段性，从需求评审、设计评审、单元测试到集成测试、系统测试等。例如，传统开发中，先让产品人员去写需求，需求文档写好之后，测试人员再参加评审。但敏捷测试团队每一天都在一起工作，一起讨论需求，一起评审需求，更强调持续测试、持续的质量反馈，测试的持续性更为显著。

（3）传统测试强调测试的计划性，认为没有良好的测试计划和不按计划执行测试就难以控制和管理，而敏捷测试更强调测试的速度和适应性，侧重计划的不断调整以适应需求的变化。

（4）传统测试强调测试是由"验证"和"确认"两种活动构成的，而敏捷测试没有这种区分，始终以用户需求为中心，每时每刻不离用户需求，将验证和确认统一起来。

（5）传统测试强调任何发现的缺陷都要记录下来，以便进行缺陷根本原因分析，达到缺陷预防的目的，并强调缺陷跟踪和处理的流程，区分测试人员和开发人员的各自不同的责任。而敏捷测试强调面对面的沟通、协作，强调团队的责任，不太关注对缺陷的记录与跟踪。

ATDD

（6）传统测试更关注缺陷，围绕缺陷开展一系列的活动，如缺陷跟踪、缺陷度量、缺陷分析、缺陷报告质量检查等，而敏捷测试更关注产品本身，关注可以交付的客户价值。在快速交付的敏捷开发模式下，缺陷修复的成本很低。

Web 应用 ATDD

（7）传统测试鼓励自动化测试，但由于传统开发的周期比较长（几个月到几年），即使没有自动化测试也是可以应付的。一般来说，回归测试能够获得几周时间，甚至 1~2 个月的时间，自动化测试的成功与否对测试没有致命的影响。敏捷测试的持续性迫切要求测试的高度自动化，在 1~3 天内就要完成整个的验收测试（包括回归测试）。没有自动化，就没有敏捷，自动化测试是敏捷测试的基础。

ATDD 实战

在敏捷测试流程中，参与单元测试，关注持续迭代的新功能，针对这些新功能进行足够的验收测试，而对原有功能的回归测试则依赖于自动化测试。由于敏捷方法中迭代周期短，测试人员尽早开始测试，包括及时对需求、开发设计的评审，更重要的是能够及时、持续地对软件产品的质量进行反馈。如果再具体一些，使流程更具可操作性，需要以敏捷 Scrum 为例，来介绍敏捷测试的流程。先看看 Scrum 流程，从图 1-8 中可以看出，除了最后"验收测试"阶段，其他过程似乎没有显著的测试特征，但隐含的测试需求和特征还是存在的。

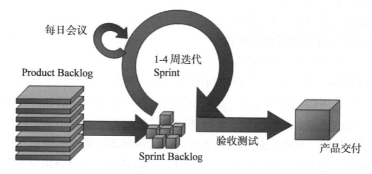
图 1-8　Scrum 流程示意图

（1）Product Backlog （需求定义阶段），在定义用户需求时测试要做什么？测试除需要考虑客户的价值大小（优先级）、工作量基本估算之外，还需要认真研究与产品相关的用户的行为模式（如 BDD）、产品的质量需求，哪些质量特性是我们需要考虑的？有哪些竞争产品？这些竞争产品有什么特点（优点、缺点等）？

（2）Sprint Backlog（阶段性任务划分和安排），这时候需要明确具体要实现的功能特性和任务，作为测试，这时候要特别关注 "Definition of Done"，即每项任务结束的要求，也就是任务完成的验收标准，特别是功能特性的设计和代码实现的验收标准。ATDD 的关键一步也体现在这里，在设计、写代码之前，就要将验收标准确定下来。一方面符合测试驱动开发思想，第一次就要把事情做对，预防缺陷；另一方面持续测试和验收测试的依据也清楚了，可以快速做出测试通过与否的判断。

（3）在每个迭代（Sprint）实施阶段，主要完成 Sprint Backlog 所定义的任务，这时除了 TDD 或单元测试之外，应该进行持续集成测试或通常说的 BVT（build verification test）。而且开发人员在设计、写代码时都会认真考虑每一组件或每一代码块都具有可测试性，因为测试任务可能由他们自己来完成。如果有专职的测试人员角色，一方面可以完善单元测试、集成测试框架，协助开发人员进行单元测试；另一方面可以针对新实现的功能特性进行更多的探索式测试，同时开发验收测试的脚本。如果没有专职的测试人员角色，这些事情也要完成，只是由整个团队共同完成。虽没有工种的分工，但也存在任务的分工。

（4）验收测试可以由自动化测试工具完成，但一般情况下，不可能做到百分之百的自动化测试。例如易用性测试就很难由工具完成。即使对性能测试是由工具完成的，还需要人来设计测试场景，包括关键业务选择、负载模式等。敏捷的验收测试与传统的验收测试不同，侧重对 "Definition of Done" 的验证，但基本的思想和传统开发是一致的，任何没有经过验证的产品特性是不能直接发布出去的。

小　结

在这一章通过回答下列几个问题，从而给出软件测试的完整面貌（big picture）。

- ◇　什么是软件测试？
- ◇　为什么要进行软件测试？
- ◇　软件测试是如何发展而来的？
- ◇　软件缺陷是如何产生的？
- ◇　软件测试有哪些层次和类型？
- ◇　传统的软件测试流程是怎样的？
- ◇　敏捷测试流程又是怎样的？

读者应能够理解软件测试是软件开发不可缺少的一部分，贯穿整个软件开发生命周期，从需求评审开始，帮助团队能够及时地、高质量交付软件产品质量。对软件测试的理解，可以从其给软件开发带来的价值去理解，如完整地评估软件产品的质量，不断提供产品的质量信息或揭示软件产品质量风险，也可以从不同的思维方式去理解其最基本的解释。

- ◇　正向思维，强调软件测试是为了验证软件产品特性是否符合用户的需求，是否符合设计要求，如果相符则测试通过，如果不相符则视为不通过。
- ◇　反向思维，强调测试人员发挥主观能动性，用逆向思维方式，不断思考人们容易犯错误的地方和系统的薄弱环节，试图破坏系统，从而发现系统中所存在的问题。

最终，软件测试和软件开发相互协作，相互补充，构成一个软件开发的有机整体。

思 考 题

1. 在使用软件的经历中，你对软件缺陷有什么真实的体验？
2. 从"客户导向思维"来讨论软件测试的理念和作用？
3. 如果我们重新给出"软件测试"完整的定义，它的内容是什么？
4. 软件开发和软件测试是一种对立的关系吗？为什么？

第2章
需求和设计评审

只要是人，都要犯错误。当一个文档完成后，其中或多或少都会存在一些问题。软件产品的需求定义就更困难了，要把各种用户需求收集全或挖掘出来几乎完全不可能。即使获得完整的用户需求，要真正理解用户的本意也有难度，和客户的理解可能会有出入，准确描述这些需求也不是一件容易的事。

Most scientists regarded the new streamlined
peer-review process as 'quite an improvement.'

而且一旦需求出了问题，对后期的设计、编码影响很大，最终会影响交付的产品。即使在后期系统测试发现问题，也需要修改设计和代码，带来很大的返工成本。所以有必要进行需求评审，将需求定义（文档）中的问题找出来。需求评审，这项工作能实现一箭双雕的效果，不仅能发现需求的问题，而且能帮助大家更好地理解需求，达成一致的理解，有利于今后设计、编程、单元测试、系统测试、验收测试等工作的开展。

同样，设计也会存在问题，也需要评审，纠正设计问题，更好地确保系统的功能特性，特别是非功能特性，在设计中就得到充分的考虑。在这一系列测试活动中，需求评审、设计评审都属于"静态测试"，将测试活动延伸到系统需求和设计阶段，使测试活动贯穿整个生命周期，更好地将质量构建在软件研发过程中。在这一章，我们主要是通过需求和设计评审来掌握静态测试方法，包括评审过程和方法、文档测试标准等。

2.1　软件评审的方法与技术

由于人的认识不可能百分之百地符合客观实际，因此生命周期每个阶段的工作中都可能发生错误。由于前一阶段的成果是后一阶段工作的基础，前一阶段的错误自然会导致后一阶段的工作结果中有相应的错误，而且错误会逐渐累积，越来越多。通过软件评审尽早地发现产品中的缺陷，可以减少大量的后期返工，将质量成本从昂贵的后期返工转化为前期的缺陷发现。软件评审从根本上提高产品的质量，降低软件开发的成本。这样的例子很多，例如 HP 公司测量所得的审查投资回报率为 10∶1，每年节省 2140 万美元，在设计过程中进行审查缩短了 18 个月的上市时间。在 AT&T 贝尔实验室，审查使得发现错误的费用减低到 10%，同时使质量提高了 10 倍，效率提高了 14%。

2.1.1　什么是评审

根据 IEEE Std 1028—2008 的定义，软件评审是对软件元素或者项目状态的一种评估手段，以确定其是否与计划的结果保持一致，并使其得到改进。评审就是检验工作产品（如需求或设计文档）是否正确地满足了以往工作产品中建立的规范，是否符合客户的需求。

IEEE Std 1028
—2008

评审可以分为管理评审、技术评审、文档评审和流程评审。管理评审和流程评审属于质量保证和管理范畴，而不属于软件测试范畴，所以下面所讨论的软件评审仅限于技术评审和文档评审。

（1）技术评审是对产品以及各阶段的输出内容（阶段性成果、半产品）进行技术性评估，焦点在技术实现上。技术评审旨在揭示软件需求、架构、逻辑、功能和算法上的各种错误，以确保需求规格说明书、设计文档等没有技术问题，而且相互之间保持一致，能正确地开发出软件产品。在技术评审时，注意技术的共享和延续性。如果某些人对某几个模块特别熟悉，容易形成固化的思维，这样既有可能使问题被隐藏，也不利于知识的共享和发展。

（2）文档评审是对软件过程中所存在的各类文档的格式、内容等进行评审，检查文档格式是否符合标准，是否符合已有的模板，审查其内容是否前后一致，逻辑是否清晰，描述是否清楚等。在软件开发过程中，需要被评审的文档很多，如市场需求说明书、功能设计规格说明书、测试计划、测试用例等。

示例：内容评审的检查列表

1）正确性

◇　所有的内容都正确吗？

◇　在任意条件下，原有的假定还成立吗？

2）完整性

◇　是否有漏掉的功能？

◇　每项功能的描述是完整的吗？

◇　是否有漏掉的输入、输出或条件？

◇ 是否列出了所有的用例（use case）？

3）一致性

◇ 使用的术语是否唯一？不能用同一个术语表达不同的意思。

◇ 同义词以及缩写词等的使用在全文中是否一致？

◇ 文档中使用的缩写词都已经在术语表和缩略语表中做了说明？

4）有效性

◇ 所有的功能是否都有明确的目的？

◇ 是否定义了对用户毫无意义的功能？

5）易测性

◇ 每项功能都是可以被测试的？是否易于测试或如何测试？

◇ 对那些非功能特性（性能、兼容性、安全性等）如何测试？

6）模块化（组件化或构件化）

◇ 每个模块内部具有高内聚性？

◇ 模块之间已经是最低的耦合性？

◇ 每个模块的大小合适吗？是否存在过大的模块？

◇ 模块结构是分层的，层次的深度和宽度适当吗？

7）清晰性

◇ 文档中所有内容都易于理解？

◇ 每一个条目（item）的说明都是唯一的吗？

◇ 每一个条目的说明是否含糊、不清楚？

8）可行性

◇ 每一项功能都能实现？每项功能都具有可操作性吗？

9）可靠性

◇ 系统崩溃时会出现什么问题？

◇ 出现异常情况时，系统如何响应？

◇ 哪些是关键组件？有什么诊断方法提前知道可靠性的隐患？

10）可追溯性

◇ 文档中每一项都清楚地说明其来源？

2.1.2 评审的方法

软件评审的方法很多，有正式的，也有非正式的。最不正式的一种评审方法可能是临时评审，设计、开发和测试人员在工作过程中会自发地使用这种方法。其次是轮查——邮件分发审查方法（E-mail pass-around review），通过邮件将需要评审的内容分发下去，然后再收集大家的反馈意见。这种方法简单、方便，不是实时进行而是异步进行的，参与评审的人在时间上具有很大的灵活性，这种方法用于需求阶段的评审还是可以发挥不错的效果的。但是，这种方法不能保证大家真正理解了内容，反馈的意见不准确，也不及时。而大家比较认可的软件评审方法是互为复审或称同行评审（Peer-to-Peer Review）、走查（Walkthrough）和会议审查（Inspection），如图 2-1 所示。在软件开发过程中，各种评审方法都是交替使用的，或根据实际情况灵活应用方法。

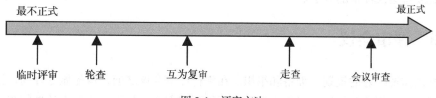

最不正式　　　　　　　　　　　　　　　　　　　　　　最正式

临时评审　　轮查　　　　互为复审　　　　　走查　　　会议审查

图 2-1　评审方法

1. 互为复审

在软件团队里，容易形成一对一的伙伴合作关系，从而相互审查对方的工作成果，帮助对方找出问题。这种方法，由于两个人的工作内容和技术比较靠近，涉及人员很少，复审效率比较高而灵活。所以互为评审是一种常用的办法，例如软件代码的互为评审已成为软件工程的最佳实践之一。极限编程中成对编程，可以看作互为复审的一种特例。

互为复审

2. 走查

走查主要强调对评审的对象要从头到尾检查一遍，比互为审查要求更严格一些，从而保证其评审的范围全面，达到预定效果。有时，也可以将走查和互为复审结合起来使用。但这种方法往往在审查前缺乏计划，参与审查的人员没有做好充分的准备，所以表面问题容易被发现，一些隐藏比较深的问题还是不容易被发现。走查还常用在产品基本完成之后，由市场人员和产品经理来完成这一工作，以发现产品中界面、操作逻辑、用户体验等方面的问题。

3. 会议审查

会议审查是一种系统化、严密的集体评审方法。它的过程一般包含了制定计划、准备和组织会议、跟踪和分析结果等。对于最可能产生风险的工作成果，要采用这种最正式的评审方法。例如软件需求分析报告、系统架构设计和核心模块的代码等，一般都采用这种方法，至少有一次采用会议审查的方法。在 IEEE 中是这样描述会议审查的。

- 通过审查可以验证产品是否满足功能规格说明、质量特性以及用户需求等。
- 通过审查可以验证产品是否符合相关标准、规则、计划和过程。
- 提供缺陷和审查工作的度量，以改进审查过程和组织的软件工程过程。

会议评审过程涉及到多个角色，如评审组长、作者、评审人员、列席人员和会议记录人员等。虽然评审员是一个独立的角色，但实际上，所有的参与者除了自身担任的特定角色外，在评审中都充当评审员的角色。

通常，在软件开发的过程中，各种评审方法都是交替使用的，在不同的开发阶段和不同的场合要选择适宜的评审方法。例如，需求和设计评审，一般先采用"轮查"的方法审查初稿，找出显而易见的问题，然后在最终定稿之前，采用正式"评审会议"方法，对所有关键内容再过一遍。而在代码评审中，选用"互为评审"比较多，程序员也经常自发地采用"临时评审"方法。找到最合适的评审方法的有效途径是在每次评审结束后，对所选择的评审方法的有效性进行分析，并最终形成适合组织的最优评审方法。

对于最有可能产生较大风险的工作成果，要采用最正式的评审方法。例如，对于需求分析报告而言，它的不准确和不完善将会给软件的后期开发带来极大的风险，因此需要采用较正式的评审方法，如走查或者会议评审。又如，核心代码的失效也会带来很严重的后果，所以也应该采用走查或者会议评审的方法。

2.1.3 评审会议

评审会议需要很好的策划、准备和组织。在举行评审会议之前，首先做好计划，包括确定被评审的对象、期望达到的评审目标和计划选用的评审方法；然后，为评审计划的实施做好充分准备，包括选择参加评审的合适人员、协商和安排评审的时间，以及收集和发放所需的相关资料；接着，进入关键阶段，召开会议进行集体评审，确定所存在的各种问题；最后，跟踪这些问题直至所有问题被解决。评审会议过程如图 2-2 所示。

1. 会议准备

在评审会议准备过程中，第一件事就是确定评审组长。评审组长需要和作者一起，策划和组织整个评审活动，评审组长发挥关键的作用。有数据表明，一个优秀的评审组长所领导的评审组比其他评审组平均每千行代码多发现 20%~30%的缺陷。所以要选经验丰富、技术能力强、工作认真负责的人来担任评审组长，但为了保证评审的公平、公正，通常选派的评审组长不能和作者有密切关系，以避免评审组长不能保持客观性。接下来需要完成下列几项准备工作。

（1）选定评审材料。由于时间的限制，对所有交付的产品和文档都进行评审的可能性是不大的，因此需要确定哪些内容是必须评审的，如复杂、风险大的材料。

（2）将评审材料汇成一个评审包，在评审会议开始前几天分发给评审小组的成员，以使小组成员在会议之前事先阅读、理解这些材料，并记录下阅读过程中发现的问题或想在会议上询问的问题。

（3）制定相应的活动进度表，提前 2~3 天通知小组成员会议的时间、地点和相关事项。

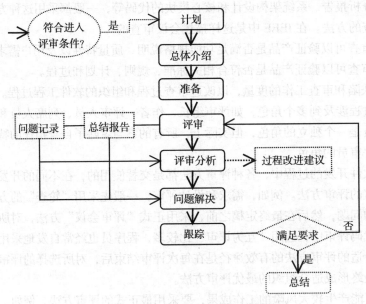

图 2-2　评审会议的标准流程示意图

2. 召开会议

评审会议是评审活动的核心，所有与会者都需要仔细检查评审内容，提出可能的缺陷和问题，并记录在评审表格中。会议开始前，每一位评审人员都要做好充分的准备。如果认为某些评审员并没有为该次会议做好准备，评审组长有权也应该中止该次会议，并重新安排会议时间。评审会议现场示意图如图 2-3 所示。

图 2-3　评审会议现场示意图

会议开始时，需要简要说明待审查的内容，重申会议目标。会议的目标是发现可能存在的缺陷和问题，会议应该围绕着这个中心进行，而不应该陷入无休止的讨论之中。然后，较详细说明评审材料，了解所有评审员对材料是否有一致的理解。如果理解不一致，就比较容易发现被评审材料中存在的二义性、遗漏或者某种不合适的假设，从而发现材料中的缺陷。所有发现的缺陷和问题应被清楚地记录下来，在会议结束前，记录员需要向小组重述记录的缺陷，以保证所有问题都被正确记录下来。

3. 评审决议

在会议最后，评审小组就评审内容进行最后讨论，形成评审结论。评审结论可以是接受（通过）、有条件接受（需要修订其中的一些小缺陷后通过）、不能接受和评审未完成（继续评审）。评审会议结束之后，评审小组提交相应的评审成果，如问题列表、会议记录、评审报告或评审决议、签名表等。

4. 问题跟踪

会议结束，并不意味着评审已经结束了。因为评审会议上发现的问题，需要进行修正，评审组长或协调人员要对修订情况进行跟踪，验证作者是否恰当地解决了评审会上所列出的问题，并决定是否需要再次召开评审会议。对于评审结果是"有条件接受"的情况时，作者也需要对产品进行修改，并将修改后的产品发给所有的评审组成员，获得确认。所有问题被解决，修正工作得到确认，评审才算结束。

5. 评审注意事项

✧ 明确自己的角色和责任。
✧ 熟悉评审内容，为评审做好准备，做细做到位。
✧ 在评审会上关注问题，针对问题阐述观点，而不是针对个人。
✧ 可以分别讨论主要的问题和次要的问题。
✧ 在会议前或者会议后可以就存在的问题提出自己的建设性的意见。
✧ 提高自己的沟通能力，采取适当的、灵活的表述方式。

◇ 对发现的问题，能跟踪下去。

2.1.4 评审的技术

评审工具

需求跟踪工具
TraceCloud

在实际的评审过程中不仅要采用合适的评审方法，还需要选择合适的评审技术。例如缺陷检查表（checklist）就是一种简单有效的技术。缺陷检查表列出了容易出现的典型错误，作为评审的一个重要组成部分，帮助评审员找出被评审的对象中可能的缺陷，从而使评审不会错过任何可能存在的隐患，也有助于审查者在准备期间将精力集中在可能的错误来源上，提高评审效率，节约大家的时间。

检查表（checklist）是一种常用的质量保证手段，也是正式技术评审的必要工具，评审过程往往由检查表驱动。一份精心设计的检查表对于提高评审效率、改进评审质量具有很大帮助。

● 可靠性。人们借助检查表以确认被检查对象的所有质量特征均得到满足，避免遗漏任何项目。

● 效率。检查表归纳了所有检查要点，比起冗长的文档，使用检查表具有更高的工作效率。

如何制定合适的检查表呢？概括起来有以下几点。

● 不同类型的评审对象应该编制不同的检查表。

● 根据以往积累的经验收集同类评审对象的常见缺陷，按缺陷的（子）类型进行组织，并为每一个缺陷类型指定一个标识码。

● 基于以往的软件问题报告和个人经验，按照各种缺陷对软件影响的严重性和（或）发生的可能性从大至小排列缺陷类型。

● 以简单问句的形式（回答"是"或"否"）表达每一种缺陷。检查表不易过长。

● 根据评审对象的质量要求，对检查表中的问题做必要的增、删、修改和前后次序调整。

场景分析技术多用于需求文档评审，按照用户使用场景对产品/文档进行评审。使用这种评审技术很容易发现遗漏的需求和多余的需求。实践证明，对于需求评审，场景分析法比检查表更能发现错误和问题。

通常，不同的角色对产品/文档的理解是不一样的。例如，客户可能更多从功能需求或者易用性上考虑，设计人员可能会考虑功能的实现问题，而测试人员则更需要考虑功能的可测试性等。因此，在评审时，可以尝试从不同角色出发对产品/文档进行审核，从而发现可测性、可用性等各个方面的问题。

合理地利用工具可以极大地提高评审人员的工作效率，目前，已经有很多的工具被开发用于评审工作，NASA开发的ARM（automated requirement measurement，自动需求度量）就是其中的一种工具，将需求文档导入之后，该工具会对文档进行分析，并统计该文档中各种词语的使用频率，从而对完整性、二义性等进行分析。分析的词语除了工具本身定义的特定词语（如完全、部分、可能等），使用者还可以自己定义词语并加入词库。

2.2 产品需求评审

根据前面的讨论，产品需求评审是对需求文档的检查，也是软件测试最重要的活动之一，需求评审的结果关系到软件研发的后续工作和软件产品的质量。通过需求评审，可以发现需求定义文档中存在的问题，包括违背用户意愿的定义、有歧义的描述、前后内容不一致的问题、需求遗漏、需求定义逻辑混乱等。针对需求的评审，不仅要了解需求评审的重要性，而且要区分不同的需求描述格式来采用相适应的标准和方法。

2.2.1 需求评审的重要性

如果不进行需求评审，结果会怎样？在需求定义文档中潜在的一个问题，看似不大，但随着产品开发工作的不断推进，经过很多环节之后，小错误会不断扩大，问题可能会变得严重，我们会为此付出巨大的代价，如图 2-4 所示。正如俗话说："小洞不补、大洞吃苦"。而且，缺陷在前期发现得越多，对后期的影响越小，后期的缺陷就会减少得越快，最终留给用户的缺陷就很少。如果没有需求评审，那么在测试执行阶段只能发现主要的缺陷，不少缺陷还留到产品发布之后才能发现，产品质量明显降低，如图 2-5 所示。

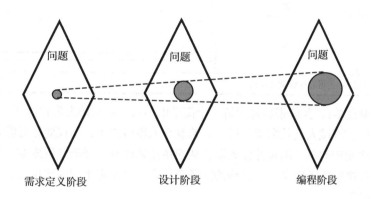

图 2-4 需求定义问题不断被放大的示意图

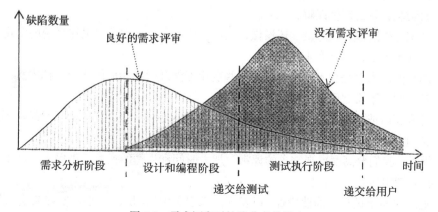

图 2-5 需求评审对缺陷分布的影响

假如在需求定义阶段犯一个错误，将一个功能定义得不合理，然后设计和编程都按照需求定义去实现了这个功能，只等到测试阶段或发布到用户那里才发现不对。这时候，要修正问题，必须重新设计、重新编程和重新测试，代价是不是很大？问题发现得越迟，要重做的事情就会越多，返工量就越大。也就是说，缺陷发现或解决得越迟，其带来的成本就越大。

Boehm 在《软件工程经济》一书中断言：平均而言，如果在需求阶段修正一个错误的代价是 1，那么在设计阶段发现并修正该错误的代价会变为原来的 3～6 倍，在编程阶段才发现该错误的代价是 10 倍，在测试阶段则会变为 20～50 倍，而到了产品发布出去时，这个数字就可能会高达 40~1000 倍。修正错误的代价不是随时间线性增长，而几乎是呈指数级增长的，如表 2-1 所示。如果将图 2-5 和表 2-1 合成——缺陷数和每个缺陷修复代价的乘积，则没有需求评审所带来的成本会大得多。

表 2-1 不同阶段的缺陷修正成本

阶段	纠正缺陷的相对成本	
需求定义	1	
架构设计	2	
详细设计	5	
编程	10	
单元测试	15	
集成测试	22	
系统测试	50	
产品发布后	100	

来源：B. Littlewood，软件可靠性成就和评估

根据图 2-4 和表 2-1，我们很容易理解一个简单的道理——缺陷发现得越早，修正得越早，成本就越低。所以，测试人员从需求分析一开始就介入项目之中，不仅要尽可能发现缺陷，而且要尽早、尽快地发现问题，缩短开发周期，从而帮助软件企业降低开发成本。

我们知道，在进行需求定义时，碰到的问题会很多，甚至需求问题比设计、代码中的缺陷还要多，这主要是因为：

✧ 用户可能不懂计算机软件，开发人员对用户业务也只是初步了解，开发人员和用户沟通困难，容易产生误解；

✧ 需求分析阶段，软件设计还没做，又没实体，完全靠想象去描述系统的实现结果，本身就不容易，容易产生问题；

✧ 用户的需求总是在不断变化的，这些变化不能及时在相应的各个文档中得到更新，容易引起上下文之间的矛盾；

✧ 开发团队或管理层对需求定义说明书一般重视不够，投入的人力、时间都不足，自然会引起不少问题；

综上所述，我们要高度重视需求的评审，加大时间和人力的投入，确保需求评审到位。通过需求，我们期望达到下列目标。

✧ 通过对需求进行正确性检查，以发现需求定义中的问题，尽早地发现缺陷，降低成本，并使后续过程的变更减少，降低风险。

◆ 通过产品需求文档的评审，更好理解产品的功能性和非功能性需求，为测试计划和测试方法的应用打下基础，特别为测试范围、工作量等方面的分析、估算工作获得足够的信息。

◆ 需求文档评审通过后，测试的目标和范围就确定了。虽然此后会有需求的变更，但可以得到有效的控制，这样可降低测试的风险。

◆ 通过产品需求文档的评审，和市场、产品、开发等各部门相关人员沟通，认识一致，避免在后期产生不同的理解而引起争吵。

◆ 保证软件需求的可测试性，即确认任何客户需求或产品质量需求都是明确的、可预见的，并被描述在文档中，将来可以用某种方法来判断、验证这种需求或特性是否得到完整的实现。

2.2.2　如何理解需求

在进行需求评审之前，先要清楚有哪些需求。只有深刻理解了软件产品的需求，才能有效地完成需求的评审。要把握好需求，需要从多个方面去思考和分析，包括用户、用户业务和外部条件等，最终理解用例、产品功能性特性和非功能性等，如图2-6所示。

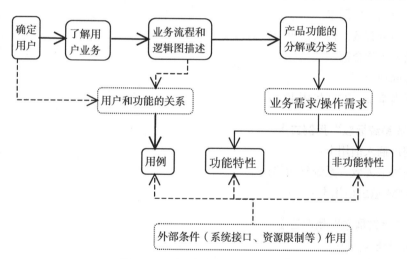

图2-6　正确理解软件需求的过程

（1）谁是软件产品的使用者？即首先要知道用户（user）是谁。如果不清楚用户是谁，产品的需求将无从谈起。

（2）用户有哪些业务（business）？知道了用户，就要了解用户的业务，包括区分用户的不同角色、每个角色要处理的业务以及角色之间的关系。

（3）业务流程和逻辑是怎样的？一张图胜过上千个文字，必须动手将业务逻辑、数据流或工作流等画出来，业务流程和逻辑就会一目了然。

（4）产品有哪些功能？它们之间的关系如何？谁使用系统的主要功能？谁会对某一特定功能感兴趣？这样可以将功能分类、归纳，了解功能的优先级，以及最常用的20%功能等。

（5）用户如何使用其中的某个功能？使用的场景（scenario）有哪些？关于每一个功能都需

要从产品经理那里拿到用例（use case）。

（6）性能上有什么要求？安全性如何考虑？分清功能性需求和非功能性需求，非功能性需求不能忽视。如果在系统测试执行阶段发现非功能性的缺陷，这时修正起来就变得非常困难，可能会涉及系统架构的改动，代价会非常大。

（7）系统的外部资源是什么？系统需要和哪些外部系统交互？了解系统的外部接口，进而确定系统和外部集成要求。

从上面可以看出，需求包括业务需求、用户操作需求。业务需求主要是指软件系统如何帮助业务目标的实现，在软件上更多体现为功能性需求，即软件最终所能提供的服务和输出的结果。而用户需求更强调可操作性、易用性、界面美观等，更多表现为非功能性需求。

场景可以看作是用户为完成某个任务或达到某个目标而与系统交互的最简单的序列，场景可以分为主要场景、次要场景和一些异常场景。用例是场景的集合，场景中的每一步都可看成是一个小的子用例。用例对理解用户的需求会有很大帮助，所以一般都要求需求描述文档提供充分的用例，描述用户是如何具体地使用某项功能，即用户的典型操作行为，从用户角色、入口、操作到输出，形成一个清晰的、从头到尾的操作场景。我们可以在用例文字描述的基础上用 UML（Unify Modeling Language，统一建模语言）来分析，如图 2-7 所示。

【"ATM 系统取款"用例一】
✧ 用户插入信用卡
✧ 信用卡有效，输入密码
✧ 输入提款金额
✧ 提取现金
✧ 退出系统，取回信用卡

UML 参考手册（中文）

【"ATM 系统取款"用例二】
✧ 用户插入信用卡
✧ 信用卡无效，系统显示错误
✧ ATM 退出信用卡

UML 参考手册（英文）

【"ATM 系统取款"用例三】
✧ 用户插入信用卡
✧ 信用卡有效，输入密码
✧ 密码不对，重输密码
✧ 第 3 次输错密码，信用卡被 ATM 机吞掉。

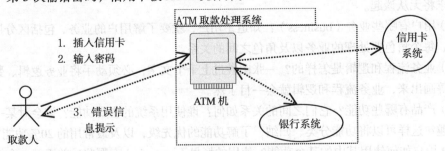

图 2-7　用例三的 UML 示意图

2.2.3　传统软件需求的评审标准

在进行需求评审之前，需要决定评审的标准。只有建立了标准，才有了评审的依据。如果没有依据，就无法判断对与错，很难更准确地、更快速地发现问题。所以在进行软件评审、测试时，制定一个很好的质量评判标准是必要的。

对系统需求的评审着重审查对用户需求的描述和说明是否完整、准确。根据 IEEE 建议的需求说明的标准，需求评审应遵守的软件系统需求质量标准如表 2-2 所示，而文档评审的标准如表 2-3 所示。

表 2-2　软件系统需求质量标准

特性要求	基本描述	说明
正确性	检查在任意条件下软件系统需求定义及其说明的正确性	是否存在对用户无意义的功能？每个需求定义是否都合理，经得起推敲？有哪些证据说明用户提供的规则是正确的？假设是否有存在的基础？是否正确地定义了各种故障模式及其处理方式
可行性	需求中定义的功能应具有可执行性、可操作性等	如需求定义的功能是否能通过现有技术实现？所规定的模式、数值方法是否能解决需求中存在的问题？所有功能是否能够在某些非常规条件下实现？是否能够达到特定的性能要求
规范性	需求定义符合业界标准、规范的要求	本行业有哪些特定要求？是否用行业术语来描述需求？符合业务描述的习惯吗
可验证性	每项需求应该能找到一种方法或通过设计测试用例来进行验证，从而判断该项需求是否得到正确实现	系统的非功能需求（如性能、可用性等）需求是否有特定的指标？这种指标能否有办法获得？输入/输出数据是否有清楚的格式定义从而容易验证其精确性
优先级	每项需求因其重要性不同，其实施的先后次序是不同的，即得到一个特定的优先级	有没有将所需求的功能或非功能特性分为高、中、低等 3 个优先级别？是不是级别越高，用户使用该功能越频繁
合理性	每项特性的合理程度	如果某项功能有多种实现方法，目前是否选择了最好的方法
完备性	涵盖系统需求的功能、性能、输入/输出、条件限制、应用范围等的程度，覆盖度越高，完备性越好	如是否有漏掉的功能或输入/输出条件？是否考虑了不同需求的人机界面？功能性需求是否覆盖了所有异常情况的处理和响应？是否识别出了与时间因素有关的功能
无二义性	对所有需求说明只有一个明确统一的解释	是否将系统的实际需求内容和所附带的背景信息分离开来？需求描述是否足够清楚和明确，使其能够作为开发设计说明书和功能性测试的依据？为了避免歧义性，尽量把每项需求用简洁明了的用户性的语言表达出来
兼容性	软件可以和系统中的硬件及其他（子）系统无缝地集成起来	是否说明了软件对系统硬件的依赖性？是否说明了环境对软件的影响？相互之间的接口都定义清楚了吗
一致性	所定义的需求之间没有相互排斥、冲突和矛盾，前后一致	所规定的模型、算法和数值方法是否相容
易追溯性	每一项需求定义可以确定其来源	是否可以根据上下文关系找到所需要的依据或支持数据？后续的功能变更都能找到其最初定义的功能

表 2-3　软件文档质量标准

特性要求	基本描述	说明
规范性	文档应该遵守相应的规范，包括内容条目、格式等	如有没有采用已制定的文档模板？是否和模板所要求的内容、格式保持一致
易理解性	文档的描述性被理解的容易程度，包括清晰性	语言文字通顺，逻辑清晰，描述没有歧义性

续表

特性要求	基本描述	说明
一致性	文档前后描述没有矛盾，保持一致	是否使用了标准术语和统一形式？使用的术语是否是唯一的？同义词、缩略语等的使用在全文中是否一致并事先予以说明
准确性	内容描述的准确程度	不要用含糊的词语来描述，例如"可能""大概""一部分"等，而尽量采用准确无误的概念来描述事情或其特征
易修改性	对需求定义的描述易于修改的程度	如是否有统一的索引、交叉引用表？是否采用良好的文档结构？是否有冗余的信息
读者	清楚谁是本文档的作者	例如，产品技术手册和用户手册的读者不一样，所用的术语和内容叙述方法差别很大

2.2.4 敏捷开发中用户故事评审标准

用户故事通常按照如下的格式来表达：

> 作为一个<角色>，我想要<做什么、活动>，以便达到<什么目的、商业价值>
> （*As a <Role>, I want to <>, so that <>*）

这里强调用户的角色，因为不同的角色就有不同的需求，例如一个财务系统，一个借款人、借款人的主管、出纳、会计等在业务操作（行为）上有明显不同，即对系统的需求是不一样的。例如，作为一个"部门经理"，我想要"收到属下提交请款要求的提醒"，以便"我能及时批复这类请求"；作为一个"会计"，我想要"查询当前有多少笔没有及时报销的欠款"，以便"我能够督促还款，提高资金周转效率"。

用户故事详细介绍

用户故事
MOOC课程

用户故事是从用户实际的需求角度来描述某个特定用户角色的行为和期望，一个好的用户故事包括3个要素。

（1）角色（role）：谁要使用这个功能，即确定最终用户（end user）角色。

（2）活动（activity）：需要完成什么样的功能。

（3）商业价值（business value）：为什么需要这个功能，这个功能带来什么样的价值。

用户故事相对简单，一目了然，似乎不容易出问题，但如果对用户故事颗粒度把握不好，单个用户故事过大，可能不够具体、笼统，容易产生模棱两可、不可测等问题；把所有用户故事放在一起，系统性、完备性也可能会出现问题，甚至出现冲突、混乱等问题。在敏捷开发中，需求的评审就是用户故事的评审，不仅要对每个用户故事进行评审，而且还要审查所有用户故事能不能构成一个完整的大故事——史诗（Epic），或者也可以从业务不同的主题来看，用户故事的构成能够覆盖业务的各个方面。这里主要讨论单个用户故事评审的标准。

对单个用户故事的评审标准可以概括为一个单词"INVEST"，包含了6个要求：Independent（独立的）、Negotiable（可协商性）、Valuable（有价值的）、Estimable、（可估算的）、Small（足够小的）和Testable（可测试的）。

（1）每个故事首先是有价值的，即对客户有价值，帮助客户在业务上解决一个什么问题。没有价值的东西，用户自然不需要，那么我们工作做得再好，也毫无意义。传统软件开发往往要交付一个软件功能，而敏捷开发则强调向客户交付价值。让用户故事有价值的一个好办法就是让客户来写出这些用户故事。

（2）一个用户故事的内容要是可以协商的，用户故事不是合同，不是一种契约，而只是用一种简洁的方式来描述需求，不包括太多的细节。具体的细节在后期沟通时再逐步丰富。一旦客户意识到用户故事并不是一个契约，是可以协商的，他们也乐意帮助我们建立一个又一个的用户故事。

（3）用户故事具有独立性，能够描述很具体而完整的一个用户行为，使用户故事之间没有依赖性。如果用户故事之间存在这样或那样的依赖关系，那么我们给一个用户故事定义其优先级、估算其工作量、安排任务等工作就变得很困难。通过用户故事的分解或组合，尽量减少其依赖性。

（4）用户故事足够小，小到能够估算。故事的颗粒度越大，估算越不准确，估算和实际差异越大，带来的项目风险也就越大。如果用户故事过大，甚至一个迭代（如一个 Sprint 只有一周，5 个工作日）内都不能完成，那迭代就无法进行了。

（5）一个用户故事要是可测试的，以便于能够验证它是否能得到完整的实现。如果一个用户故事不能被验证，那么就无法判断某个工程师的工作是否已完成、这个用户故事是否能交付给客户。

除了 INVEST 这个标准之外，还要努力做得以下几点，进一步提高用户故事的质量。

◇　区分用户故事中所描述的内容是用户的活动、商业价值，体现用户的真正需求，而不是解决方案。

◇　寻找用户故事背后隐藏的前提、假设、约束或条件。

◇　根据用户行为及其涉及到的场景、假定或条件，为每个用户故事建立其验收标准（acceptance criteria）。

例如，某个用户故事"作为一个玩家，可以通过显示排名，以便让自己在服务器中的地位获得认可"，这个故事有比较多的问题。

◇　"作为一个玩家"，用户角色不明确。游戏的用户都可以是玩家，但要了解用户真实的需求，要对玩家进行区分，也就是用户角色，例如可以把玩家分为初级玩家、中级玩家、高级玩家等。

◇　通过显示排名，似乎不是用户行为、用户活动，似乎要给出解决方案，不是用户真正的需求。

◇　隐含了一个假定，不是所有用户都关心自己的地位，只有高级玩家会关注自己的地位。

◇　"服务器中的地位"包含了专业术语"服务器"，不是通过用户的自然语言来表达用户的故事，更多是体现玩家的一种荣耀或炫耀的东西，或有一个奋斗的目标，刺激玩家购买更多的道具。

根据上述分析，可以将上述用户故事改为："作为一个高级玩家，能够查看我在这款游戏中的排名，以便我可以向其他玩家炫耀我的游戏水平。"

2.2.5　如何对需求进行评审

需求评审，包含了文档评审和技术评审双重内容，要按照 2.2.3 节的各项要求，逐一评审。在评审时，可以通过一些非正式形式（临时评审、走查等）来完成需求的前期评审或功能特性改动很小的需求评审，但通常会采用评审会议来完成需求评审，至少会有一次会议评审。对于比较大型的项目或需求改动较大的项目等，一次评审会议也许还不够，还要通过 2~3 次甚至更多次的评审会议才能最后达成一致。

测试人员，首先要认真、仔细地阅读评审材料，不断思考，从中发现问题。任何发现的问题、不明白的地方都应一一记录下来，通过邮件发给文档的作者，或通过其他形式（面对面会谈、电话、远程互联网会议等）进行交流。其中重要的一点就是要善于提问，包括向自己提问题。

- 这些需求都是用户提出来的？有没有画蛇添足的需求？
- 有没有漏掉什么需求？有没有忽视竞争对手的产品特性？
- 需求文档中是否正确地描述了需求？
- 我的理解和他们（MRD、PRD 的作者）的理解一致吗？

通过交流，大家达成一致的认识和理解，并修改不正确、不清楚的地方。在各种沟通形式中，面对面沟通的效率最好，但是在口头交流达成统一意见后，最好通过文档、邮件或工作流系统等记录下来，作为备忘录。

更重要的是"从用户的角度"来进行需求评审，从用户需求出发，一切围绕用户需求进行。确定用户是谁，理解用户的业务流程，体会用户的操作习惯，多问几个为什么，尽量挖掘各种各样的应用场景或操作模式，从而分析需求，检验需求描述是否全面，是否具备完整的用例（use case）等，真正满足用户的业务需求和操作需求。除此之外，还有一些系统的评审方法。

1. 分层评审方法

除了 2.1 节介绍的评审方法之外，需求评审一般会采用分层次评审的方法，先总体，后细节。一开始不要陷入一些细节，而是从高层次向低层次推进的方法来完成需求评审。

- ✧ 高层次评审：主要从产品功能逻辑去分析，检查功能之间的衔接是否平滑，功能之间有没有冲突；从客户的角度分析需求，检查是否符合用户的需求和体验？检查需求是否遵守已有的标准和规范，如国家信息标准、行业术语标准、企业需求定义规范等；最后还要检查需求的可扩充性、复杂性、可测试性（可验证性）等。
- ✧ 低层次评审：可以建立一个详细的检查表逐项检查，包括是否存在一些含糊的描述，如"要求较高的性能"、"多数情况下要支持用户的自定义"等。

高层次评审主要评审产品是否满足客户的需求和期望，是否具有合理的功能层次性和完备性，能满足客户各个方面的需求。而低层次评审需要逐字逐行地审查需求规格说明书的各项描述，包括文字、图形化的描述是否准确、完整和清晰。例如：

设计规格说明书中不应该使用不确定性的词，如"有时、多数情况下、可能、差不多、容易、迅速"等，而应明确指出事件发生或结果出现所依赖的特定条件。对说明书中所有术语（terminology）进行仔细检查，看是否事先对这些术语有清楚的定义，不能用同一个术语来描述意义不同的对象，同一个对象也不宜用两个以上术语去描述，力求保证术语的准确性，不会出现二义性。

需求规格的描述，不仅包括功能性需求，而且包括非功能性需求。例如，系统的性能指标描述,应该清楚、明确，例如：

系统每秒能够接受 50 个安全登录，在正常情况下或平均情况下（如按一定间隔采样），Web 页刷新响应时间不超过 3 秒。在定义的高峰期间，响应时间也不得超过 12 秒。年平均或每百万事务错误数须少于 3.4 个。

而不是给一个简单的描述——"每一个页面访问的响应时间不超过 3 秒"，业务要求通常用指定响应时间的非技术术语表示性能。有了更专业的、明确的性能指标，使我们有可能对一些关键的使用场景进行研究，以确定在系统层次上采用什么样的结构、技术或方式来满足要求。多数情况下，将容量测试的结果作为用户负载的条件，即研究在用户负载较大或最不利情况下，来保证系统的性能。如在这种情况下，系统的性能有保证，在其他情况下就不会有问题。

2. 分类评审方法

需求往往由于来源不同，而属于不同的范畴，所以需求的评审也可以按照业务需求、功能需求、非功能需求、用户操作性需求等进行分类评审。例如：

❖ **业务目标性评审**：整个系统需要达到的业务目标，这是最基本的需求，是整个软件系统的核心，需要用户的高层代表和研发组织的资深人员参加评审，例如测试经理应该参加这样的评审。

❖ **功能性需求**：整个系统需要实现的功能和任务，是目标之下的第 2 层次需求，是用户的中层管理人员所关注的，可以邀请他们参加，而在测试组这边，可以让各个功能模块的负责人参加。

❖ **操作性需求**：完成每个任务的具体的人机交互（UI）需求，是用户的具体操作人员所关注的。一般不需要中高层人员参加，而是让具体操作人员和测试工程师参加评审。

3. 分阶段评审方法

在需求形成的过程中，最好采用分阶段评审方法进行多次评审，而不是在需求最终形成后只进行一次评审。分阶段评审可以将原本需要进行的大规模评审拆分成各个小规模的评审，降低了需求分析返工的风险，提高了评审的质量。比如可以在形成目标性需求时完成第一次评审，在形成系统功能框架时再进行一次评审。当功能细化成几个部分后，可以对每个部分分别进行评审，并对关键的非功能特性进行单独的评审。最后对整体的需求进行全面评审。

2.3 设计审查

一般可以将软件设计分为体系结构设计（architecture design）和详细设计（detailed design）两个阶段。体系结构设计，将软件需求转化为数据结构和软件的系统结构，并定义子系统（组件）和它们之间的通信或接口。详细设计可以进一步分为功能详细设计、组件设计、数据库设计、用户界面（UI）设计等。

设计评审时，先从系统架构、整体功能结构上开始审查系统的非功能特性（可靠性、安全性、性能、可测试性等）是否得到完美实现，然后深入到功能组件、操作逻辑和用户界面设计等各个方面的细节审查，力求发现任何不合理的设计以及设计缺陷，尽早地使设计上的问题得到及时纠正。

2.3.1 软件设计评审标准

软件设计的质量属性主要包括可维护性、可移植性、可测试性和健壮性等，这些属性被认为是设计验证的基本需求。软件设计验证的需求可以分为下列 3 类。

（1）软件运行的需求：性能、安全性、可用性、功能性和可使用性等方面的需求。

（2）软件部署和维护的需求：可修改性、可移植性、可复用性、可集成性和可测试性等所呈现的需求。

（3）与体系结构本质相关的需求：概念完整性、正确性、完备性和可构造性。

软件设计评审就是从这些需求出发的，针对系统的构成、技术特点等实施设计评审。软件设计的评审依赖于软件系统所采用的技术平台，而且还依赖于软件规模、结构、度量方法，包括复杂度、耦合性、内聚性等的度量。在实际设计评审中，设计质量标准可以分为两类，一类是设计技术自身所要求的，另一类则是系统的非功能性质量特性所要求的。

1. 设计技术的评审标准

（1）设计结果的稳定性，以设计维护不变的时间来衡量，稳定性越高越好。如果因为用户需求的变化或现有设计的错误或不足，必须修改设计，那么修改范围的大小和次数就是影响软件设计质量重要因素。

（2）设计的清晰性，涉及目标描述是否明确，模块之间的关系阐述是否清楚，是否阐述了设计所依赖的运行环境，业务逻辑是否准确并且完备。清晰的设计也是重用性的基础。

（3）设计合理性，主要指是否合理地划分模块和模块结构完整性、类的职责单一性、实体关联性和状态合理性等。可以进一步考察是否对不同的设计方案作了说明与比较，以及是否清楚地阐述了方案选择的理由和结论。

（4）结构简单性。系统的模块结构所显示的宽度、深度、扇入值和扇出值，是衡量系统的复杂性的简单标准指标，如图2-8所示，模块适当的深度、宽度、扇出和扇入，力求做到单入口单出口的模块。

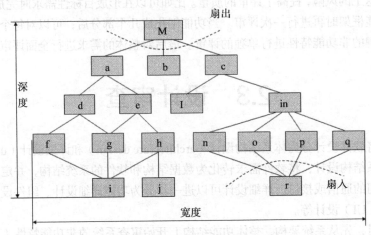

图2-8 系统模块结构的复杂性描述

（5）系统的耦合度和内聚力。系统模块间松耦合而模块内部又保持高度一致性、稳定性（强内聚力）是系统架构设计中要侧重考虑的内容，而高耦合度或低内聚力的系统是很难维护的。

（6）结构和数据的一致性。给出的系统设计结构和数据处理流程是否能满足软件需求规格说明中所要求的全部功能性需求，模块的规格及大小划分是否和功能需求项以及约束性需求项之间保持一致。

（7）可测试性和可追溯性，所有的设计目标（性能、容量、兼容性等）是可以通过测试结果来衡量的；每一部分的设计是否都可以追溯到软件需求的定义，包括功能需求项和非功能需求项。

（8）依赖性，系统的所要设计的子系统在整个软件环境（或在大系统中）中所处的地位、作用及其与同级、上级子系统之间的关系描述是否准确。

（9）不完整、易变动或潜在的需求项是否都进行了相应的设计分析，对各种设计限制是否做了全面的考虑。

2. 非功能性质量特性的设计评审要求

（1）安全性。数据和系统的分离、系统权限和数据权限分别设置等都可以提高系统的安全性。例如，设计中间层来隔离客户直接对数据服务器的访问，进一步保护数据库的安全性。系统的稳定性、可靠性都是对系统安全性的有力保障。

（2）性能。分布式应用体系结构、服务器集群等设计都可以提高系统性能。又如，通过负载均衡以及中间层缓存数据能力，可以提高对客户端的响应速度。

（3）稳定性。采用多层分布式体系架构，可以提供更可靠的稳定性。例如，中间层缓冲客户端与数据库的实际连接，使数据库的实际连接数量远小于应用客户端的数量。通过分布式体系，将负载分布到多台服务器上，可以平衡负载，降低系统整体失效的风险，从根本上保证系统的稳定性。

（4）扩展性。软件设计的技术要求是系统扩展的重要保证，例如简单的模块结构、模块间低耦合性、多层分布式体系架构等。例如，业务逻辑在中间服务器，当业务规则变化后，客户端程序基本不做改动；而当业务量猛增时，可以在中间层部署更多的应用服务器，提高对客户端的响应速度，而所有变化对客户端透明。

（5）可靠性。如系统设计保证不存在单点失效，任何系统关键部位都有备份机制或故障转移处理机制。

2.3.2　系统架构设计的评审

软件体系结构，一般可以分为客户机/服务器（C/S）结构、浏览器/服务器（B/S）结构和中间件多层结构等，也可以分为集中式系统、分布式系统和对等的 P2P 结构系统等，还可以分为实时同步系统、异步系统等。

体系结构设计是软件开发过程中决定软件产品质量的关键阶段，如 RUP 就强调以架构设计为核心，所以体系结构设计的评审是至关重要的。软件设计评审，主要是技术评审，审查软件在总体结构、外部接口、主要部件功能分配、全局数据结构以及各主要部件之间的接口等方面的合适性、完整性，从而保证软件系统可以满足系统功能性和非功能性的需求。

微软架构设计评审检查表

架构设计评审指导

系统架构设计的基本要求就是保证系统具有高性能、高可靠性、高安全性、高扩展性和可管理性。例如，对于分布式处理系统，通过增加节点在不提高单个计算机的处理能力情况下可以有效地提高整个系统的处理能力，在系统性能、可扩充性等方面的改进是很明显的，所以在设计评审时，重点就集中在系统可靠性、安全性的考量上，例如询问系统通过什么机制来保证系统传输的稳定性和容错性等。

结构模型的设计错误总是会导致严重的设计问题或运作问题（如可伸缩性、可靠性问题），严重时甚至会导致项目无法完成以及影响业务。作为资深的测试人员，有责任帮助系统设计人员寻找合适的设计框架、设计模式来创建和实现这些模型，从而将使用错误模型而带来的风险降到最低。对于信息系统、管理系统，其结构清楚、严谨，适合采用结构模型，而对实时应用系统，宜选用动态模型或过程模型。

针对多层次架构，设计的评审方法将采用分层评审和整体评审相结合，经过整体评审到分层评审，再从分层评审到整体评审的过程，这样既能确保评审的深度，又能确保评审的一致性。这里给出一个分层评审的例子，从人机交互、业务逻辑和数据服务等 3 个层次来评审体系架构。

- 人机交互，提供简洁的人机交互界面，完成用户输入和输出的请求。
- 业务逻辑，包括业务流程和规则的设定，能灵活满足业务需求变化的需要，实现客户与数据库对话的桥梁。在业务逻辑层，需要实现分布式管理、负载均衡、故障转移和恢复、安全隔离等设计需求。

● 数据服务，提供数据的存储服务，确保在数据库设计上的一致性、完备性、安全性和高效性等。

在系统架构设计评审时，不仅可以和同类产品进行比较，确认是否采用成熟、可靠的技术平台，而且要注意以下几点。

◇ 整个系统不应该存在单一故障点（single-point failure）。单一故障点是指没有备用的冗余组件的硬件或软件组件，而这些组件是重要路径的组成部分，即该组件出现故障会使系统无法继续提供服务。

◇ 系统是否建立了故障转移机制，即在任何组件发生故障时系统还能正常工作或在最短时间内恢复正常，提供对服务的不间断访问并保证关键数据的安全。

◇ 系统是否采用了冗余组件来分流处理负载，即是否建立了良好的负载平衡机制。如果任一实例发生故障，其他实例可以承担更大的负载。

◇ 系统架构设计评审时，要确定关键任务，保证关键任务设计合理，性能良好而且可靠。

2.3.3 组件设计的审查

软件组件化（包括模块化、构件化）使软件系统能够对付复杂问题，满足日后维护管理要求而具备某些重要的特性。系统在进行组件设计时，可以通过分解或合并模块以减少信息传递对全局数据的引用，并降低接口的复杂性；可以通过隐藏实现细节、强制构件接口定义、不使用公用数据结构、不让应用程序直接操作数据库等降低程序的耦合度。图 2-9 所示为 7 种耦合的表现形式，从非直接耦合到内容耦合，耦合性逐渐增强，内容耦合度很高，在设计中要尽量避免，可以借助数据库，特别是 XML 数据文件等，将公共环境耦合、外部耦合、控制耦合、特征耦合转化为数据耦合，以降低耦合性。

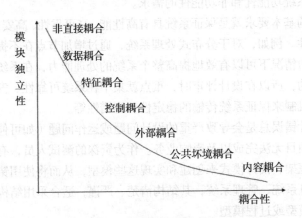

图 2-9　耦合的表现形式

在组件设计评审时，着重对以下几个方面进行评审。

● 组件的功能和接口定义正确，文档描述清楚，包含正确的硬件接口、通信接口设计、用户接口设计等。

● 为每个模块确定采用的算法，选择某种适当的工具表达算法的过程，写出模块的详细过程性描述。

- 数据结构、数据流和控制流的定义正确。模块输入数据、输出数据及局部数据的全部细节。
- 功能、接口和数据设计具有可测试性、可预测性。如要为每一个模块设计出一组测试用例，以便在编码阶段对模块代码（即程序）进行预定的测试。

2.3.4　界面设计的评审

用户界面（uner interface，UI）设计是软件系统设计的重要组成部分，特别是对于交互式软件系统，用户界面设计的好坏直接影响到软件系统设计的质量。一个优秀的用户界面应该是一个直观的、对用户透明的界面，用户在首次接触这个软件时就觉得一目了然，不需要多少培训就能够很快上手使用。目前流行的界面风格比较多，但无论哪种风格，用户界面设计应服从以下这些最基本的原则。

（1）易懂性、易用性。用户界面的形式和术语必须适应用户的能力和需求。界面上所有的按钮、菜单名称应该易懂，用词准确，能望文知意。理想的情况是用户不用查阅帮助就能知道该界面的功能并进行相关的正确操作。

（2）一致性和规范性。系统和子系统各部分的菜单、对话框、按钮等应有相同或相近的风格、形式，包括色彩、尺寸、初始位置、操作路径、提示用词等。

（3）美观与协调性。界面布局、颜色和尺寸等应该适合美学观点，给人感觉协调舒适，能在有效的范围内吸引用户的注意力。

（4）遵守惯例和通用法则，例如 Windows 应用程序，其界面设计自然要按 Windows 界面的规范来设计，包含"菜单条、工具栏、状态栏、滚动条、右键快捷菜单"等标准格式。

（5）独特性。在符合界面规范的前提下，设计具有自己独特风格的界面也很重要。在商业软件流通中，独特性能够很好地起到潜移默化的广告效应。

（6）快捷方式的组合。在菜单及按钮中使用快捷键可以让喜欢使用键盘的用户操作快捷。而且，在 Windows 应用软件中，快捷键的设计是一致的。

（7）自助功能。用户界面应提供不同层次的帮助信息和一定的错误恢复能力，方便用户使用。提示信息必须规范、恰当、容易理解，例如，提供详尽而可靠的帮助文档、在线帮助、视频/Flash 指导等，用户在使用过程中可以随时查找到解决方法。

（8）错误保护。开发者应当尽量周全地考虑到各种可能发生的问题，使出错的可能性降至最小。如果应用程序出错而退出，意味着用户操作中断，前功尽弃，不得不费时费力地重新登录，重新操作，很容易使用户对软件失去信心。

小　结

简单地说，软件测试是从需求评审开始的，也就是先基于需求定义文档和设计文档来完成需求和设计的验证，然后再基于已构建的软件系统来进一步验证需求和设计。前者采用评审的方法，是静态测试，后者是运行程序完成测试，是动态测试的方法。软件评审的方法有非正式的和正式的，包括临时评审、轮查、互为复审、走查和会议审查等方法。在软件开发的过程中，各种评审方法都是交替使用的，在不同的开发阶段和不同的场合要选择适宜的评审方法。同时，还要采用相应的评审技术和工具，例如检查表、场景分析技术等。

无论从缺陷修复成本还是从发布后的产品质量来看，需求评审的重要性不言而喻。需求评审一定要"从用户的角度"出发，一切围绕用户需求进行评审。在进行需求评审之前，先要确定要处理什么业务，解决什么业务问题，业务价值体现在哪里？然后，确定业务的用户角色。只有明确了用户角色，才能分析不同用户角色的行为差异，更好地掌控用户的真实需求。也只有在理解了软件产品的业务需求和用户需求，才能进一步理解系统要实现的功能及其非功能性要求，最终有效地完成需求评审的任务。

需求的评审方法，除了一般评审方法之外，还包括分层评审方法、分类评审方法和分阶段评审方法等。在评审过程中，从高层次向低层次逐步推进，即先关注产品是否满足客户的需求和期望，是否具有合理的功能层次性和完备性等，然后逐字逐行地审查需求规格说明书的各项描述，包括文字、图形化的描述是否准确、完整和清晰。通过需求评审，可以发现需求定义文档中存在的问题，包括违背用户意愿的定义、有歧义的描述、前后内容不一致、遗漏、逻辑混乱等，正确地完成需求定义，最终输出高质量的需求文档，包括用户故事。

软件设计评审依赖于软件系统所采用的技术平台以及软件规模、结构、度量方法，包括复杂度、耦合性、内聚性等的度量。软件评审，一般依据设计技术的评审标准和非功能性质量特性的设计评审要求，采用分层评审（如系统架构、组件、界面等）和整体评审相结合的方法，经过整体评审到分层评审、再从分层评审到整体评审的过程，既能确保评审的深度，又能确保评审的一致性。

思 考 题

1. 需求评审和设计评审可以同时进行吗？为什么？
2. 需求评审和设计评审有什么不同？
3. 在需求评审过程中，最有效的方法是什么？
4. 设计评审的难点在哪里？

实验 1 用户故事评审

（共 1~2 个学时）

1. 实验目的

1）提高需求评审的组织能力和评审能力。

2）加强需求评审的意识。

3）加深对用户需求的理解，并提高沟通能力。

2. 实验内容

基于软件工程或其他课程开发的软件系统，选定 1~2 个主题，在这些主题上，创建、评审和改善若干个用户故事。

3. 实验环境

4 个人一组，准备好 4 支笔和 8 张卡片。

4. 实验过程

1）选定某个主题，大家讨论一下大概会有哪些用户故事。

2）根据讨论，每个人写出两个用户故事。

3）去掉重复的用户故事，选出 4 个合适的用户故事。

4）针对每个用户故事，按照 INVEST 和其他要求进行评审。

5）针对所发现的问题，进行修改，完善这 4 个的用户故事。

6）每个人再领一个用户故事，写出其验收标准，能够表明这个用户故事得到完整的实现，能够满足用户的需求。

7）再针对其验收标准进行评审，完善验收标准。

5. 交付成果

交付评审报告，包括评审过程、发现的问题清单、完善的用户故事。

第3章
测试分析与设计

我们通过需求评审和设计评审，不仅能够发现需求问题或设计问题，而且可以更好地理解用户的需求、系统架构和具体的实现。掌握这些内容是对系统进行测试的基础，而在进行测试之前，要知道"测什么"——分析测试的需求。测试需求分析就是要确定测试的范围，明确测试项，知道哪些功能需要测试，哪些功能不需要测试，并定义这些测试项的优先级。然后，面对这些测试项，还要解决"如何测"的问题，即选择合适的方法，完成测试的设计。

本章目标就是解决"测什么"、"如何测"这两个基本问题，也会引出"什么是测试用例"、"什么是测试脚本"等基本问题。

测试需求分析是测试设计和开发测试用例的基础，测试需求分析得越细，对测试（用例、脚本）设计质量的帮助就越大，详细的测试需求还是衡量测试覆盖率的主要依据。测试需求分析主要包括以下工作。

  ◇ 明确测试范围，了解哪些功能点要测试，哪些功能点不需要测试。
  ◇ 根据测试目标和测试范围，确定测试项或测试任务。
  ◇ 根据用户需求和质量风险，确定测试项（或测试任务）的优先级。

3.1 如何进行测试需求分析

无论是功能测试，还是非功能性测试，其测试需求的分析都有两个基本的出发点，即：

（1）从客户角度进行分析：通过业务流程、业务数据、业务操作等分析，明确要验证的功能、数据、场景等内容，从而确定业务方面的测试需求。

（2）从技术角度分析：通过研究系统架构设计、数据库设计、代码实现等，分析其技术特点，了解设计和实现要求，包括系统稳定可靠、分层处理、接口集成、数据结构、性能等方面的测试需求。

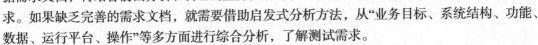

启发式测试策略

如果有完善的需求文档（如产品功能规格说明书），那么功能测试需求可以根据需求文档，再结合前面分析和自己的业务知识等，比较容易确定功能测试的需求。如果缺乏完善的需求文档，就需要借助启发式分析方法，从"业务目标、系统结构、功能、数据、运行平台、操作"等多方面进行综合分析，了解测试需求。

  ◇ 业务目标：所有要做的功能特性都不能违背该系统要达到的业务目标，多问问如何更好地达到这些业务目标，如何验证是否实现这些业务目标？
  ◇ 系统结构：产品是如何构成的？系统有哪些组件、模块？模块之间有什么样的关系？有哪些接口？各个组件又包含了哪些信息？

 ✧ 系统功能：产品能做哪些事，处理哪些业务？处理某些业务时由哪些功能来支撑，形成怎样的处理过程？处理哪些错误类型？有哪些 UI 来呈现这些功能？

 ✧ 系统数据：产品处理哪些数据？最终输出哪些用户想要的结果？哪些数据是正常的？又有哪些异常的数据？输入数据如何被转化、传递的？这中间有哪些过渡性数据？输出数据格式有什么要求？输出数据存储在哪里？

 ✧ 系统运行的平台：系统运行在什么硬件上？什么操作系统？有什么特殊的环境配置？是否依赖第三方组件？

 ✧ 系统操作：有哪些操作角色？什么场景下使用？不同角色、场景有什么不同？有哪些是交集的？

 ✧ 其他：在易用性、用户体验上有什么特别的需求需要验证？管理者或市场部门有没有事先特定的声明？有没有相应的行业规范、特许质量标准？

上面这些分析，更多是从测试对象本身来进行分析的，还包括用户角色分析、用户行为分析、用户场景分析等。我们还可以借助其他手段，通过其他方面的资料，更好地完成测试的需求分析。

测试分析指导

 ✧ 通过 UML 或 SysML 进行需求建模来明确测试需求。

 ✧ 通过状态图、活动图更容易列出的测试场景，了解状态转换的路径和条件，哪些是重要测试场景等。

 ✧ 对竞争产品进行对比分析，明确测试的重点。

 ✧ 了解产品质量属性，从产品质量需求出发来分析测试需求。

 ✧ 思维导图也是常用分析工具，不仅建立清晰的分析思维过程，迅速展开测试需求，而且可以随时补充测试需求。

 ✧ 代码复杂度静态分析工具，代码越复杂，测试的投入也需要越多。

 ✧ 对过去类似产品或本产品上个版本所发现的缺陷进行分析，总结缺陷出现的规律，看看有没有漏掉的测试需求。

 ✧ 还可以用一些普通工具，如检查表。

 ✧ 脑力激荡法，让大家发散思维，相互启发，让任何测试需求都不会被错过。

测试需求分析过程，可以从质量要求出发，来展开测试需求分析，如从功能、性能、安全性、兼容性等各个质量要求出发，不断细化其内容，挖掘其对应的测试需求，覆盖质量要求。也可以从开发需求（如产品功能特性点、敏捷开发的用户故事）出发，针对每一条开发需求形成已分解的测试项，结合质量要求，这些测试项再扩展为测试任务，这些测试任务包括了具体的功能性测试任务和非功能性测试任务，具体的功能性／非功能性测试需求分析在第 6、第 7、第 8 章分别进行介绍。

确定了测试项之后，还要确定各测试项的优先级。优先级越高的测试项，应优先得到测试，尽早地、更充分地被执行。测试优先级是由下列 3 个方面决定的。

（1）从客户的角度来定义产品特性优先级，那些客户最常用的特性或者是对客户使用或体验影响最大的产品特性，都是最重要的特性，对应的测试项，其优先级也最高。根据 80/20 原则，大约 20% 的产品特性是用户经常接触的，其优先级高。

（2）容易出错的测试项，即更有可能发现缺陷的测试项，其优先级也相对高。例如，刚毕业的、能力弱的或比较粗心的开发人员写的代码就容易出问题，其测试优先级就高；业务逻辑复杂度、代码复杂度越高，质量风险也越大，对应的测试项，其测试优先级就越高；从测试效率角度看，边界区域的、功能交互的测试项相对正常区域的测试项，也容易出现问题，自然对应的测试项，其测试优先级也高。

（3）从开发修正缺陷难易程度看，逻辑方面的测试对象相对界面方面的测试对象，出现问题更难解决，影响面也更广，改了这问题可能出现其他问题，这也说明业务逻辑区域的质量风险偏高，其优先级高。

概括起来，测试项的优先级取决于该特性对用户影响程度以及它出现问题的可能性。例如，将功能特性的重要性分为1、2、3等级（数字越大，说明对用户越有价值），将出现问题的可能性也分为1、2、3等级（数字越大，说明发生可能性也越大），最后的优先级取决于这两者的乘积。通过量化，更能客观地定义测试项的优先级。

在整理测试需求时，需要分类、细化、合并并按照优先级进行排序，形成测试需求列表。

3.2　测试设计

在明确了测试需求之后，就开始针对测试项进行测试设计，即找到相应的测试方法，找到测试的入口，分解测试项，以及针对具体的测试点设计测试环境、输入数据、操作步骤，并给出期望的结果。测试设计，需要设计人员透彻地理解产品的特性、系统架构、功能规格说明书、用户场景以及具体的实现技术等。所以，不是每个测试人员都能胜任测试用例的设计工作，一般要求具有较高能力的测试人员来完成，资深的测试人员往往更合适测试用例的设计工作。

那么如何进行测试设计呢？不同的级别（单元测试、集成测试、系统测试等），具体的设计方法和技术是不一样的；不同的测试类型（功能测试、性能测试、安全性测试等），其测试设计技术也不一样。这些具体的方法和技术在后面会分别进行详细介绍，这节主要讨论测试设计的基本思路。

3.2.1　测试设计流程

软件测试设计，不仅要根据需求文档、功能设计规格说明考虑功能特性、测试需求，而且要综合考虑被测软件的质量目标、系统结果、输入/输出等决定设计思路、设计方法等。不同的应用、不同的测试方法或不同的阶段，测试设计方法是不一样的。相应的设计方法将在单元测试、功能测试和系统测试等章节中进行详细介绍。测试设计会受到一系列因素的影响，例如采用的技术和平台、项目进度、可用资源、用户沟通渠道等。在设计过程中，综合考虑这些因素，并遵守下列设计流程，如图3-1所示，会达到良好的效果。

- 采用测试用例的模板，参考已有的范例。
- 要求先设计工作流程图，数据流图。
- 要求测试人员相互审查、提问。
- 集体审查测试用例，邀请客户、产品设计人员、开发人员等参加。

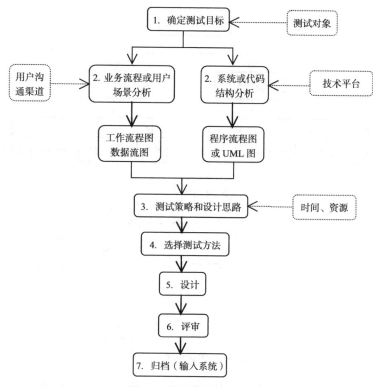

图 3-1　测试设计的流程

3.2.2　框架的设计

一个软件产品的测试设计，就如同软件产品自身系统的设计，可以采用面向对象、面向结构或面向服务等方法来完成其测试的设计。当我们开始面对一个系统进行测试设计时，测试框架设计有不同的维度或视角，主要有系统结构、数据、平台、质量属性、业务功能等。

- ✧　可以针对不同的测试对象分别处理，如在单元测试时，有一个产品类，我们就可以建立一个测试类。
- ✧　也可以按系统架构来区分数据库服务器、业务应用服务器、Web 服务器、客户端、通信接口、应用接口，分别来考虑其测试设计。
- ✧　按软件内部层次分别处理，如从数据层、业务逻辑层、用户界面（UI）等不同层次来进行测试用例设计。
- ✧　根据业务数据类型、数据集或数据流图，也可以进行测试设计，这不仅适合功能测试，也包括性能测试、安全性测试、数据兼容性测试等。
- ✧　按业务流程或其他建模方式（如 UML 建模）来设计。
- ✧　按质量属性来设计，完整的产品质量需求包括功能性需求和非功能性需求，功能性需求体现在各个具体功能模块上，功能测试就按照产品线的功能模块来组织，而非功能性需求往往和整个系统密切相关，不易分解到各个模块，就按质量属性（性能、安全性等）进行组织，如图 3-2 所示，将功能性测试和非功能性测试分开，并逐步细化，形成多层次的结构。

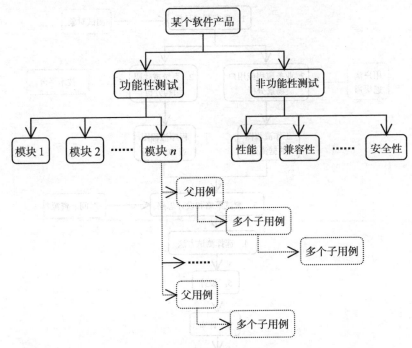

图 3-2　测试框架示意图

从图 3-2 可以看出，针对功能模块的测试可以分层细化，也可以根据功能优先级来设定层次，可以进一步将单个功能模块的功能测试分解为 2~3 个层次，形成不同的测试点，如图 3-3 所示。

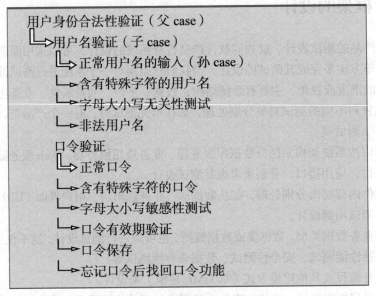

图 3-3　功能测试的层次性

3.2.3　功能测试设计

首先就要从用户需求出发，围绕软件所处理的业务进行分析与整理，理解每一个功能点，分析业务需求的每一个操作剖面，使测试能覆盖各个剖面。其次，理解系统设计的技术实现，寻求系统架构、功能模块等设计弱点，针对这些弱点或风险高的区域设计更多的测试。再者，不仅要设计那些软件正常操作或使用的测试用例，还要设计针对异常数据、异常操作等各种异常应用场景的测试用例。最后，对测试用例进行集体的评审，通过评审发现问题，完善测试的设计，提高测试用例的设计质量。

测试模式与测试设计复用

1. 客户需求导向的设计思路

树立"一切从客户需求出发"的意识，例如，测试人员在阅读需求文档时，绝不能只想"这是文档定义"，将"功能"只看作"功能"，而应该多问几个"为什么"，帮助自己更深刻理解用户的需求。

- 为什么要加这个功能？对客户有什么价值呢？有了这个功能，用户会如何使用这个功能？在哪些情况下会使用它？
- 为什么要做这样的改动？这样改动，用户使用起来更方便吗？改动以后，和其他功能有没有冲突？
- 这个功能为什么这样设计？有没有更好的设计？

除此之外，还可以通过下列一些活动，来提高对客户需求或业务需求的理解程度。

- 加强与客户、产品设计人员、开发人员等的直接沟通，充分交流。
- 和竞争对手的类似产品（竞品）进行对比分析，了解各自的特点及其背后的原因。
- 加强产品需求和设计文档的评审，强调通读所有内容，澄清各种问题，使大家达成共识。
- 对产品已暴露出的问题进行深入的分析，分析客户为什么抱怨，从而真正理解客户的期望。

2. 尽量避免含糊的、冗长的或复杂的测试用例

含糊的测试用例，如"输入正确的用户和密码，所有程序工作正常"，会给测试过程带来困难，甚至会导致测试过程中问题的遗漏，影响测试的结果。避免冗长和复杂的测试用例，可以保证验证结果的唯一性，从而便于软件质量的跟踪和管理。如果测试用例包含很多不同类型的输入或者输出，或者测试过程的逻辑复杂而不连续，此时需要对测试用例进行合理的分解，从而保证测试用例的准确性。

在测试过程中，测试用例的状态是唯一的，其执行的结果应是下列 3 种状态之一。

- 通过（pass）
- 未通过（failed）
- 未进行测试（not done or blocked）

如果测试未通过，测试用例就会关联一个或几个软件缺陷。如未进行测试，则需要说明原因，测试用例条件不具备，缺乏测试环境，还是测试用例目前已不适用等。因此，清晰的测试用例将会使测试执行不会出现摸棱两可的情况，对一个具体的测试用例不会出现"部分通过，部分未通过"这样的结果。如果通过某个测试用例的描述不能找到软件中的缺陷，但软件实际存在与这个测试用例相关的错误，那么这样的测试用例是不合格的，还将给测试人员和开发人员的判断带来困难，同时也不利于测试过程的跟踪。这样的测试用例需要修改或细化成若干个测试用例，使测试用例中所期望的结果是特定和清楚的。

3. 尽量将具有相类似功能的测试用例抽象并归类

我们一直强调不能穷举所有的测试路径和输入数据，因此，对相类似的测试用例的抽象过

程显得尤为重要，一个好的测试用例应该是能代表一组同类的数据数据或相似的数据处理逻辑过程。一个测试用例可以代表一组输入数据的处理，但其操作步骤是相同的，所期望的结果是一致的。这样可以降低测试用例的数量，有利于测试用例的管理，并让测试注意力集中在边界条件上，提高发现缺陷的效率。

3.3　什么是测试用例

测试用例（test case）就是为了特定测试目的（如考察特定程序路径或验证某个产品特性）而设计的测试条件、测试数据及与之相关的操作过程序列的一个特定的使用实例或场景。测试用例也可以被称为有效地发现软件缺陷的最小测试执行单元，即可被独立执行的一个过程，这个过程是一个最小的测试实体，不能再被分解。

测试用例还需要包括期望结果，即需要增加验证点——验证用户操作软件时系统能否正确地做出响应，输出正确的结果。在测试时，需要将单个测试操作过程之后所产生的实际结果与期望的结果进行比较，如果它们不一致，也就预示着我们可能发现了一个缺陷。

3.3.1　一个简单的测试用例

登录功能是软件系统最常见的一个功能，也是相对简单的一个功能，让我们就以系统登录功能来讨论测试用例的设计。当我们面对一个登录功能时，如何进行测试呢？

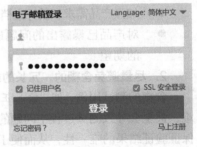

图 3-4　某系统的登录功能的 UI 界面

从用户角度出发，当用户进行登录操作时，输入用户名、口令，然后单击"登录"按钮，就这么简单。当然，用户可能没有账号，需要去注册一个账号，单击图 3-4 中"马上注册"链接。用户有时会忘记了密码，输错了密码，登录失败，系统会给出错误提示，如"用户名或密码输错"、"用户名和密码不匹配"。

但我们做测试时，要考虑大量不同的用户操作，即用户名、口令的输入不简单，而是千变万化。用户名要遵守严格的格式要求和字符串的限制，如只能用数字、字母、"-"、"_"等字符串，用户名不能重复，字母间不能有空格，字母大小写不敏感，而且有的用户喜欢设置很长的用户名，甚至想加入一些特殊的字符串（虽然加不进去），或者不小心输入了特殊字符串"/\"等。口令不同于用户名，字母间可以有空格，字母大小写敏感，可以输入特殊字符，而且有时要求每个口令必须是 9 个字符以上，包含"大写字母、小写字母、数字、特殊字符"中的 3 种。如果要测试这些规则，测试设计就不是很简单了，2~3 个测试用例是无法覆盖的。笔者曾经为某个系统的登录功能设计了 67 个测试用例，最常见的测试用例如下。

- ◇　输入正确的用户名和正确的口令，登录成功。
- ◇　如果输入正确的用户名，而口令输错，登录失败，给出错误提示。
- ◇　如果输入正确的用户名，口令不输，登录失败，给出不同的错误提示。
- ◇　如果用户名输错，输入正确的口令，登录还是失败。
- ◇　如果用户名和口令都不输，直接单击"登录"按钮，也不能通过。

✧　用户名很长，但不超过限制，是否有问题？

✧　用户名含有特殊字符，如"/'$_@~"等是否可以通过测试？

✧　口令超过长度，是否有效？

✧　口令输错 3 次，情况又是怎样的？系统自动锁住还是退出？

✧　……

这些都是测试点，每一个测试点都可以看作一个测试用例。下面就以"输入正确的用户名和错误的口令"为例，来展示一个简单的测试用例。

【测试用例 1】

测试目标：验证输入错误的密码是否有正确的响应。

测试环境：Windows XP 操作系统和浏览器 Firefox 3.0.3

输入数据：用户邮件地址和口令

步骤：

　　1. 打开浏览器。

　　2. 单击页面右上角的"登录"链接，出现登录界面。

　　3. 在电子邮件的输入框中输入：test@gmail.com。

　　4. 在口令后面输入：xxxabc。

　　5. 单击"登录"按钮。

期望结果：

　　登录失败，页面重新回到登录页面，并提示"用户密码错误"。

概念：正面的和负面的测试用例

✧　正面的测试用例，参照设计规格说明书，从用户正常使用产品各项功能的情景出发来设计的一类测试用例。正面的测试用例主要指有效的输入数据构成的测试用例。例如，验证基本功能能被正常使用的测试用例属于这一类，如输入正确的用户名和正确的口令就是一个典型的正面的测试用例。

✧　负面的测试用例，从使用过程中突然中断操作、输入非法的数据等异常操作出发而设计的测试用例。负面的测试用例主要指无效的输入数据构成的测试用例。借助负面的测试用例，往往可以发现更多的软件缺陷。例如，对 Windows 计算器进行测试时，不输入数字，而是粘贴一些字符进去，检查 Windows 有没有处理。又比如，某个软件在进行网络通信时，将网络线拔了，看系统是否崩溃。

3.3.2　测试用例的元素

上面测试用例 1 包含了"测试目标、测试环境、输入数据、步骤和期望结果"等内容，其中每一项都是不可缺少的。如果少了其中一项，就很难操作或判断。例如，没有步骤，就不知道从哪里下手，也不知如何获得执行结果。测试执行过程中，将实际结果和期望结果进行比较才能确定是否存在缺陷。期望结果就是基准、参照物，是验证点，每个测试用例至少要有一个验证点。测试用例在对测试场景和操作的描述中，可以概括为"5W1H"。

- Why ——为什么而测？为功能、性能、可用性、容错性、兼容性、安全性等测试目标中某个目标而测。
- What ——测什么？被测试的对象，如函数、类、菜单、按钮、表格、接口直至整个系统等。
- Where ——在哪里测？测试用例运行时所处的环境，包括系统的配置和设定等要求，也包括操作系统、浏览器、通信协议等单机或网络环境。
- When ——什么时候开始测？测试用例运行时所处的前提或条件限制。
- Which ——哪些输入数据？在操作时，系统所接受的各种可变化的数据，如数字、字符、文件等。
- How ——如何操作软件？如何验证实际结果是否正确？在执行时，要根据先后次序、步骤来操作软件，将实际执行结果和期望结果进行比较来确定测试用例是否通过测试。

除了用例的基本描述信息之外，还需要其他信息来帮助执行、归档和管理。例如，测试用例太多，需要按照模块进行分类，有利于管理。而且，每个测试用例不一定同等重要，因为测试用例是和产品特性相关的，产品的功能特性有很大差异，例如其中 20% 的功能是用户经常使用的，这些功能特性对客户满意度影响大，所以与这些产品特性的测试用例有较高的优先级。为了今后管理方便和提高执行效率，测试用例还应附有其他一些信息，如测试用例所属模块、优先级、层次、预估的执行所需时间、依赖的测试用例、关联的缺陷等。

综上所述，使用一个数据库的表结构来描述测试用例的元素，如表 3-1 所示。

表 3-1　测试用例的元素列表

字段名称	类型	注释
标志符	整型	唯一标识该测试用例的值，自动生成
测试项	字符型	测试的对象，可以从软件配置库中选择
测试目标	字符型	从固定列表中选择一个
测试环境要求	字符型	可从列表中选择，如果没有，则直接输入新增内容
前提	字符型	事先设定、条件限制，如已登录、某个选项已选上
输入数据	字符型	输入要求说明、或数据列举
操作步骤	字符型	按 1., 2., ……操作步骤的顺序，准确详细地描述
期望输出	字符型	通过文字、图片等说明本用例执行后的结果
所属模块	整型	模块标识符
优先级	整型	1, 2, 3 （1-优先级最高）
层次	整型	0, 1, 2, 3 （0-最高层）
关联的测试用例	整型	上层（父）用例的标识符
执行时间	实型	分钟
自动化标识	布尔型	Ture，False
关联的缺陷	枚举型	缺陷标识符列表

3.4　为什么需要测试用例

不管是过去演戏，还是现在拍电影，都需要写剧本。有了剧本，工作人员才会知道如何布置场景，演员才知道自己什么时候出场，如何出场，说哪些台词。如果没有剧本，演员会无所适从。而且，一个情节有时会重演几次，达到剧本效果，导演才满意。剧本要描述时间、地点、气氛、演员出场顺序、退场顺序等，使戏剧或电影按照剧情发展下去。软件测试用例就如同剧本，是执行测试所要参照的"剧本"。

设计测试用例就是为了更有效地、更快地发现缺陷而设计的，具有很高的有效性和可重复性，可以节约测试时间，提高测试效率。测试用例具有良好的组织性和可跟踪性，有利于测试的管理。测试用例是测试执行的基础，可以避免测试的盲目性，降低测试成本并提高测试效率，是必不可少的测试件（test ware）。为什么这么说呢？有下列 7 点理由。

（1）重要参考依据。测试过程中，需要对测试结果有一个评判的依据。没有依据，就不可能知道测试结果是否通过。测试用例清楚地描述所期望的结果，成为测试的评判依据，避免测试的盲目性。

（2）提高测试质量。在测试过程中，对产品特性的理解越来越深，发现的缺陷越来越多。这些缺陷中，有些缺陷不是通过事先设计好的测试用例发现出来的，在对这些缺陷进行分析之后，需要加入新的测试用例，这就是知识积累的过程。即便最初的测试用例考虑不周全，随着测试的进行和软件版本更新，也将日趋完善。借助测试用例，可以保证所执行的测试系统地、全面地覆盖需求范围，不会遗漏任何测试点。

（3）有效性。测试用例是经过精心设计的，对程序的边界条件、系统的异常情况和薄弱环节等进行了针对性考虑，有助于以较小的代价或较短的时间发现所存在的问题。

（4）复用性。在软件产品的开发过程中，要不断推出新的版本，所以经常要对同一个功能进行多次测试，但有了测试用例就变得简单，即重复使用已有的测试用例。良好的测试用例不断地被重复使用，使得测试过程事半功倍。

（5）客观性。有了测试用例，无论是谁来测试，参照测试用例实施，都能保障测试的质量，可以把人为因素的影响减少到最小。

（6）可评估性和可管理性。从项目管理角度来说，测试用例的通过率是检验代码质量保证效果的最主要指标之一。我们经常说，代码的质量不高或者代码的质量很好，其依据往往就是测试用例的通过率，以具体的量化结果作为依据。有了测试用例，工作量容易量化，从而对工作量预估、进度跟踪和控制等也都有很大帮助，有利于对测试进行组织和管理。

（7）知识传递。测试用例涵盖了产品的特性，测试用例通过不断改进，承载着产品知识的传递和积累，可以成为初学者的学习材料。对于新的测试人员，测试用例的熟悉和执行是学习产品特性和测试方法的最有效手段之一。

3.5　测试用例的质量

测试用例是测试的基础，所以测试用例的质量关系到测试结果的质量和测试产品的质量，那么，如何保证测试用例的质量？首先，测试人员需要全面而正确地理解用户需求、服务质量要求、产品特性；其次，应采取正确、恰当的方法进行用例设计，按照测试用例的标准格式或规范的模板来书写测试用例。除此之外，评审也是提高测试用例质量的有效手段之一。

3.5.1 测试用例的质量要求

为了更清楚地了解测试用例的质量要求，我们可以从不同层次来看，即单个测试用例的质量要求和整个产品或项目的测试用例集合的整体质量。作为整体质量，其要求的焦点集中在测试用例的覆盖率上，而单个测试用例的质量要求则集中在细节上，如具体的文字描述。

1. 单个测试用例的质量要求

单个测试用例就是为了完成某个用户场景（用例）的测试，目标很清楚，针对某个测试点设计测试用例，包含"测试目标、测试环境、输入数据、步骤和期望结果"等主要信息和其他信息，其描述符合测试用例的模板。测试用例所需的环境、输入数据、步骤和期望结果等信息应有尽有，使测试用例的执行结果不会因人而异。

从反向思维出发，一个好的测试用例更容易发现缺陷，即发现缺陷的概率越高，测试用例越好。一个好的测试用例可以发现到目前为止没被发现的缺陷。而作为一个合格的测试用例，应能满足下列要求。

♦ 具有可操作性。

♦ 具备所需的各项信息。

♦ 各项信息描述准确、清楚。

♦ 测试目标针对性强。

♦ 验证点完备，而且没有太多的验证点（如不超过3项）。

♦ 没有太多的操作步骤，例如不超过7步。

♦ 符合正常业务惯例。

2. 整体质量的要求

测试用例的整体质量要比单个质量考虑的因素多得多，虽然整体质量是建立在单个测试用例的质量上。测试用例的整体质量主要是指覆盖一个功能模块或一个产品的测试用例集合（或称一套测试用例）的质量。整体质量的最重要的指标就是测试用例的覆盖率，覆盖率越高，质量越高。覆盖率是指通过已有的测试用例完成对所有功能特性或非功能特性测试的程度，也可以指通过已有的测试用例完成对所有代码及其分支、路径等测试的程度。通过提高测试用例的覆盖率，可以改进测试的质量和获得更高的产品质量。一套测试用例应该能完整地覆盖软件产品的功能点及其相关的质量特性，满足测试需求。

其次，作为测试用例的一个集合，具备一个合理的结构层次，没有重复的或多余的测试用例，使测试执行效率达到一个较高的水平。测试用例的连贯性也是必要的，可以进一步提高测试的执行效率。为了保证测试用例合理的、清晰的结构层次，就需要系统地设计测试用例。测试用例集合的层次性、连贯性以及系统性，使测试用例具有良好的可读性和可维护性。

软件测试的细化程度，可以称为粒度。粒度过大，测试点不够准确，操作步骤或期望结果比较含糊，不同的测试人员，测试结果差别很大。对于初学者，难以执行这样的测试用例，因为难以发现问题。粒度过小，例如，每一个测试数据都作为一个测试用例，那么测试用例数量很大，以后测试用例的维护工作量也就会很大，也容易限制大家思维的发散、创新。所以测试用例的粒度要适当，把握好细节和整体的平衡。概括起来，测试用例的整体质量可以概括为如下几点。

- 覆盖率。依据特定的测试目标的要求，尽可能覆盖所有的测试范围、功能特性和代码。
- 易用性。测试用例的设计思路清晰，组织结构层次合理，测试用例操作的连贯性好，使单个模块的测试用例执行顺畅。
- 易维护性。应该以很少的时间来完成测试用例的维护工作，包括添加、修改和删除测试用例。易用性和易读性也有助于易维护性。
- 粒度适中。既能覆盖各个特定的场景，保证测试的效率；又能处理好不同数据输入的测试要求，提高测试用例的可维护性。

3.5.2　测试用例书写标准

在编写测试用例过程中，需要参考和规范一些基本的测试用例编写标准。在 ANSI/IEEE 829-1983 标准中，列出了和测试设计相关的测试用例编写规范和模板（参考附录 C）。下面就是针对其主要元素所建议的书写要求。

测试用例设计
模板

- 标志符（identification）：每个测试用例应该有一个唯一的标志符，它将成为所有和测试用例相关的文档/表格引用和参考的基本元素。
- 测试项（test items）：测试用例应该准确地描述所需要的测试项及其特征，测试项应该比测试设计说明中所列出的特性描述更加具体，例如，针对 Windows 计算器应用程序窗口的测试，测试对象是整个的应用程序用户界面，其测试项将包括该应用程序的界面特性要求，例如窗口缩放测试、界面布局、菜单等。
- 测试环境要求（test environment）：用来描述执行该测试用例需要的具体测试环境。一般来说，在整个的测试模块里面应该包含测试环境的基本需求，而单个测试用例的测试环境需要描述该测试用例单独所需要的、特定的环境需求或前提条件。
- 输入标准（input criteria）：用来执行测试用例的输入需求。这些输入可能包括数据、文件或者操作（例如鼠标的左键单击、键盘的按键处理等）。必要的时候，相关的数据库、文件也必须被罗列出来。
- 输出标准（output criteria）：标识按照指定的环境和输入标准得到的期望输出结果。如果可能的话，尽量提供适当的系统规格说明来表明期望结果的正确性。
- 测试用例之间的关联：用来标识该测试用例与其他的测试（用例）之间的依赖关系。在测试的实际过程中，很多的测试用例之间可能有某种依赖关系，例如用例 A 需要在用例 B 通过测试后才能进行，此时我们需要在 A 的测试用例中表明对 B 的依赖性，从而保证测试用例的严谨性。

【测试用例 2：书写规范的测试用例】

ID：LG0101002

用例名称：验证输入错误的密码后是否提示正确。

测试项：用户邮件地址和口令

环境要求：Windows XP SP2 和 Firefox 3.0.3

参考文档：软件规格说明书 SpecLG01.doc

优先级：高

层次：2（即 LG0101 的子用例）

依赖的测试用例：LG0101001

步骤：

1. 打开浏览器。
2. 单击页面右上角的"登录"链接，出现登录界面。
3. 在电子邮件的输入框中输入：test@gmail.com。
4. 在口令后面输入：xxxabc。
5. 单击"登录"按钮。

期望结果：

登录失败，页面重新回到登录页面，并提示"用户密码错误"。

3.5.3 测试用例的评审

评审是提高测试用例质量的有效手段之一，通过评审可以发现测试用例中的问题，包括设计思路不清晰、缺乏层次结构、遗漏某些场景或测试点等。改正所发现的问题，从而提高测试用例的覆盖率和可维护性等。

测试用例的评审，一般由项目负责人、测试、编程、设计等有关人员参加，也可邀请产品经理、客户代表参加。评审工作从测试用例的框架、结构开始，然后逐步向测试用例的局部或细节推进。

（1）为了把握测试用例的框架、结构，要分析其设计思路，是否符合业务逻辑，是否符合技术设计的逻辑，是否可以和系统架构、组件等建立起完全的映射关系？

（2）在局部上，应有重有轻，抓住一些测试的难点、系统的关键点，从不同的角度向测试用例的设计者提问。

（3）在细节上，检查是否遵守测试用例编写的规范或模板，是否漏掉每一元素，每项元素是否描述清楚。

通过检查表来进行测试用例的评审也是一种简单而有效的方法，例如，针对检查表中下列各项问题，是否都能回答"是"。如果答案都为"是"，意味着测试用例通过了评审。

- 设计测试用例之前，是否清楚业务逻辑、流程？
- 测试用例的结构层次清晰、合理吗？
- 每一个功能点是否都有足够的正面的测试用例来覆盖？
- 是否设计了相应的负面的测试用例？
- 是否覆盖了所有已知的边界值，如特殊字符、最大值、最小值？
- 是否覆盖了已知的无效值，如空值、垃圾数据和错误操作等？
- 是否覆盖了输入条件或数据的各种组合情况？
- 是否所有的接口数据都有对应的测试用例？
- 测试用例的前提条件、操作步骤描述是否明确、详细？
- 当前测试是否最小程度地依赖于先前测试或步骤生成的数据和条件？
- 测试用例检查点（验证点）描述是否明确、完备？
- 是否重用了以前的测试用例？

3.6 测试用例的组织和使用

在软件测试管理过程中，还要考虑如何有效地组织测试用例，从而有助于提高测试执行的效率，方便测试人员开展测试工作，在这方面，我们引入"测试集（测试套件，test suite）"概念。而且，随着产品需求的变化，不断要开发新的版本，测试用例也要进行相应的开发和修改，也就是需要不断维护测试用例。

3.6.1 测试集

测试用例是服务于测试的执行，而且还多次被执行。测试用例的复用性真正体现其价值，但是当我们遇上大量的测试用例时，如何更有效地重复使用、执行这些的测试用例呢？这就需要创建测试集（Test Suite），测试集是由一系列测试用例并与之关联的测试环境组合而构成的集合，已满足测试执行的特定要求。通过测试集，将服务于同一个测试目标、特定阶段性测试目标或某一运行环境下的一系列测试用例有机地组合起来。测试集是按照测试计划定义的各个阶段测试目标所决定的，即先有测试计划，然后才有测试集。

在测试用例的套件组织中，常用的基本方法有 3 种——根据程序功能模块、测试用例的类型和优先级等组织测试用例，有时会将这些方法混合使用。例如，先按照不同的程序功能块将测试用例分成若干个模块，再在不同的模块中划分出不同类型的测试用例，按照优先级顺序进行排列，这样，就能形成一个完整而清晰的、有优先次序的有效套件，如图 3-5 所示。

（1）按程序功能模块组织：应用程序的规格说明书一般是按照不同的功能模块进行组织的，因此，按照程序的功能模块进行测试用例的组织是一种很好的方法。将属于不同模块的测试用例组织在一起，能够很好检查测试所覆盖的内容，实现准确的执行测试计划。

（2）按测试用例的类型组织：将不同类型的测试用例按照类型进行分类组织测试，也是一种常见的方法。一个测试过程中，可以将功能/逻辑测试、压力/负载测试、异常测试、兼容性测试等具有相同类型的用例组织起来，形成每个阶段或每个测试目标所需的测试用例组或集合。

（3）按测试用例的优先级组织：和软件错误相类似，测试用例拥有不同优先级。我们可以按照实际的测试过程的需要，定义测试用例的优先级，从而使得测试过程有主次、有次序地进行。

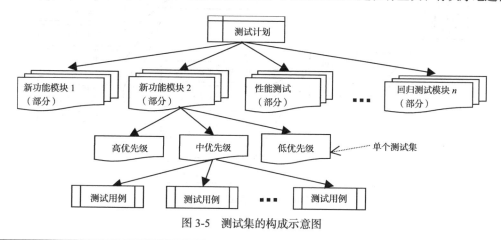

图 3-5 测试集的构成示意图

为了说明测试集的作用，以"功能测试"来进行讨论。在功能测试中，至少存在以下几种情况需要创建测试集。

（1）在当前开发版本中，并不是所有功能模块都发生了改动，只是某些功能模块发生了变化，所以对于这些模块的测试要优先进行，这些模块要得到足够的测试。我们就可以创建由这些改动模块的测试用例构成的测试集。

（2）在修改的模块中，也不需要选择所有的测试用例，要根据测试用例的优先级来进行测试，优先级高的测试要先测试，所以针对不同的优先级（I，II，III）创建不同的测试集。

（3）由于多数情况下，一个平台（如操作系统或浏览器）上所存在的缺陷，会占所有平台上的缺陷80%以上，甚至90%以上。为测试执行的第一阶段可以创建一个平台上（如 Windows Vista）的测试集。

（4）多数情况下，自动化测试和手工测试是相互并存的，所以有必要为自动化测试、手工测试分别建立测试集。

（5）在手工测试中，会受到硬件的限制，有的测试人员使用 Windows 平台，有的测试人员则使用 Mac 平台，这时可以建立和测试人员相对应的测试集。

（6）在回归测试中，可以先运行曾经发现缺陷的测试用例，然后再运行从来没有发现的缺陷的测试用例。因为开发人员会存在一定的编程习惯，缺陷分布存在一定规律，所以曾经发现缺陷的测试用例更有价值，更容易帮助我们找到缺陷。这时，需要分别建立测试集。

（7）有时，还要针对不同的用户群来定义测试目标，也就需要建立相应的测试集。

测试框架是为产品线而建立的，相对稳定，而测试集相对来说是动态的，随测试项目或测试计划而建立和调整，而且测试集是以测试框架为基础的，或者说先有测试框架，后有测试集。综合来看测试用例框架和测试集，我们就可以获得一个测试用例的全貌，如图3-6所示。

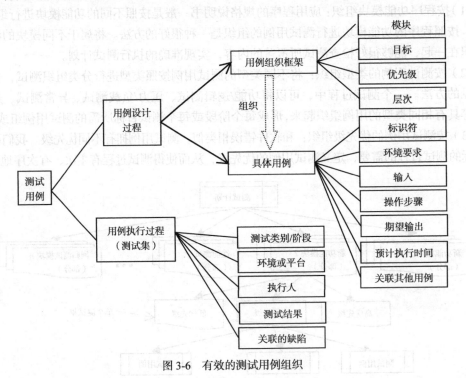

图3-6　有效的测试用例组织

3.6.2　测试用例的维护

测试用例设计也不是一次性的工作，应该随着测试的不断深入，持续改进测试用例，不断提高测试用例的覆盖率。我们知道，"变化是永恒的"，客户的需求会发生变化，产品规格说明书也会相应地被更新，系统设计可能会被调整，程序实现的方法会被优化、细化。软件测试用例设计必然做出相应的变化，增加新的测试用例或修改已有的测试用例，删除一些不再适用的测试用例。例如，在测试过程中，发现一些隐藏相对深的缺陷，而这些缺陷没有相关联的测试用例，应及时补充相应的测试用例。

随着产品版本的不断升级，软件测试用例也需要得到及时维护，有时还需要重构——对测试用例的结构进行调整，包括用例模块的合并和分解，提高测试用例的"新鲜度"，确保每一个测试用例都是有效的，所有无效的测试用例被置于"无效（invalid）"或"不可见（invisible）"状态。

测试用例的维护是一项长期的工作，同时具有明显的时间效应，需要及时补充、更新测试用例。测试用例更新和代码重构一样，一般都是进行局部修改，每次改进一部分测试用例，日积月累，测试用例的质量会得到很大的改善。当修改到一定程度，可能就要对测试用例进行一个整体优化。例如某个测试人员，如果较长时间一直工作于某个领域或模块，无论是业务经验还是领域知识都有很好的积累，有助于对产品特性的理解，有助于和开发人员进行深入的沟通，所以测试用例设计、更新和维护要做到责任到人。

小　结

测试分析与设计是测试过程中关键的工作，是测试执行的基础。当我们面对一个项目或一个测试任务时，从用户需求出发，基于业务背景，理解产品特性及其每一个功能点，分析其不同的操作剖面、应用场景，挖掘或整理出其质量需求，确定测试范围，识别出测试项，并定义其优先级，完成测试需求的工作。

在测试需求分析的基础上进行测试设计，即测试需求分析解决"测什么"，而测试设计解决"如何测"的问题。首先，要采取正确、恰当的方法进行用例设计，包括借助业务流程图、数据流图、UML 图和后面几章要学习的设计方法等，根据软件功能、系统结构、数据、质量属性等逐步展开，设计出有效、覆盖面全的用例。在测试用例设计中，不仅要设计哪些软件正常使用或正面的测试用例，还要设计异常情况的或负面的测试用例，构建合理的、层次清楚的测试框架。

一个测试用例应该包含"测试目标、测试环境、输入数据、步骤和期望结果"等内容，也就是回答"5W1H"，确保测试用例所需的环境、输入数据、步骤和期望结果等信息应有尽有，使测试用例的执行结果不会因人而异。为了满足单个测试用例的质量要求和整个产品或项目的测试用例集合的整体质量要求，设计出高质量的测试用例，不仅要按照测试用例的标准格式或规范的模板来书写测试用例，而且要对测试用例进行集体的评审，发现测试用例的不足，完善测试用例。

而在测试用例的应用和维护中，需要根据不同的测试目的或任务构建测试集，使之完整地覆盖软件产品的功能点及其相关的质量特性，满足测试需求。常用的构建方法有 3 种——根据程序功能模块、测试用例的类型和优先级等组织测试用例，有时会将这些方法混合使用。通过测试集，将服务于同一个测试目标、特定阶段性测试目标或某一运行环境下的一系列测试用例有机地组合起来，有助于使用测试，提高测试的复用性。在产品升级过程中，还需要对测试用例进行维护，及时更新测试用例，和需求变化保持同步。并不断完善测试用例，提高测试覆盖率，例如发现了新的缺陷而没有相应的测试用例，应及时补充相应的测试用例。

思 考 题

1. 测试用例的要素有哪些？
2. 你认为提高测试用例质量的最有效的方法是什么？
3. 如何开展测试用例的评审？
4. 为什么要建立测试集？它带来哪些益处？
5. 为什么需要对测试用例进行更新和维护？

实验2　测试用例结构的设计

（共 1 个学时）

1. 实验目的

1）巩固本章所学到的测试分析与设计的方法。

2）提高思维能力。

2. 实验前提

1）理解本章所描述的测试分析方法。

2）熟悉测试用例框架设计的方法。

3）选择一个被测试的应用系统或客户端软件（SUT）。

3. 实验内容

针对被测试的应用系统进行分析与设计。

4. 实验环境

1）每 3~5 个学生组成一个测试小组。

2）SUT 可以是外部 Web 应用系统，也可以是某个相对复杂的手机 App 或 PC 客户端软件。

3）每个人或每两个人有一台 PC 或手机，可以运行 SUT。

5. 实验过程

1）小组讨论，按照"业务目标、系统结构、功能、数据、运行平台、操作"等逐项分析 SUT，列出测试所关注的目标、结构、功能、数据、平台等。

2）决定是从测试目标、子目标出发，还是从系统功能出发来设计测试用例。

3）设计测试用例结构，尽量按层次细化。可以先用思维导图展开，然后再重新优化，组织成更好的测试框架。

6. 交付成果

测试分析与设计报告，包括系统背景介绍，基于目标、结构、功能、数据、平台等测试分析的结果，设计的测试框架。

第4章
软件测试自动化

在测试执行过程中，经常要进行多轮测试，而且在软件版本不断升级过程中，测试用例会越来越多，测试的工作量越来越大，而且许多测试用例会被不断地重复执行。如果由手工来完成，不仅占用很多人力资源，而且工作重复单调，会影响测试人员的积极性，降低测试工作人员的热情。这时，人们自然会想，有没有更好的办法来完成测试任务？

我们开发了许多软件，帮助人们完成自动化办公、自动化控制、自动化生产和自动化管理，我们为什么不能开发相应的工具为自己服务——进行自动化测试呢？应该是可以的。我们能够开发出所需的测试工具，去完成单元测试、功能测试、负载测试、性能测试和安全性测试等活动中的各种任务，提高测试效率和质量。例如，在后面介绍的负载测试和性能测试中，可以通过测试工具来模拟大量虚拟用户对系统的操作，以突破测试人员和硬件的限制，完成难度高的测试任务。

软件开发中每日集成、每日构建的观念越来越深入人心，其应用越来越普遍，这要求有相应的测试——每日验证来保障。每日验证，如果靠手工测试来实现，也是耗费很大的，而且效率很低，很难满足要求，这也必须靠一套工具和自动的处理方式来完成。

4.1 测试自动化的内涵

软件测试自动化是相对手工测试而存在的，手工测试是靠测试人员的一步一步操作来完成的，测试人员操作一步，测试前进一步；测试人员停下来，测试也停下来。而测试自动化是通过测试工具来实现的，一旦测试启动后，测试人员在做其他事情时，测试还会继续下去；测试人员下班回家了，测试还可以在半夜自动启动、执行，并自动提交测试结果。那么，什么是自动化测试呢？在介绍自动化测试前，让我们动手做个实验。

4.1.1　简单的实验

自动化测试并不神秘，像 DOS 系统的批处理文件（.bat 文件）就是我们最初所见的自动化处理的过程。现在批处理文件仍然被使用，例如 Apache、MySQL、测试工具 Jmeter 等在 Windows 上启动，依旧使用批处理文件。再看一些实际问题：

❖　假如每个学生考完试之后，老师要通过邮件通知每个学生。

❖　人事部门每个月通过邮件告诉每个员工本月工资的各项信息。

以成绩通知为例，老师每个学期都要处理这件事。如果通过手工去发邮件，每个班有 50～60 个学生，需要花费不少时间。Word 就提供了一个功能——邮件合并功能。事先，学生成绩肯定是保存在 Excel 文件中，如表 4-1 所示。

表 4-1　学生成绩示例

	A	B	C	D
1	Name	score1	score2	eMail
2	张三	90	83	Zhang3@gmail.com
3	李四	85	76	Li4@gmail.com
4	王五	78	89	Wang5@gmail.com

然后，创建一个 Word 文件，使用 Word 中"工具"→"信和邮件"→"邮件合并"功能。根据提示，选择数据源（即所建的 Excel 表）和插入的数据（对应 Excel 表的列），最后获得类似下面内容的一个邮件（Word 文档）。

«Name»同学

这是本学期你取得的考试成绩：
1. 语文成绩"score1"
2. 数学成绩"score2"

合肥中心小学教务处

这样，系统会自动按表 4-1 中的顺序和数据，在邮件中将"Name"、"score1"、"score2"替换为当前学生的姓名、成绩，自动向每个学生发出一份正确的邮件。

再进一步，就是 Word 中的宏（Macro），更接近自动化测试，有录制、脚本（script）编辑和回放等功能。例如，在 Word 中选择"工具"→"宏"→"录制新宏"，出现如图 4-1 所示的窗口，输入宏的名称，并将宏赋给键盘。然后，就开

图 4-1　宏录制的启动窗口

始录制，如插入一个表格、输入标题名等。

完成录制后，就可以使用已录制完的宏（macro test），即回放录制的脚本，顷刻，一个表格就画好了。画 10 个同样的表格，只要点"运行"按钮十次，几秒钟就可以完成，效率很高。如果选择"宏"中的"编辑"，就可以看到所录制的脚本（代码）。

```
Sub MacroTest()
'
' Macro recorded 2008-12-29 by Kerry
'
    Selection.MoveDown Unit:=wdLine, Count:=1
    ActiveDocument.Tables.Add Range:=Selection.Range, NumRows:=3, NumColumns:= _
        4, DefaultTableBehavior:=wdWord9TableBehavior, AutoFitBehavior:= _
wdAutoFitFixed
    With Selection.Tables(1)
        If .Style <> "Table Grid" Then
            .Style = "Table Grid"
        End If
        .ApplyStyleHeadingRows = True
        .ApplyStyleLastRow = True
        .ApplyStyleFirstColumn = True
        .ApplyStyleLastColumn = True
    End With
    Selection.TypeText Text:="姓名"
    Selection.MoveRight Unit:=wdCharacter, Count:=1
    Selection.TypeText Text:="用户名"
    Selection.MoveRight Unit:=wdCell
    Selection.TypeText Text:="口令"
    Selection.MoveRight Unit:=wdCell
    Selection.TypeText Text:="描述"
End Sub
```

测试脚本（test script）是测试工具执行的一组指令集合，使计算机能自动完成测试用例的执行，也是计算机程序的一种形式。脚本可以通过录制测试的操作产生，也可以直接用脚本语言编写脚本。

4.1.2 自动化测试的例子

从批处理文件、Word 邮件合并到宏，体现了自动化处理功能，但这些还不是自动化测试。自动化测试和这些自动化处理工作的最大不同是自动化测试需要验证，即处理过程中要有验证点和期望结果。有了验证点和期望结果，才能与实际结果进行比较，确定被验证的功能是否通过测试，即确定是否存在缺陷。

让我们用开源测试工具 Selenium IDE 来演示一个简单的自动化测试的实例。启动 Firefox，去 http://seleniumhq.org/projects/ide/下载其最新的版本（本书写作时，IDE 版本是 2.9.0），并直接安装"Selenium IDE"。安装成功之后，Firefox 菜单"工具"中就会增加一个子菜单"Selenium IDE"。单击"Selenium IDE"启动 Selenium IDE，出现如图 4-2 所示的操作界面。这里将 http://cn.bing.com（必应搜索中文站点）设置为 Base URL。

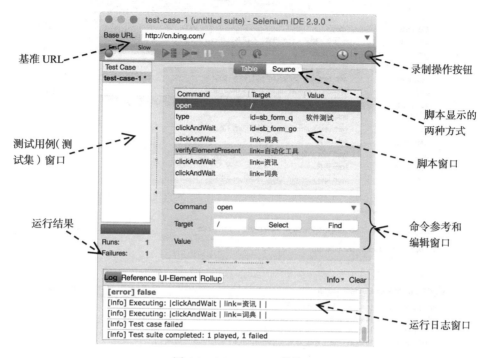

图 4-2　Selenium IDE 的界面

然后，启动脚本录制操作（缺省是录制状态，如果不是，就单击录制操作按钮 ⊙|），在 Firefox 打开必应搜索中文站点首页，并输入"web test automation by selenium"按钮，点搜索按钮，进入搜索结果页面，然后选择搜索结果页面中的"docs.seleniumhq.org"，单击右键，选择相应的验证方式（命令）assertText、verifyText、VerifyElementPresent 等，这里选择 verifyText，如图 4-3 所示，即增加一个验证点，验证当前页面应出现字符串"docs.seleniumhq.org"。当然，还可以增加其他验证点，这也是 Selenium IDE 的一个功能特点，允许录制过程中直接增加验证点，而不需要在录制完之后，再手工增加录制点。

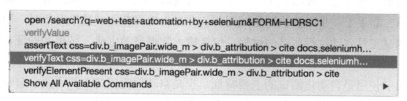

图 4-3　Selenium IDE 录制过程中直接增加验证点的界面

完成了脚本录制，就可以单击按钮 ▶ ▶ 执行脚本。我们就会看到浏览器自动打开 http://cn.bing.com 的首页，自动输入"web test automation by selenium"，搜索结果页面很快显示出来，脚本执行结束。从结果可以看出，如图 4-4 所示，测试验证点全部通过。除了插入的验证点"verifyText"，还有录制自动生成的 5 个验证点、"以 assertTitle"开头的脚本行。有了验证，才是测试，而回放过程就是执行操作和验证的过程。

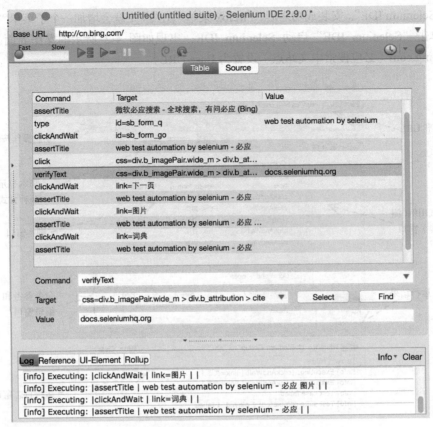

图 4-4　Selenium 运行结果界面

4.1.3　什么是自动化测试

亲手做一两个实验，对自动化测试就会有一个感性的、初步的认识，基本知
道什么是自动化测试。自动化测试，简单地说，就是通过测试工具来执行测试用
例，完成测试工作。所以，软件测试工具有时也叫自动化测试工具。自动化测试
（automated test）是相对手工测试（manual test）而存在的一个概念，由手工逐个 自动化测试
地运行测试用例的操作过程被测试工具自动执行的过程所代替。手工测试就是指靠测试人员不
借助测试工具，靠手工一步一步执行测试用例，并人为地判断测试结果对不对。而自动化测试
是靠系统或测试工具自动执行测试的过程，包括输入数据自动生成、结果的验证、自动发送测
试报告等。

测试工具的使用是自动化测试的主要特征，也是自动化测试的主要手段。自动化测试有时
不需要测试工具，而是使用一些命令、Shell 脚本就可以完成测试任务；其次，自动化测试不能
仅仅局限于工具本身，必须和测试目标和测试策略结合起来，包括了自动化测试的思想、流程
和方法，在流程上支撑自动化测试的实现，在方法上保证选用正确的测试工具。

有时，我们也听到"测试自动化（test automation）"这个概念，这和"自动化测试"有着
不同的含义。自动化测试焦点集中在测试执行，主要是由测试工具自动地完成测试。而测试
自动化的含义更广些，可以理解为"一切可以由计算机系统自动完成的测试任务都已经由计
算机系统或软件工具、程序来承担并自动执行"，不仅自动执行单元测试、功能测试、负载测

试或性能测试等，而且缺陷管理、测试管理、环境安装、设置和维护等工作也由计算机系统来完成。但在日常工作中，一般不区分"自动化测试"和"测试自动化"这两个概念，往往把它们看作是同一个概念。

自动化测试，理应从工作效率和产品质量的目的出发，而不是为了自动化而自动化，在某些时刻，也可能得不偿失，即投入过大，产出远远小于投入。脱离了目的，测试人员可能会变成自动化测试的奴隶。

最后，我们还不得不承认，不是所有的测试都可以由工具完成，有些测试还必须由手工完成。自动化测试和手工测试往往交织在一起，相互补充，工具执行过程往往需要人工分析，手工测试时也可以借助工具处理某些数据、日志或显示某些信息。也就是说，不试图用自动化测试来代替所有的手工测试，尊重手工测试，尽量采用自动化测试。

4.1.4　自动化测试的特点和优势

手工测试在某些测试方面受到限制，例如，许多与时序、死锁、资源冲突、多线程等有关的错误通过手工测试很难捕捉到，更难以测定测试的覆盖率，而且，如果让手工做重复的测试，容易引起测试人员的乏味，严重影响工作情绪等。特别在性能测试、压力测试之中，需要模拟大量并发用户，没有测试工具的帮助是无法想象的；而在回归测试中，多数情况下时间很紧，希望一天能完成几千、几万个测试用例的执行。即使让测试人员通宵达旦地工作，也无法完成。在上述各种场合，需要借助测试工具，实施自动化测试。从 Word、Selenium 等上述实验看，自动化测试的特点很明显。

- ◇　自动运行的速度快，是手工无法相比的。
- ◇　测试结果准确。例如搜索用时即使是 0.33 秒或 0.24 秒，系统都会发现问题，不会忽视任何差异。
- ◇　高复用性。一旦完成所用的测试脚本，可以一劳永逸运行很多遍。

如果再展开讨论，我们就会发现自动化测试的更多益处。例如：

- ◇　永不疲劳。手工进行测试会感觉累，测试人员一天的正常工作时间是 8 小时，最多工作十几个小时，而机器不会感觉累，可以不间断工作，每周可以工作 7 天，每天可以工作 24 小时。
- ◇　可靠。人可以撒谎，计算机不会弄虚作假。对同一个被测系统，用相同的脚本进行测试，结果是一样的，而手工测试容易出错，甚至有些用例没被执行，可以说"执行了"。
- ◇　能力。有些手工测试做不到的地方，自动化测试可以做到。例如，对一个网站进行负载测试，要模拟 1000 个用户同时（并发）访问这个网站。如果用手工测试，需要 1000 个测试人员参与，对绝大多数软件公司是不可能的。这时，如果让机器执行这个任务，假如每台机器能同时执行 20 个进程，只需要 50 台机器就可以了。

根据自动化测试的运行速度快、可靠、准确、从不疲惫和可多次重复使用等特点，可以知道——自动化测试有助于提高软件开发效率，缩短开发周期，节省人力资源等。但同时看到，机器执行测试用例是按部就班进行的，没有变通的余地，没有创造力。而手工测试过程中，人具有创造性，容易受到前面操作或结果的启发，能举一反三，从一个测试用例，想到其他一些测试情景，发现更多的问题。有资料显示，即使自动化测试实施良好，也只能发现软件系统中 30% 的问题，而 70% 的问题还是靠手工测试发现的。对于那些复杂的逻辑判断、界面是否友好，手工测试具有明显的优势。所以自动化测试更适合于负载测试、性能测试和回归测试，如表 4-2 所示。

概括起来，通过自动化测试，软件企业可以获得以下好处。

- ◇ 测试周期缩短，因为自动化测试效率高，长时间不间断地运行。
- ◇ 更高质量的产品，因为通过测试工具运行测试脚本，能保证百分之百地完成测试，而且测试结果准确、可靠。借助自动化测试，可以达到更高的测试覆盖率，而且每天可以完成一轮测试，更早地发现问题；测试人员还有更多的时间思考，来完善测试用例。
- ◇ 软件过程更规范，自动化测试鼓励测试团队规范化整个过程，包括开发的代码管理和代码包的构建、标准的测试流程以及一致性的文档记录和更完善的度量。
- ◇ 高昂的团队士气，因为测试人员有更多机会学习编程，获取新技术，测试工作更有趣、有更多的挑战。
- ◇ 节省人力资源，降低企业成本。在回归测试中、在不同的测试环境（如不同的 OS、浏览器和防火墙设置等）下，需要重复运行大量相同的测试用例，正是自动化测试的用武之地，一套测试脚本，可重复使用，节省大量人力资源。
- ◇ 充分利用硬件资源，降低企业成本。自动化测试可以在非工作时间和节假日自动进行。例如，测试人员在下班前将所有要运行的测试任务准备好并启动测试工具，测试工具就会通宵达旦地执行所排定的任务，充分利用现有的设备。

表 4-2　自动化测试在不同测试阶段的应用

技术	描述	自动化测试的应用特点
单元测试	单元测试是保证软件质量的重要而基础性的工作，通常由开发人员完成。单元测试方法很多，如著名的"测试驱动开发"，就是在编写代码前先完成测试用例，等到所有测试通过，代码也就完成了	在单元测试中，自动化测试和手工测试是交叉进行的，代码扫描（静态测试）可以是全自动的，而动态测试需要手工干预和调试，属于半自动
冒烟测试（BVT）	BVT 是为了保证后续的大量测试可以正常进行而对基本功能进行的验证测试	在良好的软件构建环境中，如每日集成、每日构建等，BVT 通常可以实现完全自动化
功能测试	功能测试内容丰富，包括基本操作、数据输入和输出的验证、逻辑合理性的推敲、用户界面友好性识别等	基本操作和数据验证等可以实现自动化测试，但适用性测试一般由手工完成
负载测试性能测试	对系统模拟不同的（逐级的/大量的）负载测试，从而发现系统的性能瓶颈，或确定具体的性能指标	一般只能由自动化测试工具完成
回归测试	回归测试可以说就是重复已经存在的测试，对原有正常的工作进行验证，以避免其他地方的代码改动对原有功能的负面影响	这是自动化测试最能发挥作用的地方，应尽量实现自动化
验收测试确认测试	通过执行用户场景或模拟真实用户场景，使用系统以证明系统满足用户所期望的功能而进行的测试。一般用户也参与验收测试	自动化测试可以进行，但宜采用手工测试

4.2　自动化测试的原理

在了解了什么是自动化测试之后，读者接着就会问"自动化测试是如何实现的"、"为什么可以模拟用户的操作呢"等一系列问题。自动化测试实现的本质是识别软件中各种对象，并记录下鼠标、键盘等操作，将这些操作转化为测试工具可以识别的脚本语言。测试工具在回放时或执行脚本时，根据脚本语言的代码，转化为对系统的存取或操作，在每个验证点，将实际结果和期望结果进行比较，识别出差异。如果没有差异，测试通过；如果有差异，标记为"不通过"，完成 Log 记录，并给出错误报告，其完整的过程如图 4-5 所示。

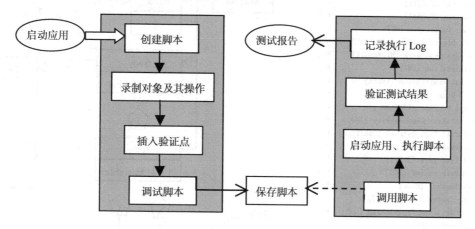

图 4-5　自动化测试的基本流程示意图

4.2.1　代码分析

代码分析类似于高级编译系统，一般是针对不同的高级语言去构造分析工具，在工具中定义类/对象/函数/变量等定义规则、语法规则等，在分析时对代码进行语法扫描，找出不符合编码规范的地方，根据某种质量模型评价代码的质量，生成系统的调用关系图等。

这种代码的静态分析的关键是建立各种规则，而这种规则的建立是依赖于相应编程语言的语法。例如 Java 语言的静态分析会依据 EBNF（extended backus-naur form，扩展巴科斯-诺尔范式）语法来定义：

```
addition : INTEGER '+' INTEGER ;
INTEGER : ('0'.. '9')+ ;
```

这项规则可以理解为"一个整数是由 0 和 9 之间的数字至少出现一次而构成的字符"和"加法是一个整数跟着一个字符'+'和另一个整数"。

利用这些规则可以找出 Java 源程序的许多问题，如没有用到的变量、多余的变量创建操作、空的 catch 块等。例如，ParasoftJtest 就提供了 700 多个规则，包括 100 个安全性规则，如图 4-6 所示。为了提高代码分析的效率，会把 Java 源代码解析成抽象语法树（abstract syntax tree，AST），由 Java 符号流（对象）构成树型层次结构（语义层）。对一个规则的检验，就是对相应的 AST 的一次遍历。

抽象语法树

单个规则包含 3 个要素——节点、命令和输出。节点可以分为父节点和子节点，可以表示公式、变量、常量、函数或声明。命令可以进行收集、设置和节点运算，包括"与、或、差异"等关系运算，如图 4-7 所示。

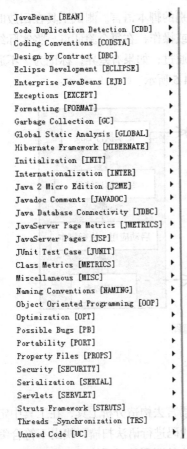

JavaBeans [BEAN]
Code Duplication Detection [CDD]
Coding Conventions [CODSTA]
Design by Contract [DBC]
Eclipse Development [ECLIPSE]
Enterprise JavaBeans [EJB]
Exceptions [EXCEPT]
Formatting [FORMAT]
Garbage Collection [GC]
Global Static Analysis [GLOBAL]
Hibernate Framework [HIBERNATE]
Initialization [INIT]
Internationalization [INTER]
Java 2 Micro Edition [J2ME]
Javadoc Comments [JAVADOC]
Java Database Connectivity [JDBC]
JavaServer Page Metrics [JMETRICS]
JavaServer Pages [JSP]
JUnit Test Case [JUNIT]
Class Metrics [METRICS]
Miscellaneous [MISC]
Naming Conventions [NAMING]
Object Oriented Programming [OOP]
Optimization [OPT]
Possible Bugs [PB]
Portability [PORT]
Property Files [PROPS]
Security [SECURITY]
Serialization [SERIAL]
Servlets [SERVLET]
Struts Framework [STRUTS]
Threads _Synchronization [TRS]
Unused Code [UC]

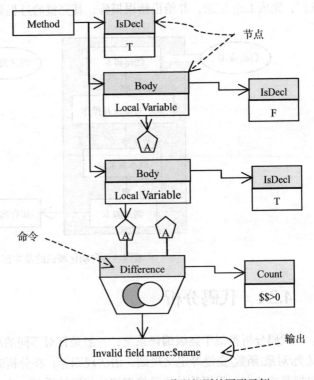

图 4-6　Parasoft Jtest 代码规则　　　　　　　图 4-7　代码规则的图形示例

规则代码示例

```
<rule name="EmptyIfStmt"
    message="避免使用空的 if 语句"
    class="net.sourceforge.pmd.rules.EmptyIfStmtRule">
<priority>3</priority>
<example>
    <![CDATA[
        if (absValue< 1) {
        //找到空的 if 语句
        }
    </XMLCDATA>
        </example>
    </rule>
```

4.2.2　GUI 对象识别

　　功能测试工具需要和用户界面打交道，就需要能操作、控制用户界面上的各种对象，所以大部分功能测试工具是基于 GUI 对象识别技术来实现自动化测试的。对象的识别，就是获得这个对象的类别、名称、属性的值，如图 4-8 所示的文字编辑域"Agent Name"的各种属性值。

◆ 可编辑（Enabled）属性为真（True），可以修改该域的值。

◆ 焦点（Focused）属性为真（True），即当前操作点正落在这里。

◆ 高度（Height）属性的值为 20。

◆ 宽度（Width）属性的值为 119。

◆ 文字（Text）属性的值为 "Harold "，也就是该文字编辑域的值。

常见的对象有弹出窗口、按钮、菜单、列表、编辑域等，如图 4-8 中的脚本示例。

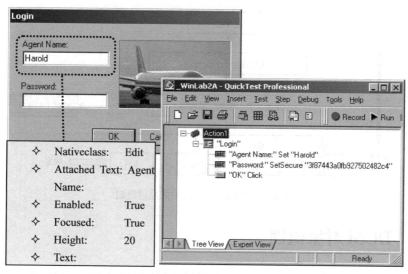

图 4-8　编辑域的对象识别示例

对于 Windows 操作系统，其界面本身就是由各种对象组成的，包括窗口的句柄、标题、类等，要了解这一点很简单，打开 MS Visual Studio 中的 Spy++，就可以获得各种对象的名称及属性，如图 4-9 所示。

Spy++介绍

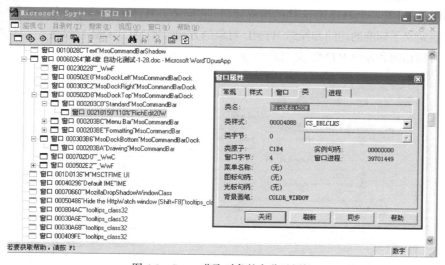

图 4-9　Spy++获取对象的名称及属性

基于 GUI 对象识别和控制的自动化测试工具，一般在脚本语言中采用 Windows API 函数调用的方法来实现，因为 Windows API 中封装了很多可用于自动化测试编程的函数，如

FindWindow、GetWindowRect 等函数。除了 Windows API 函数调用方法之外，还有其他的一些技术可以采用，如采用反射机制，如图 4-10 所示，通过反射来加载被测试程序，获取被测试程序的各种属性，触发被测试程序的各种事件，从而达到自动化测试的目的。反射机制提供了封装程序集、模块和类型（包括类、枚举或结构等）的对象，可以通过反射动态地创建类型的实例，将类型绑定到现有对象，或者从现有对象中获取类型，然后调用类型的方法或访问其字段和属性。

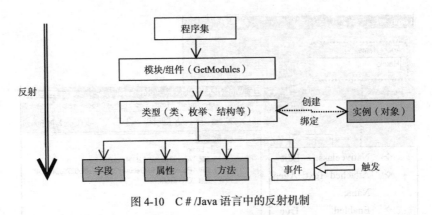

图 4-10　C # /Java 语言中的反射机制

4.2.3　DOM 对象识别

有些测试工具（如 Selenium、Watir 等）直接访问 Web 浏览器，利用脚本语言操纵浏览器和 Web 页面，这时就需要对 DOM（document object model，文档对象模型）对象进行识别，从而模拟用户控制浏览器中页面元素的操作。也只有获取 DOM 对象的属性，才可以验证页面实际的表现，即确定实际结果和期望结果是否一致。图 4-11 和图 4-12 所示分别是用 IE DOM Inspector、FireBug 捕获的 DOM 对象。

HTML DOM 是一个 HTML 文档的编程接口，它定义了 HTML 的标准对象集合，并且定义了标准的访问和操纵 HTML 对象的方式。HTML DOM 接口使测试工具可以访问和操纵 HTML 文档的内容。

DOM Inspector

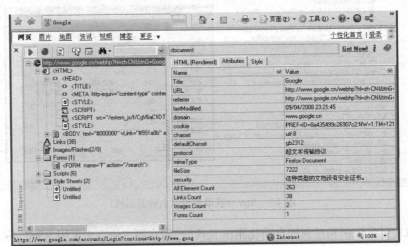

图 4-11　IE DOM Inspector 捕获的 DOM 对象

图 4-12　通过 FireBug 浏览 Firefox 页面中的 DOM

4.2.4　自动比较技术

没有验证点的自动化测试就不能称为测试，验证某个测试用例的结果，实质上就是将实际结果（输出）与期望结果进行比较，因此在软件测试自动化中自动比较就显得重要。自动化测试时，预期输出是事先定义的，要么插入脚本中或者记录在数据库、数据文件中，然后在测试过程中运行脚本，将捕获的结果和预先准备的输出进行比较，从而确定测试用例是否通过。例如，在 Selenium 中就有两种验证模式——Assert 和 Verify，当 Assert 验证失败，则结束当前测试；当 Verify 验证失败，测试会继续运行。

自动比较可以是最简单的数字比较，也可能是比较复杂的图像比较。自动比较可以对比分析屏幕或屏幕区域图像，比较窗口或窗口上控件的数据或属性，比较网页，比较文件等。例如，在 Selenium 中常用的验证命令（这里以 Verify 为例）如表 4-3 所示。

表 4-3　Selenium 中验证命令的示例

验证点命令	对象	值
verifyTitle	My Page	
verifyValue	nameField	John Smith
verifySelected	dorpdown2	value=js*123
verifyTextPresent	You are now logged in	
verifyAttribute	txt1@class	bigAndBlod
verfyVisible	postcode	

比较器可以检测两组数据是否相同，功能较齐全的比较器还可以标识有差异的内容。比较可以是简单的比较，要求实际结果和期望结果完全相同匹配，如表中"verifyTextPresent"，验证窗口中出现某个特定的字符串。但是，如果要求验证"输出报表的内容中包含日期信息"，这时简单比较就不能解决问题，需要智能比较，忽略日期的具体内容，仅仅比较日期的格式。也就是说，智能比较则允许实际结果和期望结果有一定的差异，使用正则表达式的搜索技术、屏蔽的搜索技术等，忽略某些差异，按特定的要求来进行类比。

自动比较一般是在测试过程中进行，为了减少某些因素的影响，有时需要对实际输出结果和期望输出结果进行预先处理，即增加一个环节——比较过滤器。执行过滤任务之后再进行比较，这样可以使比较标准化，测试结果更可靠。对于图像的比较，为了提高比较的效率（工具的性能），不能对图像中每个像素进行比较，而是选择某些区域进行比较，例如从 4 个角和中央各选择一小方块区域。如果对比较要求非常严格，则需要损失工具的性能，进行更全面的比较，例如对图像的每个像素点进行比较。

4.2.5 脚本技术

脚本是一组测试工具执行的指令集合，也是计算机程序的一种形式。脚本可以通过录制测试的操作产生，也可以直接用脚本语言编写脚本。录制的脚本一般需要修改后才能满足要求，但还是能减少编写脚本的工作量。测试脚本不仅可以包含指令和数据，而且可以包含同步、比较、控制和数据存取路径等各种信息。

为了提高脚本的开发效率，降低脚本维护的工作量，需要采用有效的技术来改善脚本的结构，将脚本和测试数据分开，在建立脚本的代价和维护脚本的代价中得到平衡。脚本可以分为线性脚本、结构化脚本、数据驱动脚本和关键字驱动脚本。线性脚本是最简单的脚本，一般由自动录制得来，而结构化脚本是对线性脚本的加工，类似于结构化程序设计，是脚本优化的必然途径之一。而数据驱动脚本和关键字驱动脚本可以进一步提高脚本编写的效率，极大地降低脚本维护的工作量。目前大多数测试工具都采用数据驱动脚本和关键字驱动脚本。

1. 线性脚本

线性脚本是直接对手工操作而录制的脚本，这种脚本包含所有的击键、移动、输入数据等，所有录制的测试用例都可以得到完整的回放。对于线性脚本，也可以加入一些简单的指令，如时间等待、比较指令等。线性脚本适合于那些简单的验证测试、负载测试和演示。

【线性脚本示例】对 Windows 操作系统的控制面板进行操作。

```
Sub Main
Dim Result As Integer

    Window SetContext, "Class=Shell_TrayWnd", ""
    PushButton Click, "Text=开始"

    Window SetContext, "Caption=「开始」菜单", ""
    ListView Click, "ObjectIndex=2;\;ItemText=控制面板(C)", "Coords=57,17"

    Window SetContext, "Caption=控制面板", ""
    ListView DblClick, "Text=FolderView;\;ItemText=显示", "Coords=37,30"

    Window SetContext, "Caption=显示 属性", ""
    TabControl Click, "ObjectIndex=1;\;ItemText=桌面", ""
    PushButton Click, "ObjectIndex=2"

    Window SetContext, "Class=#32770", ""
    GenericObject Click, "Class=Static;ClassIndex=1", "Coords=77,58"

    Window SetContext, "Caption=显示 属性", ""
    TabControl Click, "ObjectIndex=1;\;ItemText=屏幕保护程序", ""
    EditBox Click, "Label=等待(W):", "Coords=23,9"
    EditBox Left_Drag, "Label=等待(W):", "Coords=22,9,31,9"
    InputKeys "6"
    ComboBox Click, "ObjectIndex=1", "Coords=160,11"
    ComboListBox Click, "ObjectIndex=1", "Text=贝塞尔曲线"
    PushButton Click, "Text=设置(T)"

    Window SetContext, "Caption=贝塞尔曲线屏幕保护程序设置", ""
    SpinControl Click, "ObjectIndex=1", "Coords=8,5"
    SpinControl DblClick, "ObjectIndex=2", "Coords=9,7"
    ScrollBar HScrollTo, "ObjectIndex=1", "Position=13"
    PushButton Click, "Text=确定"

End Sub
```

2. 结构化脚本

结构化脚本（test script modularity）类似于结构化程序设计，具有各种逻辑结构，包括选择性结构、分支结构、循环迭代结构，而且具有函数调用功能，允许脚本之间相互调用，这样可以进一步构造脚本库或常用的脚本基础模块，供上层脚本调用。结构化脚本具有较好的可读性、可重用性，所以结构化脚本易于维护。

对于结构化脚本，进一步理解为将整个脚本分解为不同的模块，通过层次调用，使脚本更容易维护和扩充。例如，对 Windows 的计算器进行功能测试，其自动化的测试脚本可以分为 3 个层次，构造结构化的测试脚本，如图 4-13 所示。

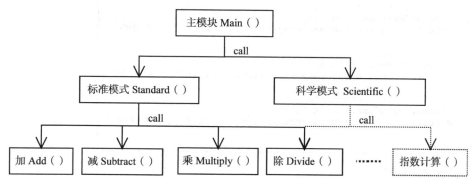

图 4-13　多层次的结构化测试脚本示例

【结构化脚本示例】

```
;Include 常量
#include <GUIConstants.au3>

;初始化全局变量
Global $GUIWidth
Global $GUIHeight

$GUIWidth = 300
$GUIHeight = 250

;创建窗口
GUICreate("New GUI", $GUIWidth, $GUIHeight)
......
While 1
    ;检查用户点击窗口中哪个按钮
    $msg = GUIGetMsg()

    Select
      Case $msg = $GUI_EVENT_CLOSE
          GUIDelete()
          Exit
      Case $msg = $OK_Btn
          MsgBox(64, "New GUI", "You clicked on the OK button!")
      Case $msg = $Cancel_Btn
          MsgBox(64, "New GUI", "You clicked on the Cancel button!")

    EndSelect

WEnd
```

结构化脚本还可以发展为基于库架构（library architecture），即最底层的脚本成为库函数，供上层脚本调用，如计算器验证的脚本，加、减、乘和除的运算脚本，可以被封装为基础函数。

```
'Test Library Architecture Framework
'Test Case script

'$Include "Functions Library.sbh"

Sub Main

    'Test the Standard View
    Window SetContext, "Caption=Calculator", ""

    'Test Add Functionality
    StandardViewFunction 3,4,"+"
    Result = LabelUP (CompareProperties, "Text=7.", "UP=Add")

    'Test Subtract Functionality
    StandardViewFunction 3,2,"-"
    Result = LabelUP (CompareProperties, "Text=1.", "UP=Sub")

    'Test Divide Functionality
    StandardViewFunction 4,2,"*"
    Result = LabelUP (CompareProperties, "Text=8.", "UP=Mult")

    'Test Multiply Functionality
    StandardViewFunction 10,5,"/"
    Result = LabelUP (CompareProperties, "Text=2.", "UP=Div")

End Sub
```

3. 关键字驱动脚本

关键字驱动脚本（keyword-driven or table-driven testing script），看上去非常像手工测试的用例，脚本用一个简单的表格来表示。关键字驱动脚本，实际上是封装了各种基本的操作，每个操作由相应的函数实现，而在开发脚本时，不需要关心这些基础函数，直接使用已定义好的关键字，这样的好处是，脚本编写的效率会有很大的提高，脚本维护起来也很容易。而且，关键字驱动脚本构成简单，脚本开发按关键字来处理，可以看作是业务逻辑的文字描述，每个测试人员都可以进行自动化测试的工作。

在第 1 节所展示的 Selenium 例子，就是一个关键字驱动脚本的实例。各关键字及其属性值如表 4-4 所示。

表 4-4　关键字及其属性值

命令（关键字）	目标（操作对象）	（属性）值
open	/	
assertTitle	Google	
type	q	用 Selenium 进行自动化测试
clickAndWait	btnG	
assertTitle	用 Selenium 进行自动化测试—— Google 搜索	
verifyTextPresent	www.ibm.com	
verifyTextPresent	9,310 项符合	
verifyTextPresent	搜索用时 0.34 秒	

4. 数据驱动脚本

数据驱动脚本将测试脚本（执行步骤）和数据进行分离，将测试输入数据存储在独立的文件或数据库中，而不是直接存储在脚本中。在脚本中引入变量，通过变量来引用数据。这样，测试数据和脚本分离开来，同一个脚本可以针对不同的输入数据来进行测试，避免重复的脚本，提高了脚本的复用性和可维护性。借助数据驱动脚本，测试数据可以驱动自动化测试过程。也就是说，脚本描述测试的具体执行过程，输入和输出数据被存储在数据文件或数据库中，通过脚本中的变量进行数据传递。这些变量作为被测应用程序输入的媒介，使脚本能通过外部的数据来驱动应用程序。

在实际测试当中，这种情况很多，例如用户登录的功能测试中，"用户名、口令"就是输入数据，测试时需要对不同的情形分别测试，如用户名为空、口令为空、大小写是否区分、是否允许特殊字符等。更理想的数据驱动脚本可以控制测试的工作量，即控制业务操作过程，真正地由数据来驱动测试，使自动化测试具有一定的智能性。关键字驱动脚本是控制单个具体的"动作"，而数据驱动是控制"过程"，即业务层次上的操作。

测试数据列表（Datatable）

序号	用户名	口令
1	Test	Pass1
2	test sp	pass1
3	test	pass 1
4	test	P@ss!

… …

数据驱动脚本示例

```
For i=1 to Datatable.GetRowCount

Dialog（"Login"）.WinEdit（"AgentName:"）.SetDataTable（"username", dtGlobalSheet）

Dialog（"Login"）.WinEdit（"Password:"）.SetDataTable（"passwd", dtGlobalSheet）

Dialog（"Login"）.WinButton（"OK"）.Click

datatable.GlobalSheet.SetNextRow

Next
```

4.3　测试工具的分类和选择

测试工具的选择在自动化测试中举足轻重，因为后继的大部分工作都是基于所选定的工具来开展的。如果工具选得不对，测试脚本的开发过程会很缓慢，测试的效果不够理想，测试脚本的维护工作量也比较大。为了选择合适的测试工具，需要认真分析实际的测试需求，由测试需求决定我们的选择。当然，工具的评估和试用也是不可缺少的环节。除了一般特殊应用的测试工具，一般不建议自己开发，选用第三方专业厂商或开源的产品是一种比较明智的方法。

4.3.1　测试工具的分类

非常详细的测试工具分类

分类取决于分类的主题或分类的方法，测试工具可以从不同的方面去进行分类，其中各类工具的说明如表 4-5 所示。

- ❖ 根据测试方法不同，分为白盒测试工具和黑盒测试工具、静态测试工具和动态测试工具等。
- ❖ 根据工具的来源不同，分为开源测试工具（多数是免费的）和商业测试工具、自主开发的测试工具和第三方测试工具等。
- ❖ 根据测试的对象和目的，分为单元测试工具、功能测试工具、性能测试工具、测试管理工具等。

表 4-5　各类测试工具的简要说明

工具类型	简要说明
白盒测试工具	运用白盒测试方法，针对程序代码、程序结构、对象属性、类层次等进行测试，测试中发现的缺陷可以定位到代码行、对象或变量级，单元测试工具多属于白盒测试工具
黑盒测试工具	运用黑盒测试方法，一般是利用软件界面（GUI）来控制软件，录制、回放或模拟用户的操作，然后直接将实际表现的结果和期望结果进行比较。这类工具主要是 GUI 功能测试工具，也包括负载测试工具
静态测试工具	对代码进行语法扫描，找出不符合编码规范的地方，根据某种质量模型评价代码的质量，生成系统的调用关系图等，所以它是直接对代码进行分析的，不需要运行代码，也不需要对代码编译链接，生成可执行文件
动态测试工具	需要运行实际被测的系统。动态的单元测试工具可以设置断点，向代码生成的可执行文件中插入一些监测代码，掌握断点这一时刻程序的运行数据（对象属性、变量的值等）
单元测试工具	主要用于单元测试，多数工具属于白盒测试工具
GUI 功能测试工具	通过 GUI 的交互，完成功能测试并生成测试结果报告，包括脚本录制和回放功能。这类工具比较多，有些工具提供脚本开发环境（IDE），包括脚本编辑、调试和运行等功能
负载测试工具	模拟虚拟用户，设置不同的负载方式，并能监视系统的行为、资源的利用率等。用于性能测试、压力测试之中
内存泄漏检测	检查程序是否正确地使用和管理内存资源，如是否及时地释放不用的内存，还提供了运行时的错误检测。它可以和单元测试、负载测试工具联合使用
网络测试工具	监视、测量、测试和诊断整个网络的性能，例如用于监控服务器和客户端之间的连接速度、数据传输等
测试覆盖率分析	支持动态测试，跟踪测试执行的过程及其路径，从而确定未经测试的代码，包括代码段覆盖率、分支覆盖率和条件覆盖率
度量报告工具	通过对源代码及其耦合性、逻辑结构、数据结构等分析获得相关度量的数据，如代码规模和复杂度等
测试管理工具	提供某些测试管理功能，例如测试用例和测试用例的管理、缺陷管理工具、测试进度和资源的监控等。它可以与需求管理、配置管理工具集成起来
专用工具	针对特殊的构架或技术进行专门测试的工具，如嵌入式测试工具、Web 链接检验工具、Web 安全性测试工具等

各类测试工具的主要产品矩阵如表 4-6 所示。

表 4-6　各类测试工具的主要产品矩阵

	HP Mercury	IBM Rational	Micro Focus Borland	Microsoft	开源软件	其他
(C++, Java) 单元测试		PurifyPlus	DevPartner	VSTS (Visual Studio Team System)	xUnit (JUnit, CppUnit) CppTest JWebUnit Jasmine	QA·C++ QA·J C++Test JTest
静态分析	Code Advisor	Software Architect Application Developer	DevPartner	CodeRush NDepend StyleCop	FindBugs CheckStyle PMD CppLint	JSLint Cppdepend Clang
功能测试	Unified Functional Testing (QTP)	Functional Tester	Silk Test	VSTS	Selenium Jameleon	SoapUI QARun Test Complete

续表

	HP Mercury	IBM Rational	Micro Focus Borland	Microsoft	开源软件	其他
性能测试	LoadRunner; StormRunner Load	Performance Tester	Silk Performer; WebMeter	VSTS	JMeter Grinder Gatling	WebLoad QALoad
安全性测试工具	Fortify	AppScan	DevPartner	Security Essentials	Metasploit WebScarab	Knocwork Coverity
移动测试	AppPulse Mobile	Test Workbench	Silk Mobile	VSTS Hopper Test Tool	Robotium Espresso Calabash Appium UIAutomator	Ranorex Experitest See Test
敏捷测试	Sprinter	Team Concert	Borland Agile	VSTS	Cucumber FitNesse	ThoughtWorks Twist
覆盖率分析工具	Code Coverage Tool	Code Coverage	DevPartner	NCover	Cobertura EclEmma CovTool	Atlassian Clover; Bullseye Coverage Testwell CTC++
缺陷管理	Test Director	ClearQuest	Start Team	VSTS	MantisBT BugZilla	JIRA Fogbugz
测试管理	ALM /QC	Quality Manager Test Realtime	Silk Central	VSTS	TestLink Testopla	TestLodge QMetry qTest

4.3.2　测试工具的选择

先是根据软件产品或项目的需要，确定要用哪一类工具，是白盒测试工具还是黑盒测试工具？是功能测试工具还是负载测试工具？即使在特定的一类工具中，也可以从众多不同的产品中做出选择。选择一个产品，不外乎针对自己的需求、不同产品的功能、价格、服务等进行比较分析，选择适合自己的、性能价格比好的 2~3 种产品作为候选对象。

◇　如果是开源测试工具，指定 2～3 测试人员试用，进行比较分析并给出评估报告，根据评估报告或其他咨询做出决定。

◇　如果是商业工具，比较好的方法就是请这 2~3 种产品的生产厂家来做演示，根据演示的效果、商业谈判的价格/服务结果等，做出选择。

在试用或演示过程中，不能仅限于简单的测试用例，应该用于解决几个比较难或比较典型的测试用例。在引入/选择测试工具时，还要考虑测试工具引入的连续性，也就是说，对测试工具的选择必须有一个全盘的考虑，分阶段、逐步地引入测试工具。概括起来，测试工具的选择步骤如下。

（1）成立小组，负责测试工具的选择和决策。

（2）确定需求和制定时间表，研究可能存在的不同解决方案。

（3）了解市场上是否有满足需求的、良好的产品，包括开源的和商业的。

（4）对适合的开源测试工具和商业测试工具进行比较分析，确定 2~3 种产品作为候选产品。如果没有，也许要自己开发，进入内部产品开发流程。

（5）候选产品的试用。

（6）评估。

（7）如果是商业测试工具，进行商务谈判。

（8）最后做出决定。

在选择测试工具时，功能是最关注的内容之一。这并不是说功能越强大越好，在实际的选择过程中，解决问题是前提，质量和服务是保证，适用才是根本。为不需要的功能花钱是不明智的，同样，仅仅为了省几个钱，忽略了产品的关键功能或服务质量，也不能说是明智的行为。这里以功能测试工具为例，列出要关注的测试工具所必备的功能。

（1）脚本开发和管理的 IDE，提供类似软件集成开发环境中的调试、项目管理功能，支持脚本单步运行、设置断点等，更有效地对测试脚本的执行进行跟踪、检查，迅速定位问题。而且可以和 CVS、SubVersion 等配置管理系统进行集成，有利于测试脚本的管理。

（2）脚本语言的功能是否可以满足测试的实际需求，如类似于 C 语言的脚本语言结构（头文件、库文件等）、支持条件/循环逻辑结构、支持函数的创建和调用、支持外部函数库的使用等。

（3）对象识别能力。测试工具能够识别 GUI 元素对象（如窗口、按钮、滚动条等），测试脚本具有良好的可读性、灵活性和维护性。如果通过屏幕位置坐标来控制鼠标和键盘，会带来比较多的问题。例如程序界面稍做改变、在不同的屏幕分辨率或操作系统下，原有的测试脚本就执行不下去。

（4）抽象层，也称对象映射（object mapping）或测试映射（test map），将程序中实际的对象实体映射成逻辑对象，在测试脚本中不使用真实的对象名，而是使用逻辑对象名。当程序发生变化，实际对象名称发生改变，这时只需要在对象映射表（库）中修改一次，而无需在多处去修改测试脚本。所以，对象映射可以减少脚本的维护工作量。

（5）数据驱动测试（data-driven test），如支持对主要流行的数据库、格式文件的操作，将测试脚本和测试数据分离开来，减少代码的编程和维护工作量，也有利于测试用例的扩充和完善。

（6）关键字驱动（keyword-driven），使每个测试人员都能参与脚本开发，提高脚本开发的效率和维护性，并能适应业务逻辑或其他需求的频繁变化。

（7）任务调度功能，如事先安排任务，通过代理定时执行测试任务。

（8）分布式测试（distributed test）的网络支持，如能按照事先设置的任务执行时间表（先后次序），即在指定设备上执行设定的任务，执行测试的多个客户端具有相互的依赖性和同步能力，以满足实时协作、交互的应用系统的测试要求。

（9）容错性。工具可以自动处理一些异常情况而对系统进行复位，或者允许用户设置是否可以跳过某些错误，然后继续执行下面的任务，从而保证测试执行的稳定。

（10）图表功能。测试工具生成的结果可以通过一些统计图表表示，直观，容易分析。

（11）集成能力。测试工具能否和开发工具进行良好的集成；其次，测试工具能够和其他测试工具进行良好的集成。

（12）兼容性，支持不同的开发平台和不同的操作系统，可极大地提高自动化测试的投入产出比。

4.4 自动化测试的引入

在了解了自动化测试实现的原理以及如何选择测试工具，下一步就要开始自动化测试，那么如何启动自动化测试的进程？首先，测试人员直至整个软件组织要树立一个客观辩证的自动化测试思想，充分掌握自动化测试和手工测试的各自特点和应用范围，清楚软件测试自动化绝不能代替手工测试，而是相互补充。其次，将自动化测试融入整个开发过程，建立适合自动化测试的流程，并选择合适的测试工具，建立相应的测试环境和对测试人员进行充分的培训。最后，关注自动化测试的投入和产出，采取正确的测试策略，从自动化测试中获得最佳效益。

自动化测试
指导

4.4.1　普遍存在的问题

软件自动化测试绝不能代替手工测试，有它特定适应的范围，而不适合某些应用场合。例如，某项目周期很短，而且是一次性的，其功能测试就不适合进行自动化测试，而采用手工方法进行功能测试会更实际，成本会更低。因为进行自动化功能测试，往往需要开发测试脚本，而脚本开发的工作量大，可能到项目快结束时脚本还没有完成调试，不能稳定运行。如果不能正确处理自动化测试和手工测试之间的关系，可能会带来许多问题。

1. 不正确的观念或不现实的期望

在软件测试自动化上，许多组织或管理者的观念错误，操之过急，认为测试自动化可以发现大量新缺陷并能代替手工测试，有着过高的期望，期望通过这种测试自动化的方案能解决目前所有遇到的问题。同时，测试工具的软件厂商自然会强调有利的或成功的一面，而对测试工具的局限性可能会只字不提。结果，期望越大，失败越大，对自动化测试会彻底失去信心。

2. 缺乏相应的人才

有些软件公司舍得花几十万元去买测试工具软件，但缺乏具有良好素质、经验的测试人才。软件测试自动化并不是简简单单地使用测试工具，需要建立良好的自动化测试框架、开发测试脚本，这就要求测试人员不仅要熟悉产品的特性和领域知识，而且要掌握开发平台构建技术和具备较高的编程能力。

3. 测试脚本的质量低劣

有些软件组织对待测试脚本，不像对待软件产品自身的源代码，既没有将脚本进行有效的配置管理，也没有遵守设计原则和编码规范，测试脚本存在很多问题，例如结构混乱、变量命名不规范、缺少注释等，从而导致测试脚本的质量低劣。测试脚本的质量将直接影响到测试执行过程，脚本执行不稳定，并导致测试结果不准确、不可靠。

4. 缺乏培训

在引入测试工具前后，有些组织缺乏对测试人员的培训，其结果，测试人员对测试工具了解的深度和广度都不够，从而导致测试工具的使用效率低下，不能达到管理者的期望。测试自动化的培训是一个长期的实践过程，不是通过一两次讲课的形式就能达到效果，而应该提供具有实际项目背景的系列培训，从头开始，逐步深入，直至掌握主要的方法和技巧等。

5. 没有考虑到公司的实际情况，盲目引入测试工具

有一点很明确，不同的测试工具面向不同的测试目的，具有各自的特点和适用范围，所以不是任何一个优秀的测试工具都能适应不同公司的需求。某个公司怀着美好的愿望花了不小的代价引入测试工具，半年或一年以后，测试工具却成了摆设。究其原因，就是没有考虑公司的现实情况，不切实际地期望测试工具能够改变公司的现状，从而导致了失败。

例如，许多软件公司是针对最终用户进行一次性的项目开发，而不是产品开发。项目开发周期短，不同的用户需求不一样，而且在整个开发过程中需求和用户界面变动较大，这种情况下就不适合引入功能测试工具，因为需求、界面变化比较大，测试脚本的开发和维护工作量很

大，而脚本的复用频率不高，从而导致投入产出率很低，不但不能减轻工作量，反而加重了测试人员的负担。

6. 其他问题

提供软件测试工具的第三方厂家，对客户的应用缺乏了解，很难提供强有力的技术支持和具体问题的解决能力。也就是说，软件测试工具和被测试对象——软件产品或系统的互操作性会存在或多或少的问题，加之技术环境的不断变化，所有这些对测试自动化的应用推广和深入都带来很大的影响。

如果软件测试工具没有发现被测软件的缺陷，并不能说明软件中不存在问题，可能测试工具本身不够全面的问题或测试的预期结果设置不对。

4.4.2 对策

针对上述存在的问题，我们首先树立正确的认识观，进而采取一系列对策，解决测试自动化过程中的问题，从而提高测试脚本的质量，获得很好的投入产出比。

1. 正确的认识

对于软件测试自动化要有一个正确的理解，才能做到事半功倍。开展测试自动化工作，一定要清楚自动化测试和手工测试各自的优势和局限性，在不同的测试阶段和测试范围，两者效果不一样。虽然软件测试自动化具有很多优点，但只是对手工测试的一种补充，绝不能代替手工测试。

工具本身并没有想象力和灵活性，自动测试只能发现 15%～30% 的缺陷，而手工测试可以发现 70%～85% 的缺陷。工具不能发现更多的新问题，但可以保证已经测试过部分的准确性和客观性。

2. 找准测试自动化的切入点

不管是自己开发测试工具，还是购买第三方现成的工具产品，当开始启动测试自动化时，不要希望一下子就能做很多事情，可以从最基本的测试工作切入或者从简单的测试任务着手。例如，首先实现每日验证，验证新构建的软件包的基本功能是否正常工作；也可以从某一个简单的模块开始，成功之后，再向其他较难的模块推进。

3. 把测试开发纳入整个软件开发体系

把测试开发纳入整个软件开发体系，融入开发流程控制中，将测试脚本纳入配置管理中，具体的对策包括下列几点。

（1）开发阶段的周期调整。由于脚本开发，测试自动化前期投入大，而在执行测试脚本时，工具的效率很高，这样要求软件开发的前期比以前分配更长的时间，投入更多的人力资源，而代码完成后的测试执行时间可以短些，人力资源可以减少。

（2）流程中对自动化测试结果的要求。多数公司的单元测试是由开发人员自己完成的，如果没有流程来规范开发人员的行为，在项目进度压力比较大的情况下，开发人员很可能会有意识地不使用测试工具，来逃避问题。所以，有必要在开发和测试的流程中明确定义测试工具的使用规则，如在项目各个里程碑所提交的文档中必须包含某些测试工具生成的报告——如 DevPartner 工具生成的测试覆盖率报告、Logiscope 生成的代码质量报告等。

（3）配置管理。脚本也是代码，同样需要进行版本管理、变更控制等。例如，通过版本管理工具 CVS、Subversion 等将脚本管理起来。

（4）脚本开发规范。测试脚本的开发和产品程序的开发在本质上没差别，需要建立相应的脚本编写规范（如编写风格、注释行等），将脚本和测试数据分离开来，构造数据驱动脚本、结构化脚本，并建立脚本库函数供上层脚本调用，通过关键词驱动将测试的逻辑层分离出来。

4. 软件程序开发和测试自动化不可分离

系统不具有可测试性，再好的工具也无能为力，所以要求在设计、编程中实现可测试性。从项目启动第一天，测试人员就和开发人员一起工作，共同考虑自动化测试的影响因素，确保软件的可测试性。软件产品本身代码的改变需要遵守一定的规则，从而降低测试脚本的维护工作量，提高可复用性。例如，程序中对象名称的改变对脚本有较大的影响，所以在编程中，要尽量保证对象名称不变。

5. 资源的合理调度

在开发中的产品达到一定程度的时候，就应该开始进行每日构造新版本和进行自动化的验证测试。这种做法能使软件的开发状态得到频繁的更新，及早发现设计和集成的缺陷。为了充分利用时间与设备资源，下班之后实施软件构建、构建包验证和测试等自动化流程，效果显著。如果合理、有效策划，到第二天上班时，测试结果就已经在测试工程师的邮箱内，然后分析测试结果、报告问题，自然大大提高工作效率。

6. 测试自动化依赖测试流程和测试用例

不管是手工测试和自动化测试，关键是测试流程的建立和测试用例的设计，只有在良好的测试用例基础上开发测试脚本，测试脚本的质量才有保证，最终保证自动化测试的执行效果。为了更好满足测试脚本开发的需求，可以将测试用例转化为决策表、矩阵图，帮助实现脚本的结构化、脚本的数据驱动方式。

为了更好地保证测试脚本开发的结构化、有效性和效率，将测试自动化溶于一般测试过程中，每个测试工程师将需求文档审阅、产品规格说明书审阅、测试用例设计、脚本开发和执行等集于一身。

7. 降低测试自动化的投入、提高其产出

由于软件测试自动化在前期的投入要比手工测试的投入要大得多，除了测试工具软件的购买费用（一般来说，测试工具商业软件还比较昂贵）和大量的人员培训费用之外，还需要很长时间去开发和维护测试脚本等，所以有必要关注和思考测试自动化的投入和产出，不断调整测试自动化的目标和策略，这样有助于提高测试自动化的效率，达到事半功倍的效果。

如何降低测试自动化成本，增加产出（测试自动化的效果/效益）？关键是如何提高脚本开发速度、增强脚本运行的稳定性和降低脚本维护的工作量。其主要方法有：

- 针对被测试软件的特点和团队能力水平，选择合适的、有效的测试工具。
- 有些模块易于手工测试，有些模块易于工具测试，选择那些适宜的自动化测试模块。
- 尽量将脚本写成数据驱动、关键词驱动的脚本，这一点很重要。
- 多录制脚本，然后结构化脚本。我们知道，不是所有的模块都可以变为数据驱动方式，这时就要抽象出脚本的结构，进行有效的组合，包括分层，形成有效的层次性。
- 测试和脚本开发合二为一，效率更明显。

小　结

自动化测试是相对手工测试而存在的一个概念，由手工逐个地运行测试用例的操作过程被测试工具自动执行的过程所代替。自动化测试运行速度快，测试结果准确，永不疲劳，可靠性和复用性高等，从而可以提高产品的质量，缩短测试周期，节省人力资源，充分利用硬件资源，从而降低企业成本，而且能提高测试团队的士气，使软件过程更加规范。虽然自动化测试具有这么多优势，但是自动化测试不能完全代替手工测试，它们各有优点，互为补充。

自动化测试可以通过对代码扫描、代码分析完成静态测试。测试工具能够识别 GUI 对象、DOM 对象和自动识别技术，完成功能测试。脚本可以分为线性脚本、结构化脚本、数据驱动脚本和关键字驱动脚本。线性脚本是最简单的脚本，一般由自动录制得来，而结构化脚本是对线性脚本的加工，类似于结构化程序设计，是脚本优化的必然途径之一。而数据驱动脚本和关键字驱动脚本可以进一步提高脚本编写的效率，极大地降低脚本维护的工作量。

可以根据测试方法、工具的来源和测试的对象和目的等进行分类，分为白盒测试工具和黑盒测试工具、静态测试工具和动态测试工具、开源测试工具和商业测试工具、自主开发的测试工具和第三方测试工具；也可以分为单元测试工具、功能测试工具、性能测试工具、测试管理工具等。

选择一个产品，针对自己的需求、不同产品的功能、价格、服务等进行比较分析，选择适合自己的测试工具。在测试自动化引入过程中，测试人员直至整个软件组织要树立一个客观辩证的自动化测试思想，将自动化测试融入整个开发过程，建立适合自动化测试的流程，并选择合适的测试工具，建立相应的测试环境和对测试人员进行充分的培训。最后，关注自动化测试的投入和产出，采取正确的测试策略，从自动化测试中获得最佳效益。

思　考　题

1. 自动化测试有什么优势，和手工测试有什么不同？
2. 如何有效地综合运用手工测试和自动化测试？试举出适当的例子。
3. 在自动化测试实现过程中，最重要的技术是什么？
4. 针对小型和大型软件企业，分别讨论如何有效地选择测试工具。
5. 谈谈你对测试自动化启动和实施的体会。

实验 3　Windows 应用自动化测试

（共 3 个学时）

1. 实验目的

1）进一步理解自动化测试实现的原理。
2）提高自动化测试能力。

2. 实验前提

1）理解自动化测试实现的原理。

2）熟悉 VB，能够用 VB 进行脚本开发。

3）选择一个被测试的 Windows 客户端应用系统（SUT）。

3. 实验内容

针对被测试的应用开发和调试自动化脚本。

4. 实验环境

1）每 3~5 个学生组成一个测试小组。

2）每个人有一台 PC，安装了 SUT。

3）下载并安装脚本开发工具 AutoIT。

5. 实验过程

1）每两个人选择一个功能，可以共同针对这个功能开发自动化脚本。

2）每个功能设计 10 个测试用例，包括操作步骤、验证点等。

3）通过 AutoIt Window Info Tool 学会识别 Windows 控件。

4）针对选择的功能，按照所设计的测试用例，在 SciTe 环境开发和调试这些脚本。

5）进一步优化脚本，包括结构化、数据驱动。

6）执行这些测试脚本。

6. 交付成果

1）测试脚本。

2）脚本执行的过程（屏幕录制视频）。

第5章
单元测试和集成测试

　　一辆汽车或一架飞机，其整体质量在很大程度上是由其零件的质量所决定的。例如汽车零件，如发动机活塞和曲柄的材质差，硬度不够，尺寸精度不够等，会极大影响整车质量，造成发动机运行不稳定，性能降低，可能会损坏发动机，甚至危及人身安全。一辆汽车大概有 1 万 ~ 3 万个零件，一架 747 波音飞机大概有 600 万个零件，任何一个零件的质量问题都会对整体质量有很大影响。

　　举一个简单例子，一个设备由 10 个主要关键零件组成，关键零件构成有机的整体，相互之间都是密切相关的。假定每个关键零件的可靠性是 90%，那么这个设备的整体可靠性就只有 34.87%（0.9^{10}），非常低。如果每个关键零件的可靠性提高到 99%，那么这个设备的整体可靠性就能达到 90.44%，有着显著的改善。如果每个关键零件的可靠性提高到 99.99%，那么这个设备的整体可靠性就能达到 99.9%，和单个零件的可靠性就很接近了。更何况汽车、飞机有几万个甚至几百万个零件？所以单个零件的质量是非常重要的。

　　回到软件，一个软件系统也是由众多单元构成的，单元质量决定了系统的质量，单元质量的重要性就决定了单元测试的重要性。可以说，单元测试是系统质量的基础保证，只有使每个单元得到足够的测试，系统的质量才有可靠的保证。没有良好的单元测试，软件系统的质量几乎无法保证。甚至可以说，每行代码、每个变量、每个输入数据、每个函数调用的参数和返回值等都被测试过，我们对软件质量才有足够的信心。

　　其次，持续集成得到业界的普遍认可，如每日集成已成为最佳实践之一。持续集成，自然使集成测试持续进行，这也使集成测试和单元测试紧密联系在一起，这也就是为什么将单元测试和集成测试放在同一章内进行介绍。

5.1　什么是单元测试

单元测试就是对已实现的软件最小单元进行测试，以保证构成软件的各个单元的质量。单元测试中的单元是软件系统或产品中可以被分离的、但又能被测试的最小单元。这些最小单元可以是一个类、一个子程序或一个函数，也可以是这些很小的单元构成的更大的单元，如一个模块或一个组件。

在单元测试活动中，强调被测试对象的独立性，软件的独立单元将与程序的其他部分被隔离开，来避免其他单元对该单元的影响。这样，缩小了问题分析范围，而且可以比较彻底地消除各个单元中所存在的问题，避免将来功能测试和系统测试问题查找的困难。

单元测试应从各个层次来对单元内部算法、外部功能实现等进行检验，包括对程序代码的评审和通过运行单元程序来验证其功能特性等内容。单元测试的目标不仅测试代码的功能性，还需确保代码在结构上安全、可靠。如果单元代码没有得到适当的、足够的测试，则其弱点容易受到攻击，并导致安全性风险（例如内存泄漏或指针引用）以及性能问题。执行完全的单元测试可以减少应用级别所需的测试工作量，从根本上减少缺陷发生的可能性。通过单元测试，我们希望达到下列目标。

（1）单元实现了其特定的功能，如果需要，返回正确的值。

（2）单元的运行能够覆盖预先设定的各种逻辑。

（3）在单元工作过程中，其内部数据能够保持完整性，包括全局变量的处理、内部数据的形式、内容及相互关系等不发生错误。

（4）可以接受正确数据，也能处理非法数据，在数据边界条件上，单元也能够正确工作。

（5）该单元的算法合理，性能良好。

（6）该单元代码经过扫描，没有发现任何安全性问题。

实际测试工作的经验告诉我们，如果仅对软件进行功能测试、验收测试，似乎缺陷总是找不完，不是这边出现错误，就是那个角落发现问题，每天报告的缺陷虽不多，但总能发现新的且比较严重的缺陷，测试没有尽头。为什么会出现这种情况？

产生这种现象的主要原因就是在功能测试、验收测试之前没有进行充分的单元测试。虽然，我们清楚测试不能穷尽所有程序路径，但单元是整个软件的构成基础，如果没有进行单元测试，基础就不稳，而靠功能测试、验收测试不能彻底解决问题。单元的质量是整个软件质量的基础，所以充分的单元测试是必要的。

通过单元测试可以更早地发现缺陷，缩短开发周期，降低软件成本。多数缺陷在单元测试中很容易被发现，但如果没有进行单元测试，而这些缺陷留到后期，就隐藏得很深而难以发现，最终的结果导致测试周期延长，开发成本急剧增加。

5.2　单元测试的方法

出于效率和可行性考虑，单元测试一般由编程人员来完成，测试人员可以辅助开发人员进行单元测试。单元测试和编程保持同步，一边编程，一边测试，例如每完成一个函数的代码，就对这个函数进行测试，用不同的参数来调用这个函数，检查返回值是否正确。只有确认这个函数可以正常工作，没有问题之后，才写下一个函数。理想情况下，每段代码都必须经过测试，而且尽量将被测试的代码隔离起来进行测试，如使用模拟对象、驱动程序和桩程序等方法。

单元测试主要采用白盒测试方法，辅以黑盒测试方法。白盒测试方法应用于代码评审、单元程序之中，而黑盒测试方法则应用于模块、组件等大单元的功能测试之中。

5.2.1 黑盒方法和白盒方法

黑盒测试方法（blake-box testing），是把程序看作一个不能打开的黑盒子，如图 5-1 所示，不考虑程序内部结构和内部特性，而是考察数据的输入、条件限制和数据输出，完成测试。黑盒测试方法，是根据用户的需求和已经定义好的产品规格，针对程序接口和用户界面进行测试，检验程序是否能适当地接收输入数据而产生正确的输出信息，并且保持外部信息（如数据库或文件）的完整性。黑盒测试方法主要运用于单元的功能和性能方面的测试，以检验程序的真正行为，是否与产品规格说明、客户的需求保持一致。黑盒测试方法的具体方法有等价类划分方法、边界值分析、因果分析、决策表方法、正交实验设计方法等，将在下一章详细介绍。

白盒测试方法（white-box testing），也称结构测试或逻辑驱动测试。白盒测试方法是根据模块内部结构了解，基于内部逻辑结构，针对程序语句、路径、变量状态等来进行测试，如图 5-2 所示，检验程序中的各个分支条件是否得到满足，每条执行路径是否按预定要求正确地工作。例如，对程序代码的条件和分支一目了然，就可以通过设计测试用例，使测试经过每一个条件和分支。对于函数或子程序，可以进行逻辑分析，但对于一个复杂的软件系统（可能是几十万行或几百万行代码），根本不可能全面地完成逻辑分析，所以白盒测试方法非常适合进行单元测试。白盒测试方法就是清楚被测软件的内部结构、程序逻辑等之后，对代码进行全面的逻辑分析之后进行准确定位、有效地测试。因为白盒测试方法是通过逻辑分析来完成的，所以也被称为逻辑驱动测试方法。白盒测试的主要方法有逻辑覆盖、分支覆盖、条件组合覆盖、基本路径测试等。

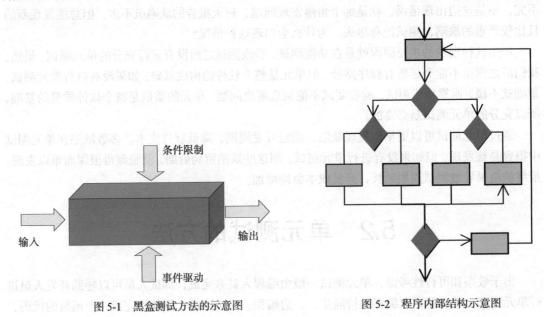

图 5-1　黑盒测试方法的示意图　　　　图 5-2　程序内部结构示意图

代码评审也是一种白盒测试方法，属于静态测试，包括相互评审、走查和评审会议等具体测试活动。不仅可以通过编程人员和测试人员的直接评审来完成测试，也可以通过工具来对程序代码进行扫描，来完成语法、变量定义和使用等的检查。

通过白盒测试方法，虽然测试覆盖了每一行语句、所有条件和分支等，可以保证程序在逻辑、处理和计算上没有问题，但还是不能保证在产品功能特性上没有问题。因为白盒测试方法关注代码，容易忽视单元的实际结果是否真正满足用户的需求。所以，单元测试需要借助黑盒测试方法来对单元实现的功能特性进行检验。黑盒测试方法通过不同的数据输入，获得输出结果，从而检验程序的实际行为是否与产品规格说明、客户的需求保持一致。

5.2.2　驱动程序和桩程序

在绝大多数情况下，单个单元是不能独立正常工作的，而是要和其他单元一起才能正常工作，如图 5-3 所示。但是，在进行单元测试时，我们又必须隔离出单个的特定模块来完成测试，这时候就遇到了一个问题，在其他单元不存在的情况下，如何运行单个模块？这时，只有一个办法，就是设法写一个简单程序来模拟其他模块所具有的作用。这个简单程序不需要完全实现其他模块的各项具体功能，而是要模拟模块之间的接口作用，

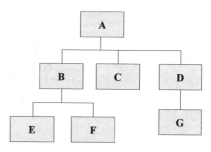

图 5-3　系统由模块构成

如调用被测试的模块或传递参数或返回相应的值给被测试的模块，这就要求基于被测试单元的接口，开发出相应的驱动程序和桩程序，如图 5-4 所示。

区分 Stub / Fake / Mock

（1）驱动程序（driver），对底层或子层模块进行（单元或集成）测试时所编制的调用被测模块的程序，用以模拟被测模块的上级模块。驱动模块在集成测试中接受测试数据，调用被测模块，并把相关的数据传送给被测模块，然后获得测试结果。当被测模块是底层模块时，如图 5-3 中的模块 E、F、C 和 G，需要创建驱动程序。

（2）桩程序（stub），也有人称为存根程序，对顶层或上层模块进行测试时，所编制的替代下层模块的程序，用以模拟被测模块工作过程中所调用的模块。桩模块相当于电路中的短路器，使上层模块不需要调用真实模块，就能获得所需要的参数、返回值等。桩模块由被测试模块调用，其内部尽量简单，例如，按照简单条件进行判断，给出返回值，使被测模块得到它需要得到的值。当被测模块是上层模块时，如图 5-3 中的模块 A，就需要建立桩程序。

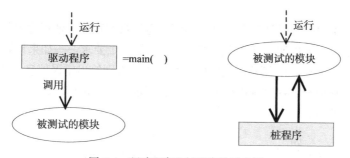

图 5-4　驱动程序和桩程序的示意图

如果是中间层单元，一般可以借助已测试过的单元，这样，也只要建立驱动程序或桩程序就可以了。例如，测试图 5-3 中的模块 D，如果模块 G 的测试已完成，可以将模块 G 也引入进来，这样，也只要建立驱动程序就可以了。在一般情况下，中间层单元可能需要同时创建驱动程序和桩程序，如图 5-5 所示。

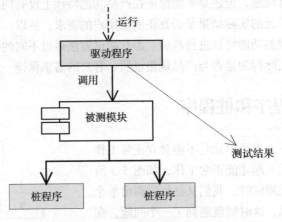

图 5-5　中间层模块测试的示意图

5.3　白盒测试方法的用例设计

白盒测试在单元测试中的应用技术有逻辑驱动法和基本路径测试法，通过这两种方法来完成测试用例的设计。要设计足够的测试用例，能达到下列目的。

- 语句覆盖，使得程序中每一条可执行语句至少被执行一次。
- 分支覆盖，使得程序中每一个分支都至少被执行一次。
- 条件覆盖，程序中每一个条件至少有一次被满足。
- 路径覆盖，对程序模块的所有独立的基本路径至少要测试一次。

实现了分支覆盖，也就实现了语句覆盖，但不能保证条件覆盖。条件覆盖，一般情况下会强于分支覆盖，但条件覆盖也不能保证分支覆盖，组合条件覆盖可以保证分支覆盖和条件覆盖。

5.3.1　分支覆盖

分支覆盖的基本思想是设计若干个测试用例，运行被测程序，使程序中的每个分支至少被执行一次。下面给出一个累加计算公式的程序，并满足一个要求——如果计算结果 R 小于和等于给定的最大整数值（Max），则给出实际的计算结果，否则给出错误信息。这里，也没有必要给出具体的程序，只要给出程序流程图（如图 5-6 所示）就能说明问题，而程序会因不同的编程语言有比较大的差异。

$$R = \sum_{K=0}^{|N|} k \qquad\qquad 其中：R 和 K 初始化为零。$$

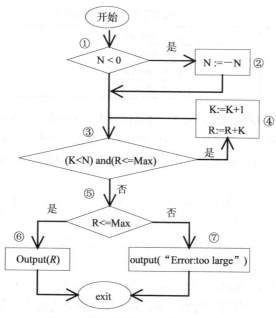

图 5-6　累加计算公式的程序流程图

为了达到分支覆盖的目标，就要设法设计测试用例，使判断①、③、⑤的各个分支被执行一次，既满足表 5-1 中 6 个判断结果。

表 5-1　6 个判断结果

①	$N < 0$:如 N= -1，-2，…，-10，…
	$N >= 0$:如 N=1，2，…，10，…
③	$(K<N)$ and$(R<=Max)$成立（ $True$ ）
	$(K<N)$ and$(R<=Max)$不成立（ $False$ ）
⑤	$R<= Max$
	$R> Max$

这样，我们可以设计两个测试用例，可以覆盖这些分支。

◇　N= -2，Max = 10：经过的路径是①→②→③→④→③→④→③→⑥。

◇　N= 5，Max = 1：经过的路径是①→②→③→④→③→④→③→⑦。

如果设计两个测试用例 N= -1、Max = 10 和 N= -1、Max = 0 可以覆盖全部代码行，但还有一个分支 $N>=0$ 没有被覆盖，即实现语句覆盖，不能覆盖全部分支。如果覆盖了所有分支，所有语句也就被覆盖了。

5.3.2　条件覆盖法

分支覆盖，不能代表条件覆盖，这一点也比较容易理解。例如某个判断{$a>0$ and $b>0$} 只有两个分支，但对于条件组合有 4 个，如表 5-2 所示。如果只要满足分支覆盖，可以选择两个测试用例：a= 1，b= 1 和 a= 1，b= -1，至少有一个条件没有得到覆盖，即 a= -1。如果用户将上述判断{$a>0$ and $b>0$}误写成{$a<0$ OR $b>0$}，上述两个测试用例就不能发现这个错误。

表 5-2　分支覆盖和条件覆盖的比较

分支一	.T.	$a>0$, $b>0$: $a=1$, $b=1$
分支二	.F.	$a>0$, $b<=0$: $a=1$, $b=-1$
		$a<=0$, $b>0$: $a=-1$, $b=1$
		$a<=0$, $b<=0$: $a=-1$, $b=-1$

条件全部覆盖了，也不能覆盖全部分支。还是以判断$\{a>0\ and\ b>0\}$为例，$a=1$，$b=-1$ 和 $a=-1$，$b=1$ 覆盖了 4 个条件 $a>0$、$a<=0$、$b>0$、$b<=0$，但结果只覆盖了分支二（.F.），而没有覆盖分支一。

对于图 5-6 所示的程序，如果设计两个测试用例 $N=1$、$Max=-1$ 和 $N=0$、$Max=1$，则所经过的路径如下所示。

◇　$N=1$、$Max=-1$ 经过的路径是①→②→③→⑦。当经过③时，$R=0$ 且 $K=0$，所以$(K<N)$ 成立，而$(R<=Max)$不成立，则$(K<N)\ and\ (R<=Max) = $ .F.

◇　$N=0$、$Max=1$：经过的路径是①→②→③→⑥。当经过③时，这时 $R=0$ 且 $K=0$，所以$(K<N)$不成立，而$(R<=Max)$成立，则$(K<N)\ and\ (R<=Max) = $ .F.

没有经过④，即 $(K<N)\ and\ (R<=Max) = $ .T. 的分支没有被覆盖。从这里可以看出，条件覆盖不能保证分支覆盖。所以要有更高的覆盖率，就需要做到分支覆盖和条件覆盖，最高的覆盖率是所有条件组合被覆盖。例如$\{a>0\ and\ b>0\}$的 4 种组合都需要覆盖，即：

◇　$a>0$，$b>0$
◇　$a>0$，$b<=0$
◇　$a<=0$，$b>0$
◇　$a<=0$，$b<=0$

对于图 5-6 所示的程序，同样设计两个测试用例 $N=3$、$Max=10$ 和 $N=-1$、$Max=0$，即覆盖了所有条件，也覆盖了所有分支，是比较理想的测试用例。也就是将条件覆盖和分支覆盖两种方法结合起来，做到条件—分支覆盖。

5.3.3　基本路径测试法

顾名思义，路径覆盖就是设计所有的测试用例，来覆盖程序中的所有可能的执行路径。基本路径测试法是在程序控制流图的基础上，通过分析控制构造的环路复杂性，导出基本可执行路径集合，从而设计测试用例的方法。设计出的测试用例要保证被测试程序的每个可执行语句至少被执行一次。基本路径测试法通过以下 5 个基本步骤来实现。

1）程序的流程图：程序流程控制图描述程序控制流的一种图示方法，可以用图 5-7 基本图元（顺序、分支、循环等）来描述任何程序结构。图 5-7 可以转化为如图 5-8 所示的程序流程图。

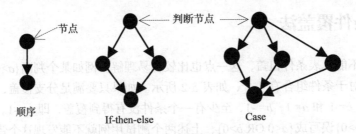

图 5-7　程序流程的基本图元

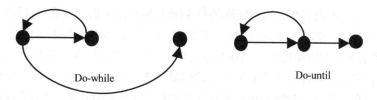

图 5-7　程序流程的基本图元（续）

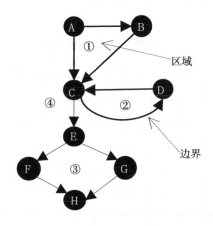

图 5-8　程序流程图示例

2）计算程序环境复杂性。通过对程序的控制流程图的分析和判断来计算模块复杂性度量，从程序的环路复杂性可导出程序基本路径集合中的独立路径条数。环路复杂性可以用 V(G) 来表示，其计算方法有：

◇　V(G) =区域数目。区域是由边界和节点包围起来的形状所构成的，计算区域时应包括图外部区，将其作为一个区域。图 5-7 的区域数目是 4，也就是有 4 条基本路径。

◇　V(G)= 边界数目 – 节点数目+2。按此计算，图 5-7 结果也是 4（即 10 – 8 + 2）。

◇　V(G)= 判断节点数目 + 1。如图 5-7 所示，判断节点有 A、C 和 E，则 V(G) = 3 + 1 = 4。

3）确定基本路径。通过程序流程图的基本路径来导出基本的程序路径的集合。通过上面的分析和计算，知道图 5-8 所示程序有 4 条基本路径，下面给出一组基本路径。在一个基本路径集合里，每条路径是唯一的。但基本路径组（集合）不是唯一的，还可以给出另外两组基本路径。

（1）A – C – E – F – H

（2）A – C – E – G – H

（3）A – B – C – D – C—E – F – H

（4）A – B – C – D – C—E – G – H

4）准备测试用例，确保基本路径组中的每一条路径被执行一次。

（1）N=0，　Max =10 可以覆盖路径 A – C – E – F – H。

（2）N=0，　Max = -1 可以覆盖路径 A – C – E – G – H。

（3）N=-2，　Max =10 可以覆盖路径 A – B – C – D – C—E – F – H。

（4）N=-10，　Max =10 可以覆盖路径 A – B – C – D – C—E – G – H。

5）图形矩阵（graph matrix）是在基本路径测试中起辅助作用的软件工具，利用它可以实现自动地确定一个基本路径集。图形矩阵的行/列数控制流图中的节点数，每行和每列依次对应到一个被标识的结点，矩阵元素对应到结点间的连接（边）。如果在控制流图中第 i 个结点到第 j 个结点有一个名为 x 的边相连接，则在对应的图形矩阵中第 i 行/第 j 列有一个非空的元素 x。根据这个规则，我们可以针对图 5-8 所给出的图形矩阵，如表 5-3 所示。一行有两个或更多的元素"1"，则是判定节点。对每个矩阵项加入连接权值（link weight），图矩阵就可以用于在测试中评估程序的控制结构，连接权值可以为控制流提供附加信息，例如执行连接（边）的概率、处理时间和所需的内存等。

表 5-3　图形矩阵的表示法

	A	B	C	D	E	F	G	H	
A		1	1						判定节点
B			1						
C				1	1				判定节点
D			1						
E						1	1		判定节点
F								1	
G								1	
H									

5.4　代码审查

代码审查（code review）也是一种有效的测试方法。据有关数据统计，代码中 60% 以上的缺陷可以通过代码审查（包括互查、走查、会议评审等形式）发现出来。代码审查不仅能有效地发现缺陷，而且为缺陷预防获取各种经验，为改善代码质量打下坚实的基础。即使没有时间完成所有代码的检查，也应该尽可能去做，哪怕是对其中一部分代码进行审查。人们也为代码审查进行了大量的探索，获得了一些最佳实践，例如：

◇　一次检查大约 200~400 行代码，不宜超过 60~90 分钟。

◇　合适的检查速度：每小时少于 300~500 行代码。

◇　在审查前，代码作者应该对代码进行注释。

◇　建立量化的目标并获得相关的指标数据，从而不断改进流程。

◇　使用检查表（checklist）肯定能提高评审效果。

5.4.1　代码审查的范围和方法

代码审查的目的就是为了产生合格的代码，检查源程序编码是否符合详细设计的编码规定，确保编码与设计的一致性和可追踪性。即检查的方面主要包括：书写格式、子程序或函数的入口和出口、参数传递、存储器的使用、逻辑表达式的正确性和代码结构合理性等。其次，软件编程中所

代码审查指导

存在的一些共同点是可以规范和控制的，如语句的完整性、注释的明确性、
数据定义的准确性、嵌套的次数限制、特定语句的限制等。概括起来，代
码审查的工作涵盖下列方面。

代码评审指导

- 业务逻辑的审查，主要审查是否按照实现设计的规格说明书展开编
  程，逻辑是否正确且简单，思路是否清晰？
- 算法的效率，无论是内存处理，还是统计排序算法、SQL 查询语句，都需要精心设计
  其算法，确定最优化的方法。
- 代码风格，命名规则、注释行、嵌套的次数、书写格式等，直接影响软件的可读性、
  可维护性、可靠性等方面的质量。
- 编程规则，包括语句的完整性、数据定义的准确性、常量和变量的定义、函数的调用、
  参数的使用、内存管理、逻辑表达式等，以保证程序运行的正确性、准确性、性能、
  稳定性、可扩充性等。

对于新人的程序，一般需要采用走查，从头到尾将写好的程序检查一遍。而会议评审就更
为正式，主要是审查关键性的代码。对于所有关键性的代码，编程人员需要结合系统架构设计
图和程序框图等来解释代码的实现方法和思路，回答大家所提出的各种问题，有助于验证设计
和实现之间的一致性。

在 IBM、微软等很多公司都有一个很好的实践，那就是公开展示性的代码审查。这种代码
审查的过程，不是将代码发给某一个人或某几个人去看，而是强调程序员自己定期走上台，向
其他人讲解自己的源程序。因为要向大家讲解自己的程序，将自己的代码展现给大家看，程序
员会极其重视自己的工作进度、代码质量，不希望由于代码写得很差而出现难堪的局面。所以，
在写代码时，就时刻想着——可能随时会被选中去做代码展示，所以要非常认真对待每一行代
码。这种代码审查方式还有其他一些好处。

- 互相学习程序设计思想、方法和技巧，共同提高。
- 及时发现代码的问题，包括不同代码模块、函数之间相互依赖、冲突的关联问题。
- 使更多的人明白他人写的代码，今后代码的维护也变得容易。

5.4.2　代码规范性的审查

代码必须清晰易懂，具有良好的可读性和可维护性，而这依赖于良好的代码风格和统一的
编程规则。例如著名的 MISRA C Coding Standard，这一标准中包括了 127 条 C 语言编码标准，
通常认为，如果能够完全遵守这些标准，则所写的 C 代码是易读、可靠、可移植和易于维护的。
这种代码规范性的审查将助于更早地发现缺陷，提高代码质量，而且可以帮助程序员遵守规则，
养成好的习惯，以达到预防缺陷的目的。事实也证明，按照某种标准或规范编写的代码比不这
样做的代码更加可靠，软件缺陷更少。

对于代码风格，首先就是编程习惯问题，包括格式、变量定义和引用、注释行等。但是好
的代码风格本身并不能覆盖团队中的整体编程技术方面的缺陷。为了使程序的质量和创造代码
效率有根本上的提高，更多依赖于编程规则。所以，代码风格和编程规则两者缺一不可，都要
受到我们的重视，列入代码评审的范围里。

编程规则依赖于特定的语言，C++和 Java 都有自己特定的编程规则；另一方面，编程规则
依赖于编程的思想，面向对象编程强调对类的封装和继承、函数重载等的处理，结构化编程强

调程序模块的高内聚性和低耦合性等。

1. 命名规则

代码风格中，很重要的一点就是命名规则，如著名的匈牙利命名规则和 GNU 命名规则。匈牙利命名表示法能够帮助我们及早发现并避免程序中的错误。由于变量名既描述了变量的作用，又描述了其变量类型，就比较容易避免产生类型不匹配的错误。但是在实际使用中，可以结合软件企业自身实际情况，包括软件产品的单一性或复杂性，对"匈牙利"命名规则进行适当的改进。在保证可读性等前提下，适当简化是必要的，使之简单易用，程序员乐意接受。例如：

- 类名和函数名用大写字母开头的单词组合而成，变量和参数用小写字母开头的单词组合而成，而常量全用大写的字母，用下划线分割单词，如 int MAX_LENGTH。
- 静态变量加前缀 s_（表示 static），全局变量加前缀 g_（表示 global），类的数据成员加前缀 m_（表示 member）。
- 变量的名字应当使用"名词"或者"形容词＋名词"。全局函数的名字应当使用"动词"或者"动词＋名词"（动宾词组），如 DrawBox()。类的成员函数只使用"动词"，被省略掉的名词就是对象本身，box->Draw()。
- 为了防止某一软件库中的一些标识符和其他软件库中的冲突，可以为各种标识符加上能反映软件性质的前缀。例如，三维图形标准 OpenGL 的所有库函数均以"gl"开头，所有常量（或宏定义）均以"GL"开头。

2. 缩进与对齐

缩进一般以 4 个空格为单位，适合程序中函数开始和结束、循环结构、分支结构等。预处理语句、全局数据、标题、附加说明、函数说明、标号等均顶格书写。语句块的"{"、"}"配对对齐，并与其前一行对齐，语句块类的语句缩进建议每个"{"、"}"单独占一行，便于匹对。

原则上关系密切的行应对齐，包括类型、修饰、名称、参数等各部分对齐。每一行的长度不应超过屏幕太多，一般不超过 80 个字符，必要时换行。换行后最好以运算符打头，并且以下各行均以该语句首行缩进。

3. 空行和空格

不得存在无规则的空行，比如说连续 10 个空行。程序文件结构各部分之间空两行，若不必要也可只空一行，各函数实现之间一般空两行，由于每个函数还要有函数说明注释，故通常只需空一行或不空。函数内部数据与代码之间应空至少一行，代码中适当处应以空行空开，建议在代码中出现变量声明时，在其前空一行。

原则上变量、类、常量数据和函数在其类型、修饰名称之间适当空格并据情况对齐。函数定义时还可根据情况多空或不空格来对齐，对语句行后加的注释应用适当空格与语句隔开并尽可能对齐。单目运算符（如"::""->""++""--""~""!""&"）与操作数相连在一起，没有空格，而其他运算符两边可以加一空格，包括关键字。

4. 注释

一般来讲，一个完整的软件程序应有明确的注释，注释主要包括：序言性注释、功能性注释、数据注释、软件模块注释等。程序注释量一般占程序编码量的 20%。程序注释不能用类似于"处理"、"循环"这样的计算机抽象语言，而是用具体的方式准确地表达出程序的处理说明。避免每行程序都使用注释，可以在一段程序的前面加一段注释，具有明确的处理逻辑。注释必不可少，但也不应过多，不要被动地为写注释而写注释。

- 序言性注释，一般应置于每个源程序模块的顶部，给出其整体说明，包括该模块的目标、主要功能、作者、审查者、修改记录和相应的日期等。
- 功能性注释包括功能实现的思路、方法和一些关键算法。
- 函数、类等的说明。对每个函数都应有适当的说明，通常加在函数实现之前，其内容主要是函数的功能、目的、算法等说明，参数说明、返回值说明等。公用函数、公用类的声明必须说明其使用方法和设计思路。
- 模块注释则集中在模块之间的关系、接口描述、输入和输出等。
- 数据注释用于说明软件单元中所用到的变量定义，包括类、对象的名称、属性和成员函数等。

5. 函数处理

除了标识符命名，函数处理中的有些规则也是编程风格的一部分，例如每一个函数尽可能控制其代码长度为 53 行左右，超过 53 行的代码要重新考虑将其拆分为两个或两个以上的函数。再者，函数接口的两个要素是参数和返回值，而在 C 语言中，函数的参数和返回值的传递方式有两种——"值传递"和"指针传递"。C++ 语言中多了"引用传递"。在代码风格审查时，检查函数参数、返回值和接口部分是否遵守一些常用规则，例如：

- 不要省略返回值的类型。如果函数没有返回值，则在函数前加 void。
- 注意参数的顺序，如 void StringCopy(char *strDestination，char *strSource)。
- 避免函数参数太多，尽量不要使用类型和数目不确定的参数。
- 如果参数是指针且仅作输入用，则应在类型前加 const，以防止该指针在函数体内被意外修改。例如：void StringCopy(char *strDestination，const char *strSource);。
- 如果输入参数以值传递的方式传递对象，则宜改用"const &"方式来传递，这样可以省去临时对象的构造和析构过程，从而提高程序处理的效率。
- 不要将正常值和错误标志混在一起返回。正常值用输出参数获得，而错误标志用 return 语句返回。

5.4.3　代码缺陷检查表

通用代码评审
检查表

Java 代码评审
检查表

把程序设计中可能发生的各种缺陷进行分类，以每一类列举尽可能多的典型缺陷，形成代码缺陷检查表。代码评审常常会使用这类检查表，以表的内容为检查依据、要点，防止人为的疏漏，并提高评审效率。在每次评审之后，对新发现的缺陷也要进行分析、归类，不断充实缺陷检查表。表 5-4 就是代码检查表的一个示例。

表 5-4　代码审查的检查表示例

类别	检查项	结论
格式	◇　嵌套的 IF 是否正确地缩进？	
	◇　注释是否准确并有意义？	
	◇　是否使用有意义的标号？	
	◇　代码是否基本上与开始时的模块模式一致？	
	◇　是否遵循全套的编程标准？	

类别	检查项	结论
程序语言的使用	✧ 是否使用一个或一组最佳动词？ ✧ 模块中是否使用完整定义的语言的有限子集？ ✧ 是否使用了适当的转移语句？	
数据引用错误	✧ 是否引用了未初始化的变量？ ✧ 数组和字符串的下标是正整数吗？下标是否超出界限（范围）？ ✧ 是否在应该使用常量的地方使用了变量，例如在检查数组范围时？ ✧ 变量是否被赋予了不同类型的值？变量发生溢出吗？ ✧ 为引用的指针分配内存了吗？ ✧ 一个数据结构是否在多个函数或者子程序中引用，在每一个引用中明确定义了结构了吗？	
数据声明错误	✧ 所有变量都赋予了正确的长度，类型和存储类了吗？例如，在本应声明为字符串的变量声明为字符数组了？ ✧ 变量是否在声明的同时进行了初始化？是否正确初始化并与其类型一致？ ✧ 变量有相似的名称吗？是否自定义变量使用了系统变量名。 ✧ 存在声明过，但从未引用或者只引用过一次的变量吗？ ✧ 在特定模块中所有变量都显式声明了吗？如果没有，是否可以理解为该变量与更高级别的模块共享？	
数据类型问题	✧ 变量的数据类型有错误吗？ ✧ 存在不同数据类型的赋值吗？ ✧ 存在不同数据类型的比较吗？ ✧ 变量的精度不够吗？	
计算错误	✧ 计算中是否使用了不同数据类型的变量？例如将整数与浮点数相加。 ✧ 计算中是否使用了不同数据类型相同但长度不同的变量？例如，将字节与字相加。 ✧ 计算时是否了解和考虑到编译器对类型和长度不一致的变量的转换规则？ ✧ 赋值的目的变量是否小于赋值表达式的值？ ✧ 在数值计算过程中是否可能出现溢出？ ✧ 除数/模是否可能为零？ ✧ 对于整型算术运算，特别是除法的代码处理是否会丢失精度？ ✧ 变量的值是否超过有意义的范围？ ✧ 对于包含多个操作数的表达式，求值的次序是否混乱，运算优先级对吗？	
逻辑运算	✧ 比较得正确吗？虽然听起来容易，但是比较中应该是小于还是小于或等于常常发生混淆。 ✧ 表达式中的优先级有误吗？ ✧ 存在分数或者浮点值之间的比较吗？如果有，精度问题会影响比较吗？ ✧ 每一个逻辑表达式都正确表达了吗？逻辑计算如期进行了吗？求值次序有疑问吗？	

类别	检查项	结论
逻辑运算	✧　逻辑表达式的操作数是逻辑值吗？例如，是否包含整数值的整型变量用于逻辑计算中？	
入口和出口	✧　初始入口和最终出口是否正确？ ✧　对另一个模块的每一次调用是否恰当？例如：全部所需的参数是否传送给每一个被调用的模块；被传送的参数值是否正确地设置；对关键的被调用模块的意外情况（如丢失，混乱）是否处理？ ✧　每个模块的代码是否只有一个入口和一个出口？	
内存问题	✧　内存没有被正确地初始化却被使用吗？ ✧　内存被释放后却继续被使用吗？ ✧　内存泄漏吗？ ✧　出现空指针吗？	
控制流程错误	✧　如果程序包含 begin-end 和 do-while 等语句组，end 是否对应？ ✧　程序、模块、子程序能否终止？如果不能，可以接受吗？ ✧　可能存在无法正常终止的循环（死循环）吗？ ✧　存在循环从不执行吗？如果是这样，可以接受吗？ ✧　如果程序包含像 switch-case 语句这样的多个分支，索引变量能超出可能的分支数目吗？如果超出，该情况能正确处理吗？ ✧　错误地修改循环变量吗？	
子程序参数错误	✧　子程序接收的参数类型和大小与调用代码发送的匹配吗？次序正确吗？ ✧　如果子程序有多个入口点，引用的参数是否与当前入口点没有关联？ ✧　常量是否当作形式参数传递，意外在子程序中改动？ ✧　子程序是更改了仅作为输入值的参数？ ✧　每一个参数的单位是否与相应的形参匹配？ ✧　如果存在全局变量，在所有引用子程序中是否有相似的定义和属性？	
输入/输出错误	✧　文件以不正确的方式打开吗？ ✧　对不存在的或者错误的文件进行操作有保护吗？ ✧　是否处理外部设备未连接或者读写过程中存储空间占满等情况？ ✧　文件结束判断是否正确？是否正确地关闭文件？ ✧　检查错误提示信息的准确性、正确性、语法和拼写了吗？	
逻辑和性能	✧　全部设计已实现否？ ✧　逻辑被最佳地编码否？ ✧　提供正式的错误/例外子程序否？ ✧　每一个循环执行正确的次数否？	
可维护性和可靠性	✧　清单格式适于提高可读性否？ ✧　标号和子程序符合代码的逻辑意思否？ ✧　对从外部接口采集的数据有确认否？ ✧　遵循可靠性编程要求否？	

5.5 集成测试

我们时常会遇到这样的情况，每个模块的单元测试已经通过，把这些模块集成在一起之后，却不能正常工作。出现这种情况的原因，往往是模块之间的接口出现问题，例如模块之间的参数传递不匹配，全局变量被误用以及误差不断积累达到不可接受的程度等。

5.5.1 集成测试的模式

集成模式是软件集成测试中的策略体现，直接关系到开发和测试的效率。集成测试模式可以分为两种基本模式。

- **非渐增式测试模式**：先分别测试每个模块，再把所有模块按设计要求放在一起结合成所要的程序，也常被称为大棒模式。
- **渐增式测试模式**：把下一个要测试的模块同已经测试好的模块结合起来进行测试，测试完以后再把下一个应该测试的模块结合进来测试。

采用大棒模式，设计人员习惯于把所有模块按设计要求一次全部组装起来，然后进行整体测试。而在测试之前，系统集成方面的问题不断积累，问题越来越多，所以在测试时会发现一大堆错误。同时，由于一次性集成，模块数量多，模块之间的关系比较复杂，这些错误交织在一起，很难确定问题出现在哪里，定位和纠正每个错误就变得非常困难。开发者不得不耗费大量的时间和精力来寻找这些缺陷的根源，造成很大的开发成本。

与之相反的是增量式集成模式，程序一段一段地扩展，测试的范围一步一步地增大，错误易于定位和纠正。虽然渐增式测试模式需要编写的代码偏多，工作量较大，但它有明显的优势，能更早地发现模块间的接口错误，使测试更彻底，而且渐增式模式发现错误后，更容易判断问题出现在什么地方，从而容易修正问题。因为短时间内（如一天之中）代码发生变动较小，可以很快找到出错的位置。所以，业界普遍采用渐增式测试模式，也就是持续集成的策略。使用持续集成，绝大多数的模块之间接口缺陷，在其引入的第一天可能就被发现。软件开发中各个模块不是同时完成的，可以尽可能早地集成已完成的模块，有助于尽早发现缺陷，避免像大棒模式那样会涌现大量的缺陷。

5.5.2 自顶向下集成测试

自顶向下法（top-down integration），从主控模块开始，沿着软件的控制层次向下移动，从而逐渐把各个模块结合起来。在组装过程中，可以使用深度优先或宽度优先的策略。

如图 5-9 所示，其具体步骤如下。

（1）对主控模块进行测试，测试时用桩程序代替所有直接附属于主控模块的模块。

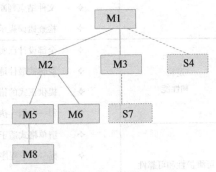

深度优先：M1→M2→M5→M8→M6→M3→S7→S4
宽度优先：M1→M2→M3→S4→M5→M6→S7→M8

图 5-9　自顶向下集成方法示意图

（2）根据选定的结合策略（深度优先或宽度优先），每次用一个实际模块代替一个桩程序（新结合进来的模块往往又需要新的桩程序）。

（3）在加入每一个新模块的时候，完成其集成测试。

（4）为了保证加入模块没有引进新的错误，可能需要进行回归测试（即全部或部分地重复以前做过的测试）。

从第（2）步开始不断地重复进行上述过程，直至完成。自顶向下法一般需要开发桩程序，不需要开发驱动程序。因为模块层次越高，其影响面越广，重要性也就越高。自顶向下法能够在测试阶段的早期验证系统的主要功能逻辑，也就是越重要的模块，在自顶向下法中越优先得到测试。因为需要大量的桩程序，自顶向下法可能会遇到比较大的困难，而且大家使用频繁的基础函数一般处在底层，这些基础函数的错误会发现较晚。

5.5.3　自底向上集成测试

自底向上集成测试（bottom-up integration），从底层模块（即在软件结构最低层的模块）开始，向上推进，不断进行集成测试的方法，如图 5-10 所示，具体策略如下。

（1）把底（下）层模块组合成实现某个特定的软件子功能族（Cluster）。

（2）写一个驱动程序，调用上述底（下）层模块，并协调测试数据的输入和输出。

（3）对由驱动程序和子功能族构成的集合进行测试。

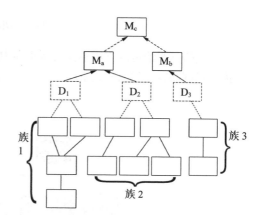

图 5-10　自底向上集成方法示意图

（4）去掉驱动程序，沿软件结构从下向上移动，加入上层模块形成更大的子功能族。

从第（2）步开始不断地重复进行上述过程，直至完成。自底向上方法一般不需要创建桩程序，而驱动程序比较容易建立。这种方法能够在最早的时间完成对基础函数的测试，其他模块可以更早地调用这些基础函数，有利于提高开发效率，缩短开发周期。但是，影响面越广的上层模块，测试时间越靠后，后期一旦发现问题，缺陷修改就困难，或影响面很广，存在很大的风险。

5.5.4　混合策略

在实际测试工作中，一般会将自顶向下集成和自底向上集成等两种测试方法有机地结合起来，采用混合策略来完成系统的集成测试，发挥每种方法的优点，避免其缺点，提高测试效率。例如，在测试早期，使用自底向上法测试少数的基础模块（函数），然后再采用自顶向下法来完成集成测试。更多时候，同时使用自底向上法和自顶向下法进行集成测试，即采用两头向中间推进，配合开发的进程，大大降低驱动程序和桩程序的编写工作量，加快开发的进程。因为自底向上集成时，先期完成的模块将是后期模块的桩程序，而自顶向下集成时，先期完成的模块将是后期模块的驱动程序，从而使后期模块的单元测试和集成测试出现了部分的交叉，不仅节省了测试代码的编写，也有力于提高工作效率。这种方法俗称三明治集成方法（sandwich integration），如图 5-11 所示。

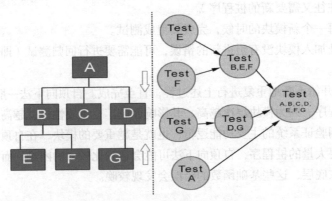

图 5-11　三明治集成测试方法示意图

改进的三明治集成方法不仅自两头向中间集成，而且保证每个模块得到单独的测试，使测试进行得更彻底，如图 5-12 所示。

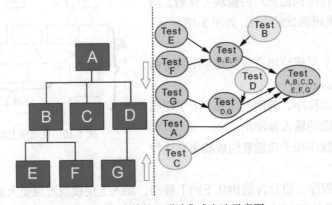

图 5-12　改善的三明治集成方法示意图

5.5.5　持续集成测试

现在随着敏捷开发模式越来越普及，研发团队追求持续发布，而持续发布的基础就是持续构建、持续集成、持续集成测试。什么是持续集成（continuous integration）？按照 Martin Fowler 的定义，就是一种开发实践，每天至少完成一次（意味每天可以有两次、三次的构建）版本构建（build，将团队多人新完成的代码构建成一个可运行的版本），而且每次构建是自动实现的，并得到验证。如果验证中发现集成问题，应尽快修正。

持续集成

持续集成

借助持续集成、持续集成测试，有助于尽早发现 Bug，避免集成中大量 Bug 涌现。一旦出现大量 Bug，新改的代码很多，代码之间又相互影响，定位 Bug 就变得很困难，这样开发者需要耗费大量的时间和精力来寻找这些 Bug 的根源。如果使用持续集成，这样的 Bug 绝大多数都可以在引入的第一天就被发现。而且，由于一天之中发生变动的部分并不多，所以可以很快找到出错的位置。如果找不到 Bug 究竟在哪里，也可以不把这些讨厌的代码集成到产品中去。所以，持续集成可以减少集成阶段消灭 Bug 所消耗的时间，从而最终提高软件开发的质量与效率。概括起来，持续集成有下列价值。

◇　持续集成中的任何一个环节都是自动完成的，有利于减少重复过程以节省时间、成本等。

◇　任何时间点都能第一时间发现软件的集成问题，使随时（快速、可靠、低风险）发布可部署的软件成为了可能；做到持续集成，才能做到持续交付。

◇　有利于软件本身的发展趋势，在需求不明确或频繁变更的情景中尤其重要，能够更好、更快地满足用户的需求。

◇　能帮助团队进行有效决策，提高开发产品的信心。

◇　容易定位和修正 Bug，这样能够提高软件开发的质量与效率。

Jenkins
官方站点

持续集成测试，不仅仅包含对新构建的版本进行验证，而且包括版本验证前后的工作。在验证前，要完成代码的静态测试或分析、自动部署；在验证后，要能够自动生成测试报告，才能应对每天可能要进行几次的集成要求。概括起来，持续集成测试包含下列几项工作。

（1）自动代码静态测试：主要采用 Checkstyle、Findbugs、PMD、Android Lin 等一类工具对代码进行扫描、分析，找出代码中各类问题。这些工具（如 Checkstyle、Findbugs、PMD）可以和构建工具集成，见本节后面示例一、示例二，在构建的同时或之前，就能自动完成代码的静态测试。

Jenkins
知识地图

（2）自动单元动态测试(如 JUnit)：组件、函数级别的功能测试。

（3）自动部署 SUT(System Under Test)：将被测试的系统自动部署到测试环境上，可能包括测试工具、测试脚本等自身测试系统的部署。

（4）自动 BVT（Build Verification Test，构建包的验证）：运行一些基本功能测试的脚本，来执行集成测试，验证基本功能的运行是否正常。只有基本功能运行正常，才能说明构建是成功的。

Jenkins 社区

CI 工具大全

（5）自动生成测试报告：通过对测试 log 的提取和整理，生成 HTML 或其他方式的测试报告，存储在 Web 服务器上或以邮件方式发送。

CI 工具比较

为了做到持续集成测试，需要构建良好的集成测试环境。例如，业界通常采用 Maven、Ant 在 Jenkins 中完成持续构建和集成，然后在此基础上自动触发自动化测试，完成基本的功能和接口测试（BVT）。这种 BVT 可以看作非严格意义上的集成测试，因为如果集成有问题，会在版本构建中出现问题，会被 BVT 发现。基于良好的基础设施，就可以做到持续构建，持续集成测试。

示例一：Ant 集成 FindBugs

```
<property name="findbugs.dir" location="./ant-task/findbugs/home" />
<property name="findbugs.report.dir" location="./ant-task/findbugs" />
……
<path id="findbugs.path">
        <fileset dir="${findbugs.dir}" includes="**/*.jar" />
    </path>

……
<taskdef name="findbugs" classname="edu.umd.cs.findbugs.anttask.FindBugsTask"
        classpathref ="findbugs.path"/>
```

```
        <target name="findbugs" depends="compilejava-without-copy" description="检查
代码错误…">
            <echo>开始用 Findbugs 检查代码错误 … </echo>
            <findbugs home="${findbugs.dir}" output="xml"
                outputFile="${findbugs.report.dir}/findbugs_report.xml" >
                <auxClasspath >
                    <path refid="${basedir}/lib/Regex.jar" />
                </auxClasspath>
                <sourcePath path="${tmp.src}" />
                <class location="${tmp.bin}" />
            </findbugs>
            <echo>Findbugs 检查代码 over </echo>
            <delete dir="${project.build}" failonerror="false" />
        </target>
```

示例二：Maven 集成 checkstyle

```
<plugin>
<groupId>org.apache.maven.plugins</groupId><artifactId>maven-checkstyle-plugin</
artifactId>
<version>2.14</version>
<configuration>
<configLocation>checkstyle.xml</configLocation><encoding>UTF-8</encoding>
<consoleOutput>true</consoleOutput>
<failsOnError>true</failsOnError>
<linkXRef>false</linkXRef>
</configuration>
<executions>
<execution>
<id>validate</id>
<phase>validate</phase>
<goals>
<goal>check</goal>
</goals>
</execution>
</executions>
</plugin>

<project>
  ...
    <reporting>
     <plugins>
      <plugin>
       <groupId>org.apache.maven.plugins</groupId>
        <artifactId>maven-checkstyle-plugin</artifactId>
         <version>2.14</version>
          <reportSets>
```

```
          <reportSet>
           <reports>
           <report>checkstyle</report>
           </reports>
          </reportSet>
         </reportSets>
        </plugin>
       </plugins>
      </reporting>
  ...
</project>
```

5.6　单元测试工具

一般情况下，单元测试采用白盒测试方法，针对代码进行测试，发现的缺陷需要定位到代码级，所以单元测试工具都是针对不同的编程语言（如 C/C++语言、Java、PHP、ASP、Ruby 等）和不同的开发环境而设计开发的测试工具，如表 5-5 所示。

我们也可以根据工具本身的功能特点分类，如分为代码规则/风格检查工具、内存资源泄漏检查工具、代码覆盖率检查工具和代码性能检查工具等。单元测试还可以分为静态测试工具和动态测试工具。

 ◇　静态测试工具不需要运行代码，而是直接对代码进行语法扫描和所定义的规则进行分析，找出不符合编码规范的地方，给出错误报告和警告信息。

 ◇　动态测试工具则需要通过运行程序来检测程序，需要写测试脚本或测试代码来完成分支覆盖、条件覆盖或基本路径覆盖的测试。有时，也会在源代码中插入一些监测代码，用来统计程序运行时的数据。

单元测试工具一般供编程人员使用，所以会和软件集成开发环境（如 Eclipse、MS Visual Studio、Sybase PowerBuilder、Borland Jbuilder 等）、构建工具（如 Ant、Mavin 等）和配置工具（如 CVS、SubVersion、IBM ClearCase、Borland StarTeam 等）有机地集成起来。

表 5-5　单元测试工具

类别	工具
C 语言	C++ Test、CppUnit、QA C/C++、CodeWzard、Insure++6.0
Java 语言	Jtest、Junit、Jmock、EasyMock、MockRunner
JUnit 扩展框架	TestNG 、JWebUnit 和 HttpUnit
GUI （功能）	JFCUnit、Marathor
通用的	Rexelint、Splint、McCabe QA、CodeCheck、GateKeeper
.NET	.TEST、Nunit
Data Object，DAO	DDTUnit、DBUnit
EJB	MockEJB 或者 MockRunner
Servlet，Struts	Cactu、StrutsUnitTest
XML	XMLUnit
内嵌式系统等	Logiscope、JTestCase

5.6.1 JUnit 介绍

JUnit（http://www.junit.org）是开源测试框架体系 xUnit 的一个实例，可以方便地组织和运行 Java 程序的单元测试。JUnit 的源代码是公开的，并具有很强的扩展性，可以进行二次开发，方便地对 JUnit 进行扩展。JUnit 具有如下特点。

✧ 可以使测试代码与产品代码分开，这更有利于代码的打包发布和测试代码的管理。

✧ 针对某一个类写的测试代码，以较少的改动便可以应用到另一个类的测试，JUnit 提供了一个编写测试类的框架，使测试代码的编写更加方便。

✧ 易于集成到程序构建的过程中，JUnit 和 Ant 的结合还可以实施增量开发。

JUnit 一共有 6 个包，包括 junit.awtui、junit.swingui、junit.textui、junit.extensions、junit.framework、junit.runner，前 3 个包中包含了 JUnit 运行时的入口程序以及运行结果显示界面，junit.extensions 是扩展包，而 junit.framework、junit.runner 是核心包，分别负责整个测试对象的构建、测试驱动和运行。

JUnit 有 7 个核心类，分别是 TestSuite、TestCase、TestResult、TestRunner、Test、TestListener 接口和 Assert（断言）类，其关系如图 5-13 所示。

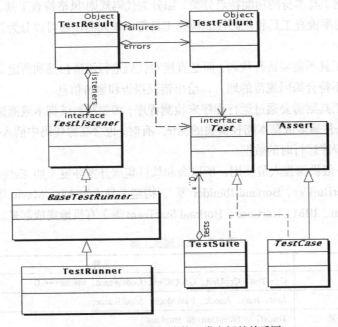

图 5-13　JUnit 7 个核心类之间的关系图

● Assert 类用来验证条件是否成立，当条件成立时，assert 方法保持沉默（测试通过），若条件不成立时就抛出异常。该类所提供的核心方法，主要有 assertTrue、assertFalse、assertEquals、assertNotNull、assertNull、assertSame 和 assertNotSame 等。

● Test 接口是单独的测试用例、聚合的测试模式以及测试扩展的共同接口，用来实施测试和收集测试的结果，Test 接口采用了 Composite 设计模式。

● TestCase 抽象类用来定义测试中的固定方法，TestCase 是 Test 接口的抽象实现，由于

TestCase 是一个抽象类，因此不能被实例化，只能被继承。其构造函数可以根据输入的测试名称来创建一个测试用例，设定测试名称的目的在于方便测试失败时查找失败的测试用例。

- TestSuite 是由几个 TestCase 或其他的 TestSuite 构成的，从而构成一个树形结构的测试任务。每个测试任务都由一个或若干个 TestSuite 来构成。被加入到 TestSuite 中的测试在一个线程上依次被执行。

- TestResult 负责收集 TestCase 所执行的结果，它将结果分类，分为客户可预测的错误和没有预测的错误，它还将测试结果转发到 TestListener 处理。

- TestRunner 是客户对象调用的起点，负责跟踪整个测试过程，能够显示测试结果，并且报告测试的进度。

- TestListenter 包含 4 种方法——addError()、addFailuer()、startTest()和 endTest()。它是对测试结果的处理和对测试驱动过程的工作特征进行提取。

5.6.2　用 JUnit 进行单元测试

这里通过一个简单的实例，来展示如何在 Eclipse 中用 JUnit 工具完成单元测试。首先，去官方站点 http://www.eclipse.org 下载最新的 Eclipse 版本，并安装 Eclipse。为了使 Eclipse 能正常工作，还需要安装和配置 Java 环境。可以访问 http://java.sun.com/下载相应的 JRE 和 JDK 软件包进行安装，并设置相应的环境变量。例如，在 Windows 操作系统中，通过系统属性"高级"选项中"环境变量"功能完成相应的环境变量设置。

- ◇　JAVA_HOME = d:\Java\jdk1.6.0_03
- ◇　PATH = %JAVA_HOME%\bin;%JAVA_HOME%\lib;%JAVA_HOME%\jre\lib;
- ◇　CLASSPATH = %JAVA_HOME%\lib;%JAVA_HOME%\jre\lib;

然后，将从 http://www.junit.org/下载得到的 JUnit 软件包，解包安装到相应的目录下。点击 Eclipse 菜单"项目（Project）"的子项"属性（Properties）"，选择"Java 构建路径（Java Build Path）"的"库（Libraries）"标签，单击按钮"添加外部 JAR（Add External JARs）"，如图 5-14 所示，浏览 JUnit 所安装的目录，选择 junit.jar 或 junit-4.5.jar，单击打开。这样，就完成了 JUnit 的安装。安装成功以后，在图 5-14 的"库（Libraries）"中会增加一项内容，如图 5-15 所示。

图 5-14　在 Eclipse 中安装外部 Java 应用包的界面

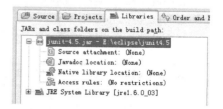

图 5-15　Properties 中显示的 JUnit 安装包

我们也可以去 Eclipse 的"窗口（Window）"下的"喜好（Preferences）"中验证 JUnit 是否

已安装上，单击 "Java" 项。如果看到 JUnit 在，说明安装成功。而且，在这里 JUnit 包的内容
显示得比较清楚，包括 junit.framework.Assert、junit.framework.TestCase、junit.framework.Result
和 junit.framework.Suite 等，如图 5-16 所示。

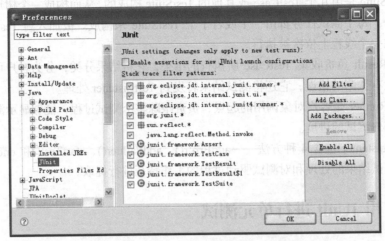

图 5-16　在 Preferences 中 JUnit 设置窗口界面

下面就让我们从 "Helloworld" 开始第一个单元测试。新建一个项目 "Java Project one"，
然后，创建一个 Helloworld 类，其 Java 的源代码如下所示。

```java
Public class Helloworld {

    public String say() {
        return("Hello World!");
    }

}
```

然后，就可以在项目 "Java Project one" 上单击鼠标右键，选择 "New" → "JUnit Test Case"，
出现对话框，根据提示输入相关内容，如 "Name" 项输入 "TestHelloWord"，选择 "SetUp()"
和 "TearDown()"，然后单击 "Finish" 就自动生成一个测试类 TestHelloWord.java，如下所示。

```java
Import static org.junit.Assert.*;

import org.junit.After;
import org.junit.Before;
import org.junit.Test;

public class TestHelloWorld {

    @Before
    public void setUp() throws Exception {

    }
```

```
@After
public void tearDown() throws Exception {
}

@Test
public final void testSay() {
    fail("Not yet implemented");
}

}
```

然后完善测试类 TestHelloWorld 的代码，如下所示。然后选择 TestHelloWorld，单击鼠标右键，选择"Run As"→"JUnit Test"，执行测试类，结果显示测试通过，如图 5-17 所示。

```
Import static org.junit.Assert.*;
import junit.framework.TestCase;
import org.junit.After;
import org.junit.Before;
import org.junit.Test;

public class TestHelloWorld extends TestCase{

    @Before
    public void setUp() throws Exception {
    }

    public TestHelloWorld( String name)
      { super(name);
      }

    @After
    public void tearDown() throws Exception {
    }

    @Test
    public final void testSay() {
        Helloworld hi = new Helloworld();
        assertEquals("Hello World!", hi.say());
    }

    public static void main(String[] args){
        junit.textui.TestRunner.run( testHello.class);
    }

}
```

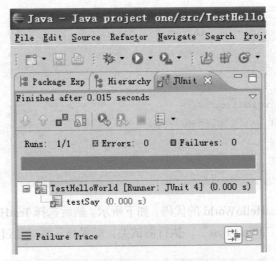

图 5-17   TestHelloWorld 执行结果的界面

如果增加一点难度，测试一个加法和减法的运算程序，源程序如下所示。

```java
public class SampleCalculator {

    public int add(int augend , int addend){
            return augend + addend ;
    }

    public int subtration(int minuend , int subtrahend){
        return minuend - subtrahend ;
    }
}
```

其测试类 testSampleCalculator 如图 5-18 所示，在代码中，我们故意将加法的验证点的值设为"72"，即人为地制造一个缺陷，看 JUnit 能否发现。如果发现，结果会怎样？

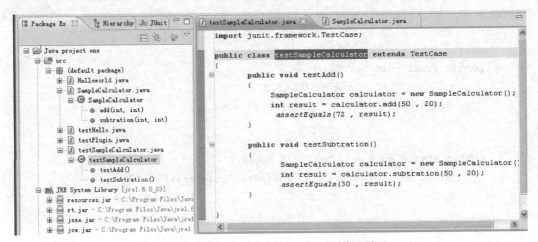

图 5-18   testSampleCalculator 源代码界面

然后，同样执行这个测试 testSampleCalculator，其结果是一个通过，另一个没通过，出错。再点击出错信息，就知道是程序中第 9 行，期望结果是 72，实际结果是 70，不一致，所以报错，如图 5-19 所示。通过上述例子，使大家基本掌握单元测试工具的使用。要获得更多的经验和能力，还是靠大家自己的实践。

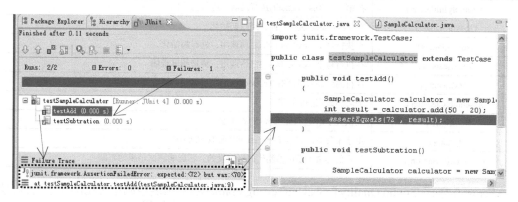

图 5-19　testSampleCalculator 测试执行结果的界面

5.6.3　微软 VSTS 的单元测试

Visual Studio Team System（http://msdn.microsoft.com/zh-cn/vsts2008/default.aspx）是一套工具集，全面整合了软件设计、开发、测试、部署和人员协作工具，其开发版（Development Edition）提供了静态分析、代码剖析、代码涵盖以及其他单元测试所需的功能特性。用 VSTS（VisualStudio Team System）进行单元测试时，一般经过下列步骤。

（1）创建单元测试项目。

（2）设置项目引用。

（3）添加适当的测试类（一个或多个）。

（4）生成主干的单元测试框架（Unit Test Framework）类和属性。

（5）创建单个测试方法。

（6）创建适合特定接口的逻辑。

同时，Microsoft Visual Studio 可以基于源代码中的自定义属性动态发现其有关的测试套件的信息。表 5-6 表示最常见的单元测试属性，和 JUnit 有些类似，原理基本相同，并需要使用一些配置文件。

◇　AuthoringTests.txt 定义 VSTS 中包含的不同测试类型，以及如何使用单元测试，如打开、查看、运行、查看结果、更改测试的运行方式等。

◇　ManualTest1.mht 是 VSTS 中使用的手动测试套件，用于执行测试并报告结果。

◇　UnitTest1.cs 是一个引用类，提供一个基本单元测试，包括 TestClass、TestInitialize、TestCleanup 和 TestMethod 的定义。

然后，与生成的特定应用程序的.cs 文件共同使用，完成单元测试。

表 5-6　常见单元测试属性

属性	描述
TestClass()	表示一个测试装置
TestMethod()	表示一个测试用例
AssemblyInitialize()	在第一个 TestMethod() 执行之前，进行初始化
ClassInitialize()	在 TestClass() 执行之前，进行初始化
TestInitialize()	在执行每个 TestMethod() 之前调用，进行初始化
TestCleanup()	在执行每个 TestMethod() 之后调用，清理测试现场
ClassCleanup()	执行测试装置的所有 TestMethod() 之后调用，清理测试现场
AssemblyCleanup()	最后测试现场的清理
Description()	提供关于给定 TestMethod() 的描述
Ignore()	由于某种原因忽略 TestMethod() 或 TestClass()
ExpectedException()	指定的异常不是由被测代码所引发的，不影响测试结果的判断

Microsoft.VisualStudio.QualityTools.UnitTesting.Framework 命名空间中可用的 3 个断言，其具体的应用函数见表 5-7。

　　◇　Assert 提供用于测试基础条件语句的断言。

　　◇　StringAssert 自定义了在使用字符串变量时有用的断言。

　　◇　CollectionAssert 包括在使用对象集合时有用的断言方法。

表 5-7　VSTS Unit Testing Framework 断言

Assert 类	StringAssert 类	CollectionAssert 类
AreEqual()		
AreNotEqual()		AllItemsAreInstancesOfType()
AreNotSame()		AllItemsAreNotNull()
AreSame()		AllItemsAreUnique()
EqualsTests()		AreEqual()
Fail()	Contains()	AreEquivalent()
GetHashCodeTests()	DoesNotMatch()	AreNotEqual()
Inconclusive()	EndsWith()	AreNotEquivalent()
IsFalse()	Matches()	Contains()
IsInstanceOfType()	StartsWith()	DoesNotContain()
IsNotInstanceOfType()		IsNotSubsetOf()
IsNotNull()		IsSubsetOf()
IsNull()		
IsTrue()		

5.6.4　开源工具

通过 JUnit 了解了单元测试工具的基本构成和功能。实际上，JUnit 只是开源的单元测试工具中的一个代表，还有许多开源的单元测试工具可以使用。例如，在 JUnit 基础之上扩展的一些工具，如 Boost、Cactus、CUTest、JellyUnit、Junitperf、JunitEE、Pisces 和 QtUnit 等。而属于 Xunit 系列的单元测试工具很多，如 HttpUnit、XMLUnit、TagUnit、Jboss JSFUnit、J2MEUnit、DBUnit 和 SIPUnit 等。除了这一类单元测试工具，还有其他一些单元测试工具。

1. C/C++ 语言单元测试工具

　　◇　适合各种操作系统：C Unit Test System，CppTest，CppUnit，CxxTest

　　◇　Win32/Linux/Mac OS X: UnitTest++

- ❖ Win32/Solaris/Linux: Splint
- ❖ Mac OS X: ObjcUnit，OCUnit，TestKit
- ❖ Unix：cutee
- ❖ Linux：GUNit
- ❖ Wondows: simplectest
- ❖ 嵌入式系统：Embedded Unit
- ❖ 其他：Cgreen、POSIX Check

2. Java 语言单元测试工具

- ❖ TestNG 的灵感来自 JUnit，消除了老框架的大多数限制，使开发人员可以编写更加灵活的测试代码，处理更复杂、量更大的测试。

- ❖ PMD（http://pmd.sourceforge.net/）是一款采用 BSD 协议发布的 Java 程序代码检查工具，功能强，效率高，能检查 Java 代码中是否含有未使用的变量，是否含有空的抓取块，是否含有不必要的对象、过于复杂的表达式、冗余代码等。

- ❖ Checkstyle、Findbugs、Jalopy 都是代码静态测试工具。

- ❖ Surrogate Test framework 是基于 AspectJ 技术，适合于大型、复杂 Java 系统的单元测试框架，并与 JUnit、MockEJB 和各种支持模拟对象（mock object）的测试工具无缝结合。

- ❖ Mock Object 类工具：MockObjects、Xdoclet、EasyMock、MockCreator、MockEJB、ObjecUnit、jMock 等。例如，EasyMock 通过简单的方法，对于指定的接口或类生成 Mock 对象的类库，把测试与测试边界以外的对象隔离开，利用对接口或类的模拟来辅助单元测试。

- ❖ Mockrunner 是 J2EE 环境中的单元测试工具，包括 JDBC、JMS 测试框架，支持 Struts、servlets、EJB、过滤器和标签类。

- ❖ Dojo Objective Harness 是 Web 2.0（Ajax）UI 开发人员用于 JUnit 的工具。与已有的 JavaScript 单元测试框架（比如 JSUnit）不同，DOH 不仅能够自动处理 JavaScript 函数，还可以通过命令行界面和基于浏览器的界面完成 UI 的单元测试。

- ❖ jWebUnit（http://jwebunit.sourceforge.net/）是基于 Java 的测试网络程序的框架，提供了一套测试见证和程序导航标准。以 HttpUnit 和 JUnit 单元测试框架为基础，提供了导航 Web 应用程序的高级 API，并通过一系列断言的组合来验证链接导航、表单输入项和提交、表格内容以及其他典型商务 Web 应用程序特性的正确性。jWebUnit 以 JAR 文件形式存在，很容易和大多数 IDE 集成起来。

- ❖ JSFUnit 测试框架是构建在 HttpUnit 和 Apache Cactus 之上，对 JSF（JavaServer Faces）应用和 JSF AJAX 组件实施单元测试，在同一个测试类里测试 JSF 产品的客户端和服务器端。支持 RichFaces 和 Ajax4jsf 组件，还提供了 JSFTimer 组件来执行 JSF 生命周期的性能分析。通过 JSFUnit API，测试类方法可以提交表单数据，并且验证管理的 bean 是否被正确更新。借助 Shale 测试框架（Apache 项目），可以对 Servlet 和 JSF 组件的 mock 对象实现，也可以借助 Eclipse Web Tools Platform（WTP）和 JXInsight 协助对 JSF 应用进行更有效的测试。

3. 其他语言单元测试工具

- ❖ HtmlUnit 是 JUnit 的扩展测试框架之一，使用例如 table、form 等标识符将测试文档作为 HTML 来处理。http://htmlunit.sourceforge.net。

◇ Nunit 是类似于 JUnit、针对 C#语言的单元测试工具。NUnit 利用了许多.NET 的特性，如反射机制。NUnitForms 是 Nunit 在 WinFrom 上的扩展。

◇ TestDriven.Net 就是以插件的形式集成在 Visual Studio 中的单元测试工具，其前身是 NunitAddIn。个人版可以免费下载使用，企业版是商业化的工具。

◇ PHPUnit 是针对 PHP 语言的单元测试工具。

◇ Dunit 是 Xunit 家族中的一员，用于 Dephi 的单元测试。

◇ SQLUnit 是 xUnit 家族的一员，以 XML 的方式来编写。用于对存储过程进行单元测试的工具，也可以用于做针对数据库数据、性能的测试等。

◇ Easyb，一个基于 Groovy 行为驱动开发的测试工具，为 Java 和 Groovy 测试。

◇ RSpec 是 Ruby 语言的新一代测试工具，跟 Ruby 的核心库 Test::Unit 相比功能上非常接近，RSpec 的优点是可以容易地编写领域特定语言（domain specific language，简称 DSL）。RSpec 的一个重要目标是支持 Behaviour-Driven Development（BDD），BDD 是一种融合了 Test Driven Development、Acceptance Test Driven Planning 和 Domain Driven Design 的一种敏捷开发模型。

◇ Zentest 也是针对 Ruby 语言的单元测试工具，可以和 Autotest 一起使用。

示例：JUnit 4 与 TestNG 比较

JUnit 一直是一个单元测试框架，构建目的是促进单个对象的测试，有效地完成此类任务。而 TestNG 则是基于注释的灵活模型的 Java 测试框架，用来解决更高级别的测试问题，对于大型测试套件，我们不希望在某一项测试失败时就得重新运行数千项测试，TestNG 的灵活性在这里尤为有用。

JUnit 和 TestNG 都使用 Annotation，使测试简单有趣，在编写测试类时，差别也很小。JUnit 通过 5.0 版本的新特性，拉近了与 TestNG 的差距。

1. JUnit 的优势

◇ JUnit 有大量插件（如 dbUnit、xmlUnit 等），可以和 Jmock 集成使用。

◇ JUnit 生成的 HTML 格式的报告非常好。

2. TestNG 的优势

◇ TestNG 的编码规则比 JUnit 4 更灵活。

◇ TestNG 具有重新运行失败的测试用例的机制，这对持续集成和测试非常有利。JUnit 很难确定测试用例执行的顺序，有时只能按字母顺序或 fixture 来指定测试用例。如果测试不成功，就会产生一个很麻烦的后果：所有后续的依赖测试也会失败。

◇ TestNG 支持参数化，通过使用 XML 配置文件（testng.xml）实现，例如通过@DataProvider 注释可以方便地把复杂参数类型映射到某个测试方法。在 JUnit 中要测试不同的参数，需要编写不同的测试用例。

◇ TestNG 具有定义测试组的能力，每个测试方法都可以与一个或多个组相关联，但可以选择只运行某个测试组。要把测试加入测试组，只要把组指定为 @Test 标注的参数。

◆ TestNG 可以用专门的标注 @Configuration 指定类中的其他特定方法，如 beforeTestClass、afterTestClass、beforeTestMethod 和 afterTestMethod 等，如下图所示。

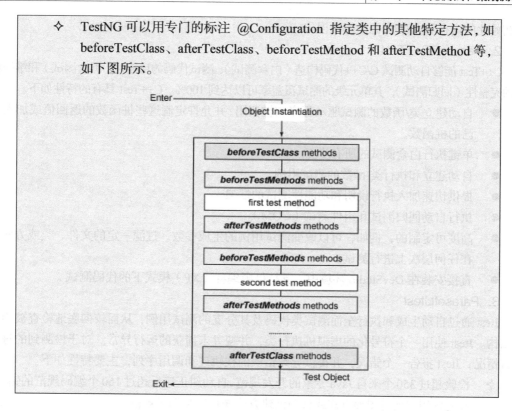

5.6.5 商业工具

Java/PHP/Ruby 等语言的单元测试工具以开源工具为主，而 C/C++语言的单元测试工具以商业工具为主，例如 Parasoft C++、PR QA•C/C++、Borland DevPartner、Panorama C++等。单元测试工具，除了代码扫描工具（如 Parasoft C++）之外，还有其他一些工具，如：

◆ 内存资源泄漏检查工具，如 Micro Focus BounceChecker、IBM Rational PurifyPlus 等。

◆ 代码覆盖率检查工具，如 IBM Rational PureCoverage、TeleLogic Logiscope 等。

◆ 代码性能检查工具，如 Logiscope 和 Macabe 等。

针对 Java 语言的商业工具，代表产品是 BorlandDevPartner Studio、Parasoft Jtest、SitrakaJProbe Suite 和 PR QA•J 等。国内较著名的商业化单元测试工具，则有 Visual Unit（简称 VU，http://www.kailesoft.cn/），是可视化单元测试工具，支持语句、条件、分支及路径覆盖的测试，使用简单，基本不需要编写测试代码。VU 还增强调试器功能（如自由后退、用例切换），提高调试的效率。

1. DevPartner Studio 专业版

具有很强的功能，如代码审查、性能分析、内存分析、安全扫描、错误发现和诊断、集成报告、系统比较、代码覆盖率分析等。支持目前主流的平台和技术，如 Visual Studio 2008、Visual Studio Team System 2008、Windows Server 2008、.NET Framework 3.5、Windows Presentation Foundation（WPF）、Language Integrated Query（LINQ）和 ASP.NET AJAX Extensions。

其中，JCheck 是功能强大的、图形化的 Java 程序的线程和事件分析工具；DBPartner 数据库开发及测试工具，DBPartner Debugger 交互式的存储过程开发、调试和优化。而 BoundsChecker 是实时错误检测工具，定位程序在运行时期发生的各种错误，包括指针变量的错误操作、使用未初始化的内存和内存/资源泄露错误。

2. ParasoftC++Test

C++Test 能够自动测试 C/C++代码构造（白盒测试）、测试代码的功能性（黑盒测试）和维护代码的完整性（回归测试），其单元级的测试覆盖率可以达到 100%。C++Test 具有的特性如下。

- 自动建立类/函数的测试驱动程序和桩调用，并允许定制这些桩函数的返回值或加入自己的桩函数。
- 单键执行白盒测试的所有步骤。
- 自动建立和执行类/函数的测试用例。
- 提供快速加入执行说明和功能性测试的框架。
- 执行自动回归测试和组件测试（COM）。
- 高度可定制的，例如，可以改变测试用例的生成参数，过滤一定的文件、类或方法，在任何层次上进行测试。
- 直接安装在 DevStudio 环境中，支持极限编程（XP）模式下的代码测试。

3. ParasoftJtest

Jtest 通过自动生成和执行全面测试类代码及其分支的测试用例，从而较彻底地检查被测类的结构。Jtest 使用一个符号化的虚拟机执行类，并搜寻未捕获的运行异常。对于检测到的每个异常情况，Jtest 报告一个错误，并提供导致错误的栈轨迹和调用序列，主要特性如下。

- ✧ 检验超过 350 个来自 Java 专家的开发规范，自动纠正违反超过 160 个编码规范的错误，并允许用户通过图形方式或自动创建方式来自定义编码规范。
- ✧ 通过简单的点击，自动实现代码基本错误的预防，这包括单元测试和代码规范的检查。
- ✧ 生成并执行 JUnit 单元测试用例，对代码进行即时检查。
- ✧ 提供了进行黑盒测试、模型测试和系统测试的快速途径。
- ✧ 确认并阻止代码中不可捕获的异常、函数错误、内存泄漏、性能问题、安全弱点的问题。
- ✧ 监视测试的覆盖范围，自动执行回归测试。
- ✧ 支持大型团队开发中测试设置和测试文件的共享，支持 DbC 编码规范。
- ✧ 实现和 IBM Websphere Studio /Eclipse IDE 的安全集成。

4. Parasoft.TEST

专为.NET 开发而推出的单元测试工具，可用于任何 Microsoft .NET 框架的语言，如：C#、VB.NET、Managed C++。

- ✧ 使用超过 200 条的工业标准代码规则对所写代码自动执行静态分析，这些规则有助于将.NET 全面的编程技术和领域知识应用到代码中，防止错误的出现。
- ✧ 自动测试代码构造与功能。.TEST 智能特性，能提取代码，审查代码，生成测试用例，自动完成单元测试。.TEST 产生的单元测试可以由用户自定义。
- ✧ 通过自动衰减测试自动地维持代码完整性。

5. IBM Rational PurifyPlus 工具

- ✧ PureCoverage 提供代码覆盖率分析，找出未经测试的程序代码，度量在所有测试用例中多少代码运行了，多少代码没有运行。
- ✧ Quantify 用来进行性能分析，识别应用程序性能瓶颈。
- ✧ Purify 用来进行内存分析，寻找应用程序的内存泄漏和错误的内存使用，这些有可能导致应用程序崩溃。

6. JProbe Suite

JProbe Suite 包括 4 个独立工具，Memory Debugger 和 Profiler 被称作程序性能工具，而 Threadalyzer 和 Coverage 被称作程序校正（Correctness）工具。

- ◇ Memory Debugger 帮助发现因不足参数管理和对象的过度分配而引起的内存泄漏。
- ◇ Profiler 通过统计程序各部分的运行时间帮助找出程序的性能瓶颈。
- ◇ Threadalyzer 通过找出程序中的死锁和空值以检验线程的正确性。
- ◇ Coverage 用来报告程序的测试覆盖率和未测试覆盖。

7. PRQA 单元测试工具

PRQA 提供的代码测试工具有 QA•C，QA•C++和 QA•J(http://www.pr-qa.com/programmingresearch /PRODUCTS.html)，包括代码进行编码规则检查和静态分析，找出过于复杂、不便于移植和维护等各种代码质量问题。PRQA 公司提供编码规则检查工具包，包括 HIGH•INTEGRITY C++、QA•MISRA 和 QA•JSF++。PRQA 的静态测试工具可与 Vector 公司的动态测试工具 VectorCAST 可以很好地集成。而且，它还能够和 Headway 的 Structure101 进行很好的集成，使后者具有复杂 C/C++代码的结构分析以及质量度量能力。

小 结

技术大师 Martin Fowler 曾表示，单元测试能够使开发者更快地完成工作。无数次的实践已经证明这一点。时间越是紧张，就越是要写单元测试。增加了单元测试任务，看似对编程进度不利，实际上，在项目整体进度上会得到很大的帮助，更高质量、更快地完成任务。

- ◇ 单元测试的独立性，设计彼此可以独立运行的单元测试。单元测试应该测试程序中最基本的单元，如面向对象的类，在此基础上，可以测试一些系统中最基本的功能点。
- ◇ 最好是在软件设计的时候就写好单元测试的框架及其代码，这样单元测试就能体现设计规范的真正语义。如果没有单元测试，语义的准确性就不能得到保障，以后会产生歧义。
- ◇ 选择合适的单元测试工具，和开发环境、软件配置管理工具等进行良好的集成，持之以恒地实施单元测试。
- ◇ 为每一个软件单元构建相应的测试代码，并集成到自动测试的框架中，这样很容易实施持续构建、持续测试等最佳工程实践。在每日构建中运行单元测试，也可以在每次代码有变化（新增或修改）的时候运行测试。
- ◇ 每一个单元测试都运行在一个干净的测试环境上。运行完一个测试后，要清理测试现场。
- ◇ 单元测试用例或测试脚本必须和代码一起进行版本维护，代码重构时也对测试代码进行重构，两者保持同步。一旦代码改动，就需要重新运行所有相关的测试，以确保在进行程序改动的时候没有出现错误。
- ◇ 发现了代码中的问题后，在对其进行修复以前，先编写一个测试来让这个问题可以在测试的时候暴露出来。这样，如果这个问题在其他地方重新出现的话，可以在测试的时候轻松发现它们，并不断完善单元测试用例和脚本。
- ◇ 单元测试既要进行正面测试，也要进行负面测试；既要进行功能逻辑的测试，也要进行性能测试、安全性测试等。

◇ 测试的结果可以通过代码覆盖率（已测试的代码和总的代码的比率）来度量，包括代码行覆盖率、分支覆盖率等。在每项测试任务之后，许多工具能够提供这方面的度量数据。

思 考 题

1. 为什么要进行单元测试？单元测试的任务和目标是什么？
2. 黑盒测试方法和白盒测试方法有什么不同特点？谈谈其应用范围？
3. 谈谈分支覆盖和条件覆盖之间的关系。
4. 代码审查有哪些方法？如何更有效地实施代码审查？
5. 比较自顶向下集成测试方法和自底向上集成测试方法各自的优缺点。
6. 你喜欢使用哪个单元测试工具？为什么？

实验 4 单元测试实验

使用 JUnit 工具，针对下列产品代码中两个类（BankAccount 和 BankAccountGold）编写对应的测试类，以完成单元测试，最终提交测试代码和测试结果。

```
1.  public class BankAccount
2.  {
3.      String AccountNumber;
4.      String AccountName;
5.      String ID;
6.      String Password;
7.      double TotalMoney;
8.
9.      public BankAccount(String AccountNumber, String AccountName, String ID, String
Password)
10.     {
11.         this.AccountNumber = AccountNumber;
12.         this.AccountName = AccountName;
13.         this.ID = ID;
14.         this.Password = Password;
15.     }
16.
17.     public void Balance(String AccountNumber)
18.     {
19.             System.out.println("PLEASE FIND YOUR BALANCE INFORMATION");
20.             System.out.println("Account name:" + AccountName);
21.             System.out.println("Account number:" + AccountNumber);
22.             System.out.println("Your balance:" + TotalMoney);
23.     }
```

```
24.
25.      public void Deposit(double AddMoney)
26.      {
27.          try
28.          {
29.              if(AddMoney < 0) throw new RuntimeException();
30.              this.TotalMoney += AddMoney;
31.          }
32.          catch(RuntimeException except)
33.          {
34.              System.out.println("Failed to deposite, money should be larger
than 0");
35.          }
36.          System.out.println("Deposited money succeeded, the total money is:"
+ TotalMoney);
37.      }
38.
39.      public void Withdraw(double GetMoney)
40.      {
41.          try
42.          {
43.              if(GetMoney > this.TotalMoney ) throw new RuntimeException();
44.              this.TotalMoney -= GetMoney;
45.              System.out.println("You have withdrawed money:" + GetMoney);
46.          }
47.          catch (RuntimeException except)
48.          {
49.              System.out.println("Error! you don't have enough balance");
50.          }
51.      }
52. }
53.
54. class BankAccountGold extends BankAccount
55. {
56.      public BankAccountGold(String AccountNumber, String AccountName, String
ID, String Password)
57.      {
58.          super(AccountNumber,AccountName,ID,Password);
59.      }
60.      public void Withdraw(double GetMoney, double overdraft)
61.      {
62.          overdraft = this.TotalMoney - GetMoney;
63.          if(overdraft > 0)
64.          {
65.              this.TotalMoney = overdraft;
66.              System.out.println("Succeeded to withdraw. your balance is" +
```

```
                    this.TotalMoney);
67.                 }
68.                 else if((overdraft < 0)&&(overdraft > -1000))
69.                 {
70.                     this.TotalMoney = overdraft + overdraft * 0.05; // The interest
is 5% of the overdraft
71.                     System.out.println("Succeeded to withdraw. your balance is" + th
is.TotalMoney);
72.                 }
73.                 else
74.                 {
75.                     System.out.println("Failed to withdraw, you can not overdraft
more than 1000!");
76.                 }
77.             }
78. }
```

第6章
系统功能测试

软件产品必须具备一定的功能，借助这些功能为用户服务。软件产品的功能就是为了满足用户的实际需求而设计的，所有的功能都需要得到验证，确认真正地满足了用户的需求。这就是本章要介绍的功能测试。

功能测试是测试工作中的主要部分，有大量工作要做。虽然对于不同的软件产品，功能测试的差异比较大，功能能测试和产品相关技术的依赖性很大，但是我们还是可以找出一些共性的方

法，应用于各种各样的产品功能测试之中。例如，在功能测试用例设计中，人们针对数据驱动测试的特点，总结出等价类划分方法、边界值分析、因果分析等。

6.1 功能测试

功能测试依据产品设计规格说明书完成对产品功能的操作，以验证系统是否满足用户的功能性需求。而用"系统测试"来区别功能测试，表示对用户的非功能性需求进行验证，包括安全性测试、性能测试和兼容性测试等。功能测试，往往直接运行软件，针对程序接口和用户界面进行测试，验证每个功能能否正确接收各种数据并产生正确的结果，检验能否正常使用各项功能，逻辑是否清楚，以确认软件是否符合设计要求，是否符合满足用户需求。

功能测试一般采用黑盒测试方法，将软件程序或系统看作一个不能打开的黑盒子，在不考虑程序内部结构和内部特性的情况下通过输入数据来驱动系统，从而完成测试。所以，功能测试有时也被称为黑盒测试或数据驱动测试。功能测试也可以通过其他方法实现，包括白盒方法、逻辑驱动方法，所以从严格意义上看，功能测试、黑盒测试和数据驱动测试是不同的，功能测试是从测试目标来定义，即完成软件功能的验证；而黑盒测试是从测试方法来定义的，体现了解决问题的基本方法。数据驱动测试是黑盒测试基本方法中的一种具体方法，黑盒测试方法还包括状态转换、因果分析等其他具体的测试方法。

6.1.1 功能测试范围分析

对于功能测试，可以借助业务流程图、功能框图等来帮助我们进行测试的需求分析。特别是业务的分析，从业务需求出发，分析不同的用户角色需求，再到功能分析。不同的用户角色对同样一个功能也有不同的行为，即用例（use case）。实际上，敏捷中的需求表达方式——用户故事（user story），也是对不同用户角色的行为分析。如果再深入分析，就可以挖掘用户使用功能的应用场景（user scenario），这样就逐步靠近测试用例。这不仅有利于功能测试范围分析，而且有利于测试用例的设计。仅仅从业务角度来分析，也有较多的分析项，可以全面地整理出功能测试范围。

◇ **业务流程**：业务活动的先后持续，呈现业务端到端的完整过程。
◇ **业务规则**：针对业务活动或某些节点的一些具体的约束。
◇ **业务操作**：不同用户角色在同一个功能上有不同的操作行为。
◇ **业务数据**：不同入口、不同类型、不同格式的业务输入数据、输出结果（如日报、月报、季报、年报等）。
◇ **业务安全性**：业务权限设置、用户身份验证等，体现在一些设定的安全性功能，如登录功能、管理员授权功能等。
◇ **业务可管理**：业务的一些管理功能，例如电信系统不仅能计算用户通话时长、计算费用、费用查询等前端功能，而且需要在后台能管理用户、统计费用、费用校对、账务平衡等功能。
◇ **业务发展**：业务会不断发展，有些功能能够允许用户根据业务变化进行设置、定制，例如手机每分钟费率是变的，不能把费率写在代码内，而是一种参数，允许某种权限的用户可以修改。

在面向对象的软件开发中，也可借助 UML 用例图、活动图、协作图和状态图来进行功能测试范围分析。例如，针对 Web 应用系统，可以列出一些共性的测试需求。

（1）用户登录，登录的用户名、口令能否保存？口令忘了，能否找回来？允许登录失败的次数是否有限制？口令字符有没有严格要求（如长度、大小写、特殊字符）？是否硬性规定经过一段时间后必须改变口令？

（2）站点地图和导航条。每个网站都需要站点地图，让用户一看就能了解网络内容，而且当新用户在网站中迷失方向时，站点地图可以引导用户进行浏览，找到所想访问的内容。需要验证站点地图上每一个链接是否存在而且正确，有没有涵盖站点上所有内容的链接。是否每个页面都有导航条？导航条是否一致、直观？

（3）链接到正确地方，即链接地址正确，并能显示正常、自然，不要给人突然的感觉。

（4）表单，各项输入是必需的、合理的，各项操作正常，对于错误的输入有准确、适当的提示，并完成最后的提交。提交后，返回提交内容的显示，使用户放心。如用户通过表单进行注册，能输入用户名、口令、地址、电话、爱好等各种信息，当格式、内容不对或不符时，及时给予提示，在用户提交信息后，进一步检查各项内容的正确性，然后写入数据库，返回注册成功的消息。

（5）数据校验，根据业务规则和流程对用户输入数据进行校验，是许多系统不可缺少的。通过列表选择、规则提示或在线帮助，能很好解决这问题。

（6）Cookie，在 Web 应用中到处可见，用来保存用户注册、访问和其他本地客户端信息，所保存的信息要加密，并能及时更新。Cookie 被删除了，能被重建。

（7）Session，是否安全、稳定，而且占用较少的资源。

（8）SSL、防火墙等的测试。使用了 SSL，浏览器地址栏中 URL 的 "http:" 就变为 "https:" 了，服务器的连接端口号则由 80 变为 433，应用程序接口 API 也要和页面保持一致。防火墙支持更多的设置，包括代理、验证方式、超时等。

（9）接口测试，与数据库服务器、第三方产品接口（如电子商务网站信用卡验证）的测试，包括接口错误代号和列表。

6.1.2　LOSED 模型

为了更全面进行系统功能方面的测试分析，建立一个模型 LOSED，其中每个字母分别代表 Logic（逻辑）、Operation（操作）、Structure（结构）、Environment（环境）、Data（数据）5 个方面。完成这 5 个方面的测试分析，才能更完整地把握软件产品的功能测试。

（1）**逻辑**。系统的各种状态是否按照业务流程而变化，其逻辑是否简单合理、清楚、流畅。不需要专门培训，只要借助适当的提示，用户能否顺着合理的逻辑，完成功能的操作。某项功能的业务路径可能是不一样的，但逻辑上可能保持一致。

（2）**操作**。所有的菜单、按钮设计及其操作是否灵活，符合用户的习惯，并能对操作是否有正确的响应。例如，程序安装之后，是否弹出提示框来告知用户此操作的状态——是成功还是失败。所有重要的操作是否允许用户可以后退到上一步骤，对不正确的、异常的操作是否通过提示框及时提示或警示用户。危险的操作（如删除文件、修改重要数据等）是否等到用户进一步确认后，才被执行。经常性的操作是否提供多个入口，在不满足操作条件时按钮或菜单是否变灰、暗淡显示。

（3）**结构**。拿到一个被测系统，首先要分析是否有清晰的结构？是否能够按照结构分解为不同的构成部分？然后再各个击破。例如，一个系统可以分成 "客户端、服务器端及其之间的接口"，可以分别针对客户端、服务器、接口进行测试。接口还可以进一步分为 "组件之间接口（内部应用接口）、软硬件之间接口、第三方软件接口（外部应用接口）、公共接口" 等，还要考虑接口的规范性、一致性、可配置性、可扩充性和完备性。一个系统从内部实现也可以分成 "数据访问层、中间件、展示层（UI）"，我们可以进行分别测试。

（4）**环境**。系统会在哪些平台上运行？会在哪些应用环境下操作？多一个运行平台，其功能测试的工作量有明显增加，甚至翻一倍。例如，移动 App 测试，针对 Android 和 iOS 都要逐项功能进行测试，因为这两个平台的代码完全不一样。

（5）**数据**。能接受正确的数据输入，并对异常数据的输入有提示和容错处理。

- 数据输出结果是否正确、格式清晰和整齐。
- 是否提供合适的数据存储和备份等功能。
- 是否提供多种快速、方便的数据查询功能。
- 数据从输入到最终输出，是否符合数据流设计，是否正确地完成一个完整的数据处理过程（端到端的测试，end-to-end testing）。
- 软件升级后，是否能继续支持旧版本的数据。

6.2 功能测试用例的设计

在设计测试用例过程中和产品人员、开发人员实时沟通，不断加深对产品功能的理解。只有对产品功能真正理解之后，才能对症下药，设计出有效的测试用例。设计功能测试用例，可以借助 UML 视图、逻辑结构图、数据流图等进行软件的结构层次、数据流程或操作流程的分析，完整地理解产品的结构、功能逻辑、数据处理过程等。

在上述基础上，针对输入数据，可以采用等价类划分法、边界值分析方法等。针对系统受多因素影响，可以采用因果图、决策表来分析，并设计测试用例。一般按照功能模块来组织，对系统的每一个功能点都要设计相应的测试用例。在进行功能测试用例设计时，一般遵守下列操作的流程。

● 根据功能结构及其关系，进行模块层次划分，形成功能模块或子模块。

● 针对每一个功能模块，理解其用例（use case），设计其工作流程图或数据流图，确定逻辑路径、使用场景及其测试点。

● 针对各个测试点（条件、数据、路径、场景等），设计测试用例。首先设计最上层的测试用例，然后再向下逐层推进。

● 测试用例的评审和修改。

6.2.1 等价类划分法

假如我们测试计算器程序的加法，需要测试不同数据的加法运算。为了保证足够的测试，我们需要从数字 0、1、2……开始，一直测到尽可能大的数据，如 999，999，999，999，999，999，999，999，999+999，999，999，999，999，999，999，999，999，如图 6-1 所示。

这样，测试的工作量可想而知。实际上，这是根本不可能做得到的。这时，我们就想，如何可以简化测试过程呢？一个简单的想法就可能出现，50 + 50、50 + 51、…、98 + 99 与 99 + 99 对这个程序测试没有什么区别，没有必要一个数据一个数据地进行测试，应该有更好的方法进行测试，例如能否找出某一个数据，对它的测试可以代表某一类数据（很多个数据）的测试？答案是肯定的，这就是等价类划分法。

图 6-1 计算器程序的示例

1. 等价类划分方法的定义

等价类划分方法是把所有可能的输入数据，即程序的输入数据集合划分成若干个子集（即等价类），然后从每一个等价类中选取少数具有代表性的数据作为测试用例，如图 6-2 所示。这是基于这样一个合理的假定：测试某等价类的代表值就是等效于对于这一类其他值的测试。即在等价类中，各个输入数据对于揭露程序中的错误是等效的，具有等价的特性，所以表征该类的数据输入将能代表整个数据子集——等价类的输入。等价类划分法将不能穷举的测试数据进行合理分类，变成有限的、较少的若干个数据来代表更为广泛的数据输入。

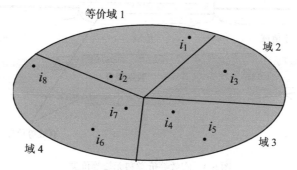

图 6-2　测试用例设计的等价类方法

等价类划分方法，也可以用下面简单的数学命题来描述等价类的概念。

记 (A, B) 是命题 $f(x)$ 的一个等价区间，在 (A, B) 中任意取 x_1 进行测试。

♦　如果 $f(x_1)$ 错误，那么 $f(x)$ 在整个 (A, B) 区间都将出错。

♦　如果 $f(x_1)$ 正确，那么 $f(x)$ 在整个 (A, B) 区间都将正确。

如果是离散数据或枚举类型数据，可以用集合表示，其基本道理是一样的。X_m 是集合 $X_s = \{x | x_0,\ x_1,\ x_2, \cdots, X_m, \cdots, X_n\}$ 中的一个值，则下面相关命题成立。

♦　如果 $f(X_m)$ 错误，那么 $f(x)$ 则取集合中任何一个其他元素也将出错。

♦　如果 $f(X_m)$ 正确，那么 $f(x)$ 则取集合中任何一个其他元素也将正确。

这样，采用等价类划分法，可以设计出非常有效的测试用例，来完成功能测试。例如，对于上述计算器程序的加法，可以考虑从负实数、负整数、零、正整数、正实数等数据区间中各抽取一个数，参加加法运算，这样测试的工作量会大大降低。

♦　同区间数据加法，如整数和整数相加、正实数和正实数相加、负实数和负实数相加、零和零相加等。

♦　交叉区间混合运算，如整数和实数相加、正数和负数相加、正数和零相加、负数和零相加等。

2. 有效等价类和无效等价类

在使用等价类划分方法设计测试用例时，不但要考虑有效等价类划分，同时需要考虑无效的等价类划分，如图 6-3 所示。

♦　**有效等价类**是指完全满足产品规格说明的输入数据，即有效的、有意义的输入数据所构成的集合。利用有效等价类可以检验程序是否满足规格说明所规定的功能和性能。

♦　**无效等价类**和有效等价类相反，即不满足程序输入要求或者无效的输入数据构成的集合。

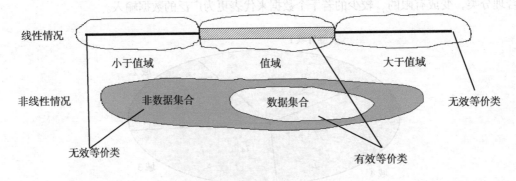

图 6-3　有效等价类和无效等价类

例如，在进行无记名投票时，假如有 6 个候选人，每个人只能从中选定不超过 3 个候选人。那么选票清点时，凡是选择 4、5、6 个候选人的票都要作废，也就是无效票。而一个不选，属弃权票，也没有用，属无效。而选了 1、2、3 个候选人的票属有效票，需要统计。无效票就可以算无效等价类，而有效票就算有效等价类。再比如学生考试成绩，若总分为 100 分，则有效等价类的数据在 0~100 范围之内，超过的数据则属于无效等价类，即不能出现 -1、-10、110、125 等分数。

对于上述 Windows 计算器程序，只能处理数字，包括正负数据，但字符串就属于无效数据。如果从别处拷贝一串字符到计算器输入框内，看是否会出错。幸好，Windows 计算器程序能自动地将它初始化为 0，而没引起其他问题。

使用无效等价类，可以测试程序的容错性——对异常情况的处理。在程序设计中，不但要保证有效的数据输入能产生正确的输出，同时系统有容错处理能力，在错误或无效数据输入的时候，能自我保护而不至于系统崩溃，并能给出错误提示。这样，软件运行稳定和可靠。

3. 划分等价类的规则

（1）输入数据是布尔值，这是一种特殊的情况，有效等价类只有一个值——真（True），无效等价类也只有一个值——假（False）。

（2）在输入条件规定了取值范围的前提下，则可以确定一个有效等价类和两个无效等价类。例如，程序输入数据要求是 2 位正整数 x，则有效等价类为 $10 \leqslant x \leqslant 99$，两个无效等价类为 $x < 10$ 和 $x > 99$。

（3）如果规定了输入数据的个数，则类似地可以划分出一个有效等价类和两个无效等价类。例如一个学生每学期只能选修 1~3 门课，则有效等价类是选修 1~3 门课，而无效等价类有"一门课都不选"或"选修超过 3 门"。

（4）在输入条件规定了输入值的集合或者规定了"必须如何"的条件下，可以确定一个有效等价类和多个无效等价类。例如，邮政编码则必须是由 6 位数字构成的、有效的值，其有效集合是清楚的，对应存在一个无效的集合，有多个无效等价类。

（5）规定了一组列表形式（n 个值）的输入数据，并且程序要对每一个输入值分别进行处理的情况下，可确定 n 个有效等价类和一个无效等价类。例如，我国的直辖市作为输入值，则等价类是一个固定的枚举类型{北京，上海，天津，重庆}，而且要针对各个城市分别取出相对应的数据，此时无效等价类为非直辖市的省、自治区等。

（6）更复杂的情况是，输入数据只是要求符合某几个规则，这时，可能存在多个有效等价类和若干个无效等价类。例如，邮件地址和用户名的输入。

● 用户名要求输入 26 个英语字母和 10 个阿拉伯数字构成的、长度不超过 20 位的字符。

● 有效的 E-mail 地址，必须含有 "@"，"@" 后面格式为 x.y，E-mail 地址不能带有一些
特殊符号，如"/ \ # ' &等。

4．等价类划分方法的使用步骤

将等价类划分法应用于测试用例的设计过程中，其关键就是分类和抽象。首先是分类，即将输
入域按照具有相同特性或者类似功能进行分类，然后进行抽象，即在各个子类中去抽象出相同特性
并用实例来表征这个特性。在具体实施时，在完成了等价类划分之后，就要设计足够的测试用例来
覆盖各个等价类，包括有效等价类和无效等价类。概括起来，等价类划分法应用步骤如下。

（1）数据分类，分出有效等价类和无效等价类。

（2）针对有效等价类，进一步进行分割，直至不能划分为止，形成等价类表，为每一等价
类规定一个唯一的编号。

（3）就每一个具体的等价类，设计一个测试用例，直到所有有效等价类均被测试用例所
覆盖。

（4）对无效等价类进行相同的处理。

5．实例 1

假如某个系统的注册用户名要求由字母开头，后跟字母或数字的任意组合构成，有效字符
数不超过 6 个。那么有效等价类比较容易确定，满足全部条件的字符串就是有效的。对有效等
价类进一步分析，可以再划分为两个子类。

◇ 用户名：{ 0<全字母字母<=6}，如 John，Jerry，Kenedy

◇ 用户名：{ 0<字母开头+数字<=6}，如 u0001，user01

只要不满足上述条件之中的任何一个条件，就可以视为无效等价类，如以数字开头，不管
字符串长度多少，都是无效等价类。即使是全字母构成的，如果长度超过 6，也是无效的。所
以无效等价类的子类比较多，至少可以进一步分为 4 类。

◇ 由数字开头构成的字符串集合，如 101，300234。

◇ 字母开头构成的字符串，并含有特殊字符（ _ ' @ $），如 user_1，user@$。

◇ 字母开头构成的字符串且长度超过 6 的集合，如 userabcd，user0001。

◇ 空字符串。

6．实例 2

电话号码在应用程序中也是经常能见到的，我国固定电话号码由两部分组成。

◇ 地区码：以 0 开头的 3 位或者 4 位数字。

◇ 电话号码：以非 0、非 1 开头的 7 位或者 8 位数字。

应用程序会接受一切符合上述规定的电话号码，而拒绝不符合规定的号码。在设计其测试
用例时，就可用等价类方法，如表 6-1 所示。

表 6-1　电话号码的等价类方法应用

输入数据	有效等价类	无效等价类
地区码	1．以 0 开头的 3 位区码 2．以 0 开头的 4 位区码	3．以 0 开头的小于 3 位的数字串 4．以 0 开头的大于 4 位的数字串 5．以非 0 开头的数字串 6．以 0 开头的含有非数字的字符串

续表

输入数据	有效等价类		无效等价类	
电话号码	7. 以非 0、非 1 开头的 7 位号码 8. 以非 0、非 1 开头的 8 位号码		9. 以 0 开头的数字串 10. 以 1 开头的数字串 11. 以非 0、非 1 开头的小于 7 位数字串 12. 以非 0、非 1 开头的大于 8 数字串 13. 以非 0、非 1 开头的含有非法字符 7 或者 8 位字符串	
测试用例	010　6123456 025　81234567 0551　7123456 0571　92345678	覆盖1、7 覆盖1、8 覆盖2、7 覆盖2、8	01 81234567 05511 6123456 10 81234567 025g 81234567 010　06123456 0551　1123456 0551　612345 0571　912345678 0571　912345ab	覆盖 3 覆盖 4 覆盖 5 覆盖 6 覆盖 9 覆盖 10 覆盖 11 覆盖 12 覆盖 13

6.2.2 边界值分析法

　　大量的实践证明，边界的地方是软件系统容易出错的地方。例如，C/C++程序中数组元素必须初始化，如果没有被初始化，第一个元素处理时就出错。数组元素下标是从 0 开始，所以一个长度为 n 的数组，其最后一个元素的下标是 $n-1$，而不是 n。数组边界都是程序员容易犯错的地方，而在数组的中间元素就不易出错。因此，在测试用例设计中，针对数据输入的边界条件而建立的测试用例设计方法，一定会有助于更快、更多地发现软件中的缺陷，从而提高测试效率和产品的质量。当然，也可以将边界值分析方法延伸到输出数据。

1. 如何确定边界值

　　边界值分析法就是针对输入数据的边界条件进行分析以确定边界值，然后设计出对应边界值的测试用例。数值边界条件一目了然，例如，对一个长度为 n 的数组 $Ar[]$，其边界点就是 $Ar[0]$ 和 $Ar[n-1]$，而对{1，100}的数据区间，边界点就是 1 和 100。更直观的描述可以参考图 6-4。

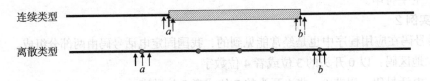

图 6-4　输入数据边界值的典型表现

　　除了数据边界，还有其他各种各样的边界条件。例如，上节例子中用户名的边界条件是长度为 1、长度为 6 的字符串，如 u、u12345。边界条件还可以体现在物理空间上，例如，对一个玻璃杯装水的模拟软件，空杯和装满水的两种状态就是边界条件。当往装满水的杯中再加水的话，水要开始外溢。再有一个例子，飞机模拟游戏，地平线就是边界条件，飞机不能穿越地平线，钻入地下去。所以，在软件中，边界条件无处不在，存在数值、字符、位置、尺寸、操作、逻辑条件等各种边界条件，包括最大值/最小值、首位/末尾、顶/底、最高/最低、最短/最长、空/满等。

　　在测试用例的设计中，不仅要取边界值作为测试数据，而且要选取刚刚大于和刚刚小于边界值的数据作为测试数据，如图 6-4 中 a、b 附近的点。例如，对{1, 100}的数据区间，不仅要测试边界值 1 和 100，而且要测试 0、2、99、101 等值，虽然 0、101 是无效的数据，系统能判断出无效数据，给与提示或其他的容错处理。表 6-2 给出了一些常见的边界值附近数据的确定方法。

表 6-2　边界值附近数据的几种确定方法

项	边界值附近数据	测试用例的设计思路
字符	起始-1 个字符/结束+1 个字符	假设一个文本输入区域要求允许输入 1～255 个字符，输入 1 个和 255 个字符作为有效等价类；不输入字符（0 个）和输入 256 个字符作为无效等价类
数值范围	开始位-1/结束位+1	如数据输入域为 1～999，其最小值为 1，而最大值为 999，则 0、1000 则刚好在边界值附近。从边界值方法来看，要测试 4 个数据：0、1、999、1000
空间	比零空间小一点/比满空间大一点	如测试数据的存储，使用比剩余磁盘空间大几 KB 的文件作为测试的边界条件附近值

2．边界值分析方法和对等价类划分法的关系

　　在进行等价类分析时，往往先要确定边界。如果不能确定边界，就很难定义等价类所在的区域。只有边界值确定下来，才能划分出有效等价类和无效等价类。边界确定清楚了，等价类就自然产生了。所以说，边界值分析方法是对等价类划分法的补充。在测试中，会将两种方法结合起来共同使用。

　　个人所得税处理的程序，就是边界值分析方法和对等价类划分法结合起来使用的典型例子，如表 6-3 所示。

表 6-3　依赖于边界值的等价类划分

个人月收入（x）	税率
$x < 0$	无效输入
$x <= 1600$	0%
$1600 < x <= 2100$	5%
$2100 < x <= 3600$	10%
$3600 < x <= 6600$	15%
$6600 < x <= 21600$	20%
$21600 < x <= 41600$	25%
…………	…………
> 101600	45%

3．一些特殊的例子

　　在字符编辑域、多选择项上都存在这样或那样的特殊边界值。一些特殊的输入也是边界值，容易被我们忽视。例如：

　　◇　输入域的默认值、空值或空格。
　　◇　报表的第一行、最后一行或第一列、最后一列。
　　◇　循环的开始（第一次）和最后一次。
　　◇　屏幕上光标移到最右边、最下面等。
　　◇　16-bit 整数的 32767、-32768。

　　如果对于多个选择项，如图 6-5 所示，也可以使用边界值分析来简化测试，所有项被选择、

只选一项就是两个边界条件，所以测试用例可以有 4 个。

- 选上所有选项（最大值为 10）。
- 选上 9 项（比最大值少一项）。
- 不选上任何一项（空，零）。
- 只选一项（最小值）。

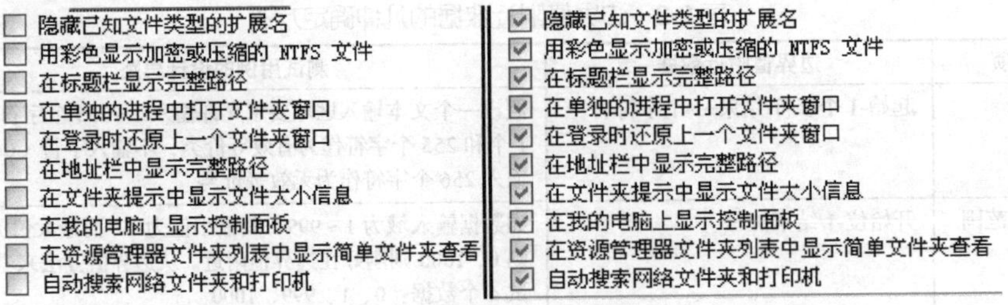

☐ 隐藏已知文件类型的扩展名	☑ 隐藏已知文件类型的扩展名
☐ 用彩色显示加密或压缩的 NTFS 文件	☑ 用彩色显示加密或压缩的 NTFS 文件
☐ 在标题栏显示完整路径	☑ 在标题栏显示完整路径
☐ 在单独的进程中打开文件夹窗口	☑ 在单独的进程中打开文件夹窗口
☐ 在登录时还原上一个文件夹窗口	☑ 在登录时还原上一个文件夹窗口
☐ 在地址栏中显示完整路径	☑ 在地址栏中显示完整路径
☐ 在文件夹提示中显示文件大小信息	☑ 在文件夹提示中显示文件大小信息
☐ 在我的电脑上显示控制面板	☑ 在我的电脑上显示控制面板
☐ 在资源管理器文件夹列表中显示简单文件夹查看	☑ 在资源管理器文件夹列表中显示简单文件夹查看
☐ 自动搜索网络文件夹和打印机	☑ 自动搜索网络文件夹和打印机

图 6-5　多选项的情况示意图

6.2.3　循环结构测试的综合方法

循环结构在软件程序中应用较多，但其测试用例的设计需要采用综合方法，不能单纯采用第 4 章的白盒方法，也不能采用黑盒方法，而是将这两种方法结合起来使用，即将条件覆盖方法、路径覆盖方法和黑盒测试方法中的等价类划分、边界值分析相结合起来，才能解决问题。

循环结构有单循环、嵌套循环、并列循环等多种形式，如图 6-6 所示。为了更清楚讨论问题，我们先从单循环结构开始，然后逐步深入。

1. 单循环结构

单循环结构，如果采取条件覆盖或路径覆盖方法，只要覆盖两种情况，假定 n 表示循环允许的最大次数，i 表示循环变量，则测试用例要覆盖：

- 满足循环条件（$i<=n$），在循环体内执行一遍；
- 不满足循环条件，执行循环体外语句。

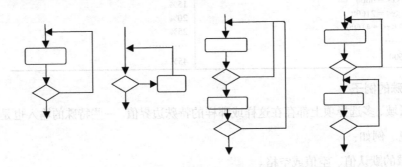

图 6-6　循环结构的各种形式

但这肯定远远不够，需要考虑循环次数的边界值和接近边界值的情况，即一般要执行 7 个测试用例，对应 $i=0$，1，2，m，$n-1$，n，$n+1$，因为边界值是 1 和 n。

（1）零次循环：从循环入口直接跳到循环出口。

（2）一次循环：查找循环初始值方面的错误。

（3）二次循环：查找循环初始值方面的错误。

（4）m 次循环，此时的 $m < n$ 且 $m > 1$，也是检查在多次循环时才能暴露的错误。

（5）比最大循环次数少一次。

（6）最大循环次数。

（7）比最大循环次数多一次。

如果想提高测试效率，可以省去（3）和（5），这两项取值不会引起不同的问题，可以看成是（4），这样，只要执行 5 个测试用例，即 $i = 0$，1，m，n，$n + 1$。

2. 嵌套循环

对于嵌套循环，不能将单循环的测试方法简单地扩展到嵌套循环，因为这样可能的测试数目将随嵌套层次的增加呈几何倍数增长。例如，两层嵌套循环，可能要运行 $7^2 = 49$ 个测试用例；如果 3 层嵌套循环，可能要运行 $7^3 = 343$ 个测试用例。

对于嵌套循环，下面方法更有效，有助于减少测试用例数目。

- 除最内层循环外，从最内层循环开始，置所有其他层的循环为最小值。
- 对最内层循环做简单循环的全部测试。测试时保持所有外层循环的循环变量取最小值，另外，对越界值和非法值做类似的测试。
- 逐步外推，对其外面一层循环进行测试。测试时保持所有外层循环的循环变量取最小值，所有其他嵌套内层循环的循环变量取"典型"值。
- 反复进行，直到所有各层循环测试完毕。

对全部各层循环，同时取最小循环次数或最大循环次数。对于后一种测试，由于测试量太大，需人为指定最大循环次数。最大循环次数也应该是测试的重点。

3. 并列循环

并列循环要区别两种情况。如果各个循环是互相独立的，则自然可以简化为两个单循环来分别处理。但如果几个循环不是互相独立的，例如前一个循环的循环变量值作为后一个循环的初值，则需要使用嵌套循环的测试用例设计方法来处理。

6.2.4　因果图法

在我们讨论等价分类法和边界值分析法时，可以看得出来，主要是针对单个输入或单个条件来设计测试用例。而在实际应用的测试之中，经常碰到多种条件及其组合的情况。例如，

- ◇　火车票价查询：终点、车次、硬座/硬卧/软卧、普通票/学生票等多个因素决定。
- ◇　包裹费用计算：普通/快递/EMS、重量、距离（本市/外市、国内/国外）等。
- ◇　对功率大于 50 马力的机器、维修记录不全或已运行 10 年以上的机器，应给予优先的维修处理。

这时就需要考虑输入条件之间的相互关系或组合。组合越多，关系越复杂，开发人员也就越容易犯错误，而引起更多的软件缺陷。所以，输入条件之间的相互关系或组合自然成为重要的测试点。

要检查输入条件的组合不是一件容易的事情，即使把所有输入条件划分成等价类，他们之间的组合情况也相当多。因此必须考虑采用一种适合于描述多种条件的组合，相应产生多个动作的形式来考虑设计测试用例。这就是我们要讨论的因果图方法（cause-effect graphing 或 cause-effect diagram）。通过因果图，可以建立输入条件和输出之间的逻辑模型，从而比较容易

确定输入条件组合和输出之间的逻辑关系，从而有利于设计完整、全面的测试用例。

1. 输入与输出关系

测试用例设计所采用的因果图和传统的因果图分析工具是不同的。传统的因果图就是著名的鱼骨图方法，用来分析复杂问题，对引起某种问题的因素不断进行细化，从而找出问题产生的根源，如图 6-7 所示。

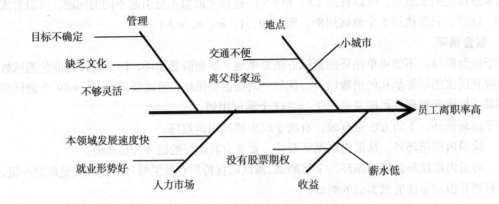

图 6-7　根本原因分析的因果图法示例

但在软件测试用例设计中所说的因果图表示方法是不同的，相差很大，需要通过简单符号（∨、∧、∽等）描述输入条件之间的逻辑关系（如或、与、非等关系），以直线联接左右结点，如图 6-8 所示。其中，左结点 C_i 表示原因（输入状态），右结点 E_i 表示结果（输出状态），它们取值 0 或 1（布尔值），0 表示条件不成立或某状态不出现，1 表示条件成立或某状态出现。

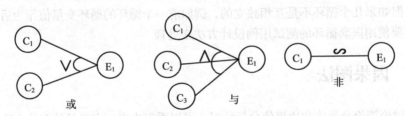

图 6-8　测试用例设计的因果图符号表示

2. 输入或输出的约束关系

在因果图分析中，不仅要考虑输入和输出之间的关系，而且要考虑输入因素之间的相互制约或输出结果之间的相互制约。例如，多个输入条件不可能同时出现，某些结果也不可能同时出现。输出结果的约束只有一种——M 约束（强制性），即结果 E_1 是 1，则结果 E_2 强制为 0。输入条件的约束，一般可以分为 4 类。

（1）E 约束（异）：多个条件中至少有一个条件不成立，即 C_i 不能同时为 1。

（2）I 约束（或）：多个条件中至少有一个条件成立，即 C_i 不能同时为 0。

（3）O 约束（唯一）：多个条件中必须有一个且仅有一个条件成立，即 C_i 中只有一个为 1。

（4）R 约束（要求）：一个条件对另一个条件有约束，如 C_1 是 1，C_2 也必须是 1。

3. 设计步骤

如何通过因果图法来生成测试用例呢?首先是分析软件输入和输出条件之间的关系,然后检查输入条件之间的约束关系、组合情况，画出因果图，最终根据因果图生成判定表，来获得对应的测试用例。所以因果图法需要经过下列 4 个步骤来完成，如图 6-9 所示。

（1）分析软件规格说明书中的输入输出条件并划分出等价类，将每个输入输出赋予一个标志符；分析规格说明中的语义，通过这些语义来找出多个输入因素之间的关系。

（2）找出输入因素与输出结果之间的关系，将对应的输入与输出之间的关系关联起来，并将其中不可能的组合情况标注成约束或者限制条件，形成因果图。

（3）由因果图转化成决策表，任何由输入与输出之间关系构成的路径形成决策表的一列，也被视为决策表的一条规则。

（4）将决策表的每一列拿出来作为依据，设计测试用例。一般来说，决策表的每一列对应一条测试用例。

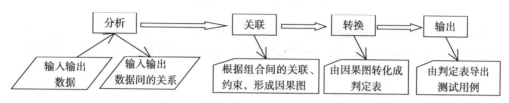

图 6-9　用因果图法设计测试用例的步骤

4．实例

针对自动售货机程序进行测试用例设计，是一个典型的因果图分析实例。自动售货机有两种饮料（橙汁、可乐）供人们选择，售价均为 5 角。售货机可以接收 5 角钱或 1 元钱的硬币，需要找零钱。例如，投入 1 元硬币买橙汁，如果售货机没有零钱找，则退回 1 元硬币，并红灯显示"零钱找完"。

根据上述描述，输入条件（原因）为：

（1）C_1：售货机有零钱；

（2）C_2：投入 1 元硬币；

（3）C_3：投入 5 角硬币；

（4）C_4：压下橙汁按钮；

（5）C_5：压下可乐按钮。

则输出（结果）有：

（1）E_1：售货机"零钱找完"红灯亮；

（2）E_2：退还 1 元硬币；

（3）E_3：退还 5 角硬币；

（4）E_4：送出橙汁饮料；

（5）E_5：送出可乐饮料。

根据分析，可以获得图 6-10 所示的因果图。

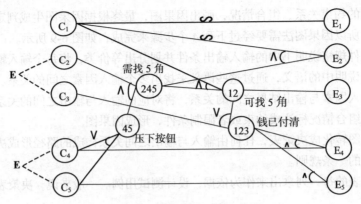

图 6-10　因果图分析的结果

根据因果图，就可以转化为判定表。这里根据条件 C_2 与 C_3、C_4 与 C_5 的 E 约束（互斥），可以减少组合，共有 16 个组合。按照规律性的组合，就可以获得判定表，如表 6-4 所示。这样每一列就代表一个测试用例。如第一列对应的测试用例：

◇　$C_1 = 0$：条件不成立，即售货机无零钱；
◇　$C_2 = 1$：条件成立，投入 1 元硬币；
◇　$C_3 = 0$：条件不成立，不投入 5 角硬币；
◇　$C_4 = 0$：条件不成立，没有压下橙汁按钮；
◇　$C_5 = 0$：条件不成立，没有压下可乐按钮。
结果是 E_1 和 E_2，即售货机"零钱找完"红灯亮，并退还 1 元硬币。

表 6-4　有效的条件组合构成的判定表

输入	C_1	0	0	0	0	0	0	0	1	1	1	1	1	1	1	1
	C_2	1	1	1	0	0	0	0	1	1	1	0	0	0	0	0
	C_3	0	0	0	1	1	1	0	0	0	0	1	1	1	0	0
	C_4	0	1	0	0	1	0	1	0	0	1	0	0	1	0	1
	C_5	0	0	1	0	0	1	0	1	0	0	1	0	0	1	0
结果	E_1	1	1	1	0	0	0	0	0	0	0	0	0	0	0	0
	E_2	1	1	1	0	0	0	0	0	0	0	0	0	0	0	0
	E_3	0	0	0	1	0	0	0	0	1	1	0	0	0	0	0
	E_4	0	0	0	0	1	0	0	0	0	1	0	0	1	0	0
	E_5	0	0	0	0	0	1	0	0	0	0	1	0	0	1	0

6.2.5　决策表方法

对于多因素，有时可以直接对输入条件进行组合设计，不需要进行因果分析，即直接采用决策表（也可以称判定表）方法。在上一节，我们也看到表 6-4 那样的决策表，它是由因果图分析得到的，从这里也可以看出因果图方法和决策表方法之间的关系，决策表可以由因果图导出，可以优化决策表。

一个决策表由"条件和活动"两部分组成，也就是列出了一个测试活动执行所需的条件组合。所有可能的条件组合定义了一系列的选择，而测试活动需要考虑每一个选择。例如，当我们遇到这样一个命题"对功率大于 100 马力的机器、维修记录不全或已运行 10 年以上的机器，应给予优先的维修处理"，这里实际隐含了 3 个条件——机器功率大小、维修记录和运行时间，所以机器能否得到优先维修，取决于这 3 个条件。决策表方法就是对多个条件的组合进行分析，从而设计测试用例来覆盖各种组合。决策表从输入条件的完全组合来满足测试的覆盖率要求，具有很严格的逻辑性，所以基于决策表的测试用例设计方法是最严格的，测试用例具有很高的完整性。

在了解如何制定决策表之前，先要了解 5 个概念——条件桩、动作桩、条件项、动作项和规则。

- ◇　条件桩，列出问题的所有条件，如上述 3 个条件——功率大小、维修记录和运行时间。
- ◇　动作桩：列出可能针对问题所采取的操作，如优先维修。
- ◇　条件项：针对所列条件的具体赋值，即每个条件可以取真值和假值。
- ◇　动作项：列出在条件项（各种取值）组合情况下应该采取的动作。
- ◇　规则：任何一个条件组合的特定取值及其相应要执行的操作。在决策表中贯穿条件项和动作项的一列就是一条规则。

1. 如何制定决策表

制定决策表一般经过下面 4 个步骤。

（1）列出所有的条件桩和动作桩。

（2）填入条件项。

（3）填入动作项，制定初始判定表。

（4）简化、合并相似规则或者相同动作。

仍以上述"设备维修"为例子来说明，如何制定决策表。首先列出所有的条件桩和动作桩，即条件桩为：

（1）机器功率是否大于 100 马力（1 马力 ≈ 735.5W）？

（2）维修记录是否完整？

（3）运行时间是否超过 6 年？

而动作桩有两种：优先维修和正常维修。然后输入条件项，即上述每个条件的值分别取"是（Y）"和"否（N）"。根据条件项的组合，容易确定其活动，如表 6-5 所示。然后分析，可以看出，功率大于 100 马力的机器不受后两个条件影响，4 个组合可以简化为一个组合；维修记录不全时，也不受运行时间影响，两个组合可以简化为一个组合。如果组合 5、组合 6、组合 7 的排列顺序改变，可以有另外一种组合，也就是运行时间超过 6 年时，也不受"维修记录是否全"条件的影响。所以简化后，8 种组合可简化为 4 种组合，如表 6-6 所示。这样就需要设计 4 个测试用例。

（1）功率大于 100 马力。

（2）功率小于 100 马力（如 99 马力），维修记录不全。

（3）功率小于 99 马力，维修记录全且运行时间超过 6 年。

（4）功率小于 99 马力，维修记录全且运行时间 3 年。

表 6-5　初始化的决策表

	序号	1	2	3	4	5	6	7	8
条件	功率大于 100 马力吗	Y	Y	Y	Y	N	N	N	N
	维修记录不全吗	Y	Y	N	N	Y	Y	N	N
	运行时间超过 6 年吗	Y	N	Y	N	Y	N	Y	N

续表

序号		1	2	3	4	5	6	7	8
动作	优先维修	√	√	√	√	√	√	√	
	正常维修								√

表6-6 简化后的决策表

序号		1	5	7	8
条件	功率大于100马力吗	Y	N	N	N
	维修记录不全吗		Y	N	N
	运行时间超过6年吗			Y	N
动作	优先维修	√	√	√	
	正常维修				√

2. 实例

根据输入3条边（a、b、c）边长的值来判断是否构成一个三角形，如果是三角形，继续判断是等腰三角形还是等边三角形等。为了使问题简单些，假定a、b、c只能输入大于零的数，不需要考虑a、b、c取零或负数的情况。

分析：根据3条边，判断是否能构成三角形，只要两条边之和大于第3边。然后在判断是否有两条边相等，是否所有两条边都相等，从而决定是等腰三角形还是等边三角形。所以共有6个条件——$a+b>c$、$a+c>b$、$b+c>a$、$a=b$、$b=c$、$a=c$；而动作（结果显示）有4个——非三角形、不等边三角形、等腰三角形、等边三角形。而且，根据一些规则和推理可以简化组合。

◇ 如果不能构成三角形，则不需要判断后3个条件。

◇ 如果构成三角形，即$a+b>c$、$a+c>b$和$b+c>a$都必须成立，没有例外。

◇ 如果$a=b$且$a=c$，则$b=c$肯定成立。

◇ 如果$a=b$，而$a=c$不成立，就不需要判断$b=c$，实际上$b=c$也肯定不能成立，只能为等腰三角形。

这样可以大大简化，将64种组合降低到8种组合，形成非常优化的决策表，如表6-7所示。然后，每一列构成一个规则，设计相应的测试用例覆盖各项规则，即覆盖表中各列。

表6-7 优化的决策表

序号		1	2	3	4	5	6	7	8
条件	$a+b>c$?	N	Y	Y	Y	Y	Y	Y	Y
	$a+c>b$?		N	Y	Y	Y	Y	Y	Y
	$b+c>a$?			N	Y	Y	Y	Y	Y
	$a=b$?				Y	Y	N	N	N
	$a=c$?				Y	N	Y	N	N
	$b=c$?							Y	N
动作	非三角形	√	√	√					
	不等边三角形								√
	等腰三角形				√	√	√		
	等边三角形				√				

6.2.6　功能图法

我们知道，每个程序的功能通常由静态说明和动态说明组成。静态说明描述了输入条件和输出条件之间的对应关系；而动态说明描述了输入数据的次序或者转移的次序。实际上，软件运行或操作的过程可以看作是其状态发生变化的过程，或者是状态迁移的过程，这种状态的迁移需要动态说明。对于比较复杂的程序，由于大量的组合情况的存在，状态变化的次序也是多样的或复杂的。如果仅仅使用静态说明来组织测试往往是不够的，必须还要动态说明来补充。功能图法就是为了解决动态说明问题的一种测试用例的设计方法。

功能图由状态迁移图（state transition diagram，STD）和逻辑功能模型（logic function model，LFM）构成。

● **状态迁移图**，描述系统状态变化的动态信息——动态说明，由状态和迁移来描述，状态指出数据输入的位置（或时间），而迁移则指明状态的改变。状态迁移图用于表示输入数据序列以及相应的输出数据，由输入和当前的状态决定输出数据和后续状态。若用节点代替状态，用弧线代替迁移，则状态迁移图就可转化成一个程序的控制流程图形式，如图 6-11 所示。

● **逻辑功能模型**，描述系统状态的静态信息——静态说明，由布尔函数组成，要依靠决策表或因果图表示的逻辑功能。逻辑功能模型用于表示状态输入条件和输出条件之间的对应关系。逻辑功能模型只适合于静态说明，输出数据仅仅由输入数据决定。表 6-8 就是通过决策表来描述系统登录功能的用户名、密码的输入组合和状态输出的对应关系。

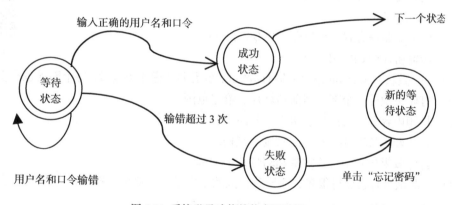

图 6-11　系统登录功能的状态迁移图

表 6-8　逻辑功能模型的决策表形式（1-成功，　0-失败）

输入	正确的用户名	错误的用户名	错误的用户名	正确的用户名
	错误的密码	正确的密码	错误的密码	正确的密码
输出	0	0	0	1
	错误提示	错误提示	错误提示	
状态	等待重新输入	等待重新输入	等待重新输入	进入新的状态

采用功能图法来设计测试用例，就是如何覆盖所有软件所表现出来的状态，即在满足输入/输出数据的一组条件下，软件运行一系列有次序的、受控制的状态变化过程。做到这一点，就可以转化为两个层次的测试用例设计。

（1）从功能逻辑模型（决策表或因果图）导出局部测试用例，即设计测试用例覆盖某个状态的各种输入数据的组合。

（2）从状态迁移图导出整体的测试用例，以覆盖系统（程序）控制的逻辑路径。

局部测试用例的设计已在上一节作了介绍，所以在功能图方法中，主要解决如何从状态迁移图导出整体的测试用例。但我们知道，状态迁移图可以被转化为逻辑路径的描述——类似于流程图的格式，所以功能图的测试覆盖就转化为程序的（控制）路径的测试覆盖，测试用例的设计就是要清楚如何覆盖从初始状态到最后状态的逻辑路径。这又可以转化为第4章所学的测试用例设计的白盒方法。

从上可知，功能图法是综合运用黑盒方法和白盒方法来设计测试用例，即整体的测试用例设计选用白盒方法——路径覆盖、分支和条件覆盖等，而局部的测试用例设计选用的是黑盒方法——决策表或因果图方法。

6.2.7　正交试验设计方法

两两组合测试工具

在许多应用系统的测试工作中，不会像判断三角形那样简单，输入条件的因素很多，而且每个因素也不能简单用"是"和"否"来回答。例如，对于Web应用的测试，要考虑浏览器、代理服务器、防火墙验证方式和传输协议，而且每个因素都有3个以上的取值。

正交实验表

- ✧　浏览器：IE 7.0，IE 8.0，FireFox 3.0，Safari 2.0，Chrome 1.0，Opera。
- ✧　代理服务器：ISA 2004，Blue Coast，Cisco PIX，Linux squid，Checkpoint。
- ✧　防火墙验证方式：无口令，口令，Script。
- ✧　传输协议：TCP，HTTP，SSL。

正交实验表

又比如，微软Powerpoint程序的打印测试，也需要考虑4个因素，每个因素也有多个选项。

- ✧　打印范围分：全部、当前幻灯片、给定范围。
- ✧　打印内容分：幻灯片、讲义、备注页、大纲视图。
- ✧　打印颜色/灰度分：彩色、灰度、黑白。
- ✧　打印效果分：幻灯片加框和幻灯片不加框。

这样，测试组合会变得很多，而导致很大的工作量。要解决这样的问题，就需要采用正交实验设计方法（orthogonal test design method，OTDM）。

正交实验设计方法是依据Galois理论，从大量的（实验）数据（测试例）中挑选适量的、有代表性的点（条件组合），从而合理地安排实验（测试）的一种科学实验设计方法。正交试验法就是从全面测试（完全组合）优化为有代表性的测试（正交组合），如图6-12所示，从组合数27降为组合数9，即由下列代表性的点组合构成。不难发现，任何一个面（不论是水平面、还是垂直面）都有3个点，也只有3个点，而且任何一条线上只有一个点。

- ✧　$A_1B_1C_1$、$A_1B_2C_2$、$A_1B_2C_3$
- ✧　$A_2B_1C_2$、$A_2B_3C_1$、$A_2B_2C_3$
- ✧　$A_3B_1C_3$、$A_3B_2C_1$、$A_3B_3C_2$

类似的方法有聚类分析方法、因子分析方法等，是使用已经优化的正交表格来安排试验并进行数据分析的一种方法，正交试验设计方法简单易行，应用性较好。

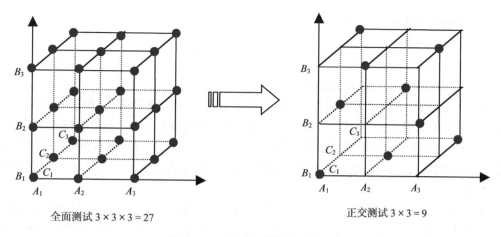

全面测试 $3 \times 3 \times 3 = 27$　　　　　　　正交测试 $3 \times 3 = 9$

图 6-12　正交试验法的图解说明

1. 确定影响功能的因子与状态

首先要根据被测试软件的规格说明书，确定影响某个相对独立的功能实现的操作对象和外部因素，并把这些影响测试结果的条件因素作为因子（Factors），而把各个因子的取值作为当作状态，状态数称为水平数（Levels）。即确定：

◇　有哪些因素（变量）？其因子数是多少？

◇　每个因素有哪些取值？其水平数是多少？

对因子与状态的选择可按其重要程度分别加权。可根据各个因子及状态的作用大小、出现频率的大小以及测试的需要，确定权值的大小。

2. 选择一个合适的正交表

根据因子数和最大水平数、最小水平数，选择一个测试（Run）次数最少的、最适合的正交表。正交表是正交试验设计的基本工具，它是通过运用数学理论在拉丁方和正交拉丁方的基础上构造而成的规格化表格，可以参考 http://www.math.hkbu.edu.hk/UniformDesign 或 http://www.research.att.com/~njas 。一般用 L 代表正交表，常用的有 L_8（2^7）、L_9（3^4）、L_{16}（4^5）等。例如，L_8（2^7）中的 7 为因子数（即正交表的列数）；2 为因子的水平数；8 为测试次数（即正交表的行数）。现在，还可以使用相应工具软件（如正交设计助手 II）来帮助决策和应用。

3. 利用正交表构造测试数据集

◇　把变量的值映射到表中，为剩下的水平数选取值。

◇　把每一行的各因素水平的组合作为一个测试用例。再增加一些没有生成的但可疑的测试用例。

在使用正交表来设计测试用例时，需要考虑不同的情况，例如因子数和水平数相符、水平数不相符等。

◇　如果因子数不同，可以采用包含的方法。在正交表公式中找到包含该情况的公式，如果有 *N* 个符合条件的公式，那么选取行数最少的公式。

◇　如果水平数不等，采用包含和组合的方法选取合适的正交表公式。

4. 实例 1

在企业信息系统中，员工信息查询功能是常见的。例如，设有 3 个独立的查询条件，以获得特定员工的个人信息。

◇ 员工号（ID）。

◇ 员工姓名（Name）。

◇ 员工邮件地址（Mail Address）。

即有 3 个因子，每个因素可以填，也可以不填（空），即水平数为 2。根据因子数是 3、水平数是 2 和行数取最小值，所以选择 $L_4(2^3)$。这样就可以构造正交表，如图 6-13 左边所示。根据左边的结果，很容易得到所需的测试用例，如图 6-13 右边所示，这样基本测试用例设计完成。如果考虑一些特殊情况，再增加一个测试用例，即 3 项内容都为空，直接点击"查询"功能，进行查询。

从中可以看出，如果按每个因素两个水平数来考虑的话，需要 8 个测试用例，而通过正交试验法来设计测试用例只有 5 个，有效地减少了测试用例数，而测试效果是非常接近的，即用最小的测试用例集合去获取最大的测试覆盖率。对于因子数、水平数较高的情况下，测试组合数会很多，正交试验法的优势更能体现出来，可以大大降低测试用例数，降低工作量。

	因子数					查询条件		
		1	2	3			员工号	姓名	邮件地址
水平数	1	**1**	**1**	**1**		1	填	填	填
	2	**1**	0	0		2	填	空	空
	3	0	**1**	0		3	空	填	空
	4	0	0	**1**		4	空	空	填

图 6-13 正交表构建并转化为测试用例

5. 实例 2

关于微软 Powerpoint 打印测试，我们知道有 4 个因子，水平数是不相等的，从 2 到 4，如表 6-9 所示。为了使问题简化，我们用 Ai、Bi、Ci 和 Di 来表示，如表 6-10 所示。由于水平数不等，采用包含和组合的方法选取合适的正交表公式，即满足下面 3 个条件。

（1）表中的因子数>=4。

（2）表中至少有 4 个因子的水平数>=2。

（3）行数取最少的一个。

最后选中正交表公式 $L_{16}(4^5)$，如表 6-11 所示，其中"-"代表可以选本因子的任何值，如缺省值。这样，将组合数从 72（ =3×4×3×2）降为 16，大大减少测试工作量。

表 6-9 打印测试的各个因子及其水平数

水平数 因子	A 范围	B 内容	C 颜色	D 效果
0	全部	幻灯片	彩色	幻灯片加框
1	当前幻灯片	讲义	灰度	幻灯片不加框
2	给定范围	备注页	黑白	
3		大纲视图		

表 6-10　打印测试因子/水平的抽象

水平数 ＼ 因子	A	B	C	D
0	A1	B1	C1	D1
1	A2	B2	C2	D2
2	A3	B3	C3	
3		B4		

表 6-11　适合打印测试的正交表

行数 ＼ 因子	A	B	C	D
1	A1	B1	C1	D1
2	A1	B2	C2	D2
3	A1	B3	C3	-
4	A1	B4	-	-
5	A2	B1	C2	D2
6	A2	B2	C1	-
7	A2	B3	-	D1
8	A2	B4	C3	D2
9	A3	B1	C3	-
10	A3	B2	-	-
11	A3	B3	C1	D2
12	A3	B4	C2	D1
13	-	B1	-	D2
14	-	B2	C3	D1
15	-	B3	C2	-
16	-	B4	C1	-

6.3　易用性测试

用户需要通过计算机操作界面来使用功能，这种操作界面常被称为人机交互界面，也就是软件用户界面（user interface，UI）。软件产品是否好用，UI 设计至关重要。一个产品的功能，不仅包括数据处理、逻辑路径转化等，而且包括 UI。所以，功能测试包括 UI 的测试，更准确地说功能测试应该包括可用性（Usability）测试。

简单地说，可用性就是用户界面操作的容易程度，是否容易发现、容易学习和容易使用。根据 ISO 9241-11:1998，可用性是指以有效性、效率和满意度为指标，产品在特定使用背景下为了特定的目的可为特定用户使用的程度。可用性包含下列含义。

◇　**满意**：对用户界面赏心悦目的程度。

◇　**可学习性**：用户第一次使用软件时完成基本任务的容易程度。

◇　**效率**：一旦用户学会了使用，完成任务的速度。

◇　**可记忆性**：当用户在一段时间没有使用产品，重新使用产品时，再次达到熟练程度的容易程度。

◇　**正确性**：用户会碰到多少错误？系统又如何从错误中恢复？

易用性测试

6.3.1　可用性的内部测试

为了满足软件可用性的要求，首先是测试人员、产品经理和产品设计人员等一道去评估（检测）软件产品可用性的各个方面，这可以看作是可用性的内部测试。可用性主要体现在是否符合标准和规范、直观性、一致性、灵活性、舒适性、正确性和实用性。正确性和一致性比较容易理解。正确性方面的问题比较明显，容易被发现，例如某个窗口没有被完整显示、文字拼写错误、密码输入时没有用"*"自动屏蔽等。一致性是指软件在界面风格、元素、术语上所保持一致的程度，如在不同的模块之间字体是否一致、色彩是否协调等。

1. 符合标准和规范

对于现有的软件运行平台（如 Windows、Mac OS 或 Linux），通常其 UI 标准已不知不觉被确立了，形成大家的共识。如软件安装界面应有什么样的外观，何时使用复选框，何时选用单选按钮，在什么场合使用恰当的对话框——提示信息、警告信息或者严重警告信息等。如图 6-14所示，3 种不同提示信息的图标就不一样，提示信息是白色，而警告信息是黄色，严重警告是红色，警醒效果不断升级。

图 6-14　Windows 3 种不同的提醒方式

由于多数用户已经熟悉并接受了这些标准和规范，或已经认同了这些信息所代表的意义。如果用"提示信息"代替"严重警告"，很难引起用户的重视，用户随手关闭这个窗口，可能造成严重的后果。所以，用户界面上各种信息应该符合规范和习惯，否则得不到用户的认可，而使产品不受欢迎。测试人员就与规范、习惯不一致的问题报告为缺陷。软件所运行的平台标准和规范，可视为和产品规格说明书同样重要，是测试执行的依据。

2. 直观性

用户界面的直观性，要求软件功能特性易懂、清晰，用户界面布局合理，对操作的响应在用户的预期中，如某个对话框在预期出现的地方出现。例如，日期采用日历显示形式、时间采用钟表形式等都很直观，如图 6-15 所示。Google 搜索引擎之所以受大家欢迎，不仅因为其搜索速度快，结果准确，而且因为其界面非常洁净，没有多余功能，而非常明显突出搜索功能，是一个典型的例子。

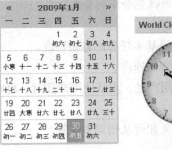 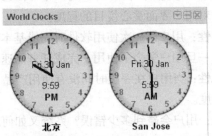

图 6-15　日期和时间显示的直观性

3. 灵活性

软件可以有不同的选项，满足不同用户的需求、喜好，由不同的方式来完成相同的功能，会深受用户的欢迎，如 MP3 播放器软件可以设置面板颜色、形状，来迎合年轻人的特征。但灵活性也可能发展为复杂性，太多的状态和方式的选择不仅增加用户理解和掌握的困难程度，而且多种状态之间的转换、操作路径的复杂，增加了编程的难度，可能会降低软件的可靠性。例如，iPhone 手机的计算器程序提供了灵活的处理方式，当 iPhone 竖起来时显示简单的标准型，字体和按键比较大，使用方便，而当 iPhone 横起来时，自动变为显示科学型，满足用户的高端需求，充分体现了灵活性，如图 6-16 所示。

图 6-16　iPhone 计算器程序的灵活性

4. 舒适性

舒适性主要强调界面友好、美观，如操作过程顺畅，色彩运用恰当，按钮的立体感以及增加动感等。如操作系统 Windows Vista 在窗口打开、关闭过程中动感很好，许多对象的立体感和色彩表现丰富，在使用 Windows 进行文件拷贝操作、使用 WinZip 压缩文件时，不仅显示状态信息使用户清楚目前的工作状态，而且有形象生动的表现，用户多等些时间，心情也不会烦躁。还有很多的例子，例如，在微软 OutLook 操作中，可以直接拖曳已安排的事件，来修改时间起始位置和长短，感觉非常舒服。在 iGoogle 上可以直接拖曳 widget 来调整它们的位置。感觉最舒服的还是 iPhone 上的应用，包括音乐播放、闹铃设置、照片浏览，如图 6-17 所示的音乐播放的界面。例如，照片浏览只要用手指轻轻触摸就可以了，左、右移动可以浏览上一张、下一张照片，用手指轻轻双击，照片就放大 3 倍；再轻轻双击，又回到原来大小。

图 6-17　iPhone 音乐播放的界面

5. 实用性

实用性不是指软件整体价值是否实用，而是指软件中具体特性是否实用。在需求评审、设计评审和功能测试等各个阶段中，我们都应考量每一个具体特性对软件是否具有实际价值，是否有助于用户的实际业务需求实现。如果认为没有必要，就要研究其存在于软件中的原因。无用的功能只会增加程序的复杂度，甚至会产生更多的软件缺陷。

大型软件的开发周期很长，经过多次反复的修改、调整，容易产生一些没有实用价值的功能。由于增加某项新的功能，可能导致原先设计的某些功能已没有多大价值。

最后，可以为易用性测试建立一个检查表，发给每个参与测试的人员。通过检查表，不仅可以确保易用性测试的全面性，还可以获得产品 UI 设计的总体状况，为下一个产品的 UI 提供很好的参考价值。表 6-12 给出一个示例。

表 6-12　UI 测试检查表

检查项	测试人员的结论及其评价
窗口切换、移动、改变大小时正常吗？	
各种界面元素的文字正确吗？（如标题、提示等）	
各种界面元素的状态正确吗？（如有效、无效、选中等状态）	
各种界面元素支持键盘操作吗？	
各种界面元素支持鼠标操作吗？	
对话框中的缺省焦点正确吗？	
数据项能正确回显吗？	
对于常用的功能，用户能否不必阅读手册就能使用？	
执行有风险的操作时，有"确认""放弃"等提示吗？	
操作顺序合理吗？	
有联机帮助吗？	
各种界面元素的布局合理吗？美观吗？	
各种界面元素的颜色协调吗？	
各种界面元素的形状美观吗？	
字体美观吗？	
图标直观吗？	
……	

6.3.2　易用性的外部测试

软件易用性测试，需要更多的经验和直觉，需要真正把握实际的用户体验。要做到这一点，仅仅靠软件组织的测试人员和产品设计人员的内部测试是不够的，还需要真正的用户参与，即（临时）聘请社会上不同职业的人员来参与用户体验的测试，这可以说是可用性的外部测试。

在外部测试过程中，需要观察他们的表情、行为，例如，喜悦的表情可能预示用户喜欢那个功能、皱着眉头或动作迟钝可能预示用户对这个功能感到迷惑，即这个功能可能设计过于复杂，不够清晰，难以使用。也可以直接倾听它们的意见，获得第一手的反馈信息。对于这种外部测试，一般都会设计特别的测试实验室。例如，微软公司就建立了很多个专门为易用性测试的实验室，如图 6-18 所示。用户代表在装有摄像头的测试区操作软件，在观察区有产品经理、产品设计人员、测试人员等观察人员，他们可以看到用户代表，用户代表看不到观察人员。用户代表操作软件的过程在观察人员的屏幕上是同步的，即观察人员能看到用户代表所看到的同样的 UI 界面。观察人员通过观察用户代表在操作软件时的表情是否开心、动作是否迟缓等来判断对应功能的易用性。

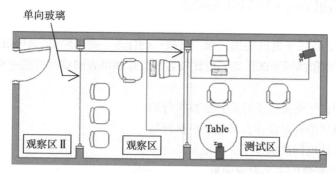

图 6-18　易用性测试实验室的示意图

　　根据 Jakob Nielsen 的研究成果（http://www.useit.com/），假设一个易用性测试的测试人员数量为 n，L 是单个测试人员的问题发现率。则发现率为 $1-(1-L)^n \times 100\%$，n 越大，发现率越高。根据统计数据，大多数项目的单个人平均的问题发现率为 31%。当 $L=31\%$ 时，可以得到图 6-19 所示的结果。

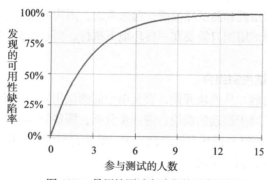

图 6-19　易用性测试实验室的示意图

　　从图 6-19 中可以看到，一个用户几乎可以发现 1/3 的可用性问题，当第 2 个用户进行测试时，有一部分问题是和第一个用户重合的，但他们之间的行为或发现还是有较大的差异的，两个用户可以发现将近 50% 的问题。第 3 个用户做了很多前两者重复的事情，发现新问题的数量也在减少，3 个用户可以发现 60% 以上的问题。5 个用户可以发现将近 80% 的问题，但 5～7 个用户是一个拐点，到了 7 个用户以后，再增加测试人员，效果已不明显，可能是在浪费时间。所以，一次安排 5 个用户进行易用性测试是合适的，既有效率又能保证较高的质量。当软件有差异很大的用户群时，针对每个用户群，可以安排 5 个用户进行易用性测试，或更少的用户。

6.4　功能测试执行

　　功能测试是最基本的测试，虽然在技术上不是很难，但要圆满地完成功能测试也不容易，依然极具挑战。功能测试，不仅要检验正常操作功能的行为状态，还要探索各种潜在的用户使用场景，检验可能存在的非法操作功能的结果；不仅要完成新功能的测试，还要完成已有功能的回归测试。

6.4.1 功能测试套件的创建

测试的执行，依赖于测试用例，而测试执行的任务，则由测试套件来体现出来。借助测试套件更有效地管理和执行测试任务，也比较容易跟踪和审查测试执行的过程，例如可以掌握下列信息。

✧ 哪些测试用例是出于什么目的被执行的？
✧ 哪些测试用例是在什么环境下被执行的？
✧ 哪些测试用例被执行了 3 次以上？

1. 创建测试套件的主要考虑因素

● 测试套件的目的清楚，结构合理，规模适中。
● 测试套件的复用性。
● 所选择的测试用例应覆盖所要测试的功能点，这些功能点包括新增功能、增强功能和受代码改动影响的原有功能。
● 包含所有必要的测试环境。
● 将所选择的测试用例和测试环境统一起来考虑，因为环境对不同的测试用例影响是不一样的，有些测试用例只需要在一种环境下执行，而有些测试用例需要在多种环境下执行。

2. 依据功能点的测试用例组合

功能点的考虑比较自然，从模块开始，直至单个的测试用例。对于模块，确定哪些功能模块在这个版本中被改动；对于改动的模块，进一步分析，哪些测试用例是新加的，哪些测试用例做了修改。然后，再分析哪些模块可能受到影响，虽然它们没有直接被修改。基于这些分析，可以按下列一些原则来组合测试用例。

● 所有新增加的、最近修改的测试用例会被优先选择。
● 对于改动大的模块，其所有的测试用例会被优先选择。
● 改动小的模块、受影响大的模块，大部分的测试用例会被选择。
● 受影响较小的模块，基本的测试用例（数量比较少）会被选择。
● 不受影响的模块，其测试用例一般不需要选用。
● 最后一轮测试，根据资源和时间来决定，一般选用较多的测试用例完成全面质量评估的测试。

历史的数据也能有效地帮助测试用例的选择和组合。例如，发现缺陷的测试用例比从来没有发现缺陷的测试用例更有价值，应被优先选择到测试套件中。当然，像这种选择方法，要借助缺陷和测试用例的管理系统来帮助实现，记录相关数据，并建立起缺陷和测试用例的关联关系。然后设定过滤条件，自动生成相关的测试套件。

3. 测试用例的环境组合

测试用例必然要运行在一定的环境上，对于客户端软件（如 Google Talk），着重考虑操作系统、网络协议、通信端口和防火墙的影响；而对于 Web 应用（如雅虎日历），则主要考虑浏览器、SSL 协议、ActiveX 或插件等的影响，可以忽略操作系统对 Web 应用程序的影响。在建立测试套件时，充分考虑它们各自的特点，尽量选择有效的环境组合。

不同的功能模块，受环境的影响也是不一样的。就是在同一个模块，不同的测试用例受环境的影响程度可能差异很大。所以，如果分析得越透彻，测试环境的影响越清楚，最终高效率的测试套件得以被创建。概括起来，理想的测试用例的环境组合，可以从 3 个层次去考虑。

（1）系统层次，在测试计划上整体考虑。

（2）功能模块或组件层次，测试组长针对测试用例模块去考虑。

（3）特定的功能特性（测试用例）层次，每个测试人员针对每个测试用例去考虑。

6.4.2　回归测试

在软件生命周期中，需要修正已发现的缺陷，或者是增强原有的功能，增加新的功能，这些活动都可能会触及到其他地方的代码，影响原有功能，从而导致软件未被修改的部分产生新的问题。因此，每当软件发生变化时，就必须重新测试原来已经通过测试的区域，验证修改的正确性及其影响，即实施回归测试。对于具备一定规模的软件产品，测试用例的数量是挺大的，而由于项目时间有限和成本约束，每次回归测试都重新运行所有的测试用例是不切实际的，而且从执行效率看，也是不必要的。所以，需要从测试用例库中选择有效的测试用例，构造一个优化的测试用例套件来完成回归测试。

回归测试的价值在于能够检测到回归缺陷的、受控的测试。当测试组不得不构造缩减的回归测试用例套件时，有可能忽略了少数将揭示回归缺陷的测试用例，而错失了发现回归缺陷的机会。然而，如果采用了代码相依性分析等安全的缩减技术，就可以决定哪些测试用例可以被删除而不会影响回归测试的结果。

1. 方法

选择回归测试方法应该兼顾效率和有效性两个方面，下面有几种方法，在效率和有效性的侧重点是不同的，根据项目运行的实际情况，做出选择。

（1）**测试全部用例**。选择测试用例库中的全部测试用例构成回归测试套件。这是最安全的方法，遗漏回归缺陷的风险也最低，但测试成本最高。这种方法几乎可以应用到任何情况下，基本上不需要进行用例分析和设计，缺乏策略，而且受预算和进度的限制比较大，不建议使用。

（2）**基于风险选择测试**。基于一定的风险标准来从测试用例库中构造缩减的回归测试用例套件。首先执行关键的、风险系数大的和可疑的测试，而跳过那些次要的、例外的测试用例或那些功能相对稳定的模块。执行那些次要用例时即便发现缺陷，这些缺陷的严重性也较低。

（3）**基于操作剖面选择测试**。如果测试用例是基于软件操作剖面开发的，测试用例的分布情况反映了系统的实际使用情况。这种方法会优先选择那些最重要或最频繁使用功能所关联的测试用例（如 80-20 原则中 20% 的重要功能），有助于尽早发现那些对质量有显著影响的故障，而放弃次要功能关联的测试用例。

（4）**测试修改的部分**。当测试者对修改的局部有足够的信心时，可以通过相依性分析识别软件的修改情况并分析修改的影响，将回归测试局限于被改变的模块和它的接口上。通常，一个回归错误一定涉及被修改的或新加的代码。在允许的条件下，回归测试尽可能覆盖受到影响的部分。这种方法可以在一个给定的预算下最有效地提高系统可靠性，但需要良好的经验和深入的代码分析。

综合运用多种测试技术是常见的，在回归测试中也不例外，测试者也可能希望采用多于一种回归测试策略来增强对测试结果的信心。不同的测试者可能会依据自己的经验和判断选择不同的回归测试技术和方法。

2．回归测试的组织和实施

随着软件缺陷的不断修正，软件修改的范围会越来越小，所以从回归测试的效率看，所选择的测试用例越来越少。再者，通过逐步递减测试用例的过程也是细化的、深入的过程，并不断补充一些新的测试用例，这些测试用例可能是先前遗失的、未曾设计的。回归测试可以按照下列步骤实施。

（1）通过代码相依分析，识别出软件中被修改的部分和影响的范围。

（2）从原有测试用例基线库中，排除不再适用的测试用例，确定那些对新的软件版本依然有效的测试用例，从而建立起新的测试用例基线库 T0。

（3）基于操作剖面和风险选择相结合的策略，从新的测试用例基线库中选择测试用例构造有效的套件，测试被修改的软件。

（4）如果回归测试套件不能达到所需的覆盖要求，必须补充新的测试用例使覆盖率达到规定的要求，生成新的测试用例集 T1，用于测试 T0 无法充分测试的软件部分。

（5）用 T1 执行修改后的软件。

第（2）和第（3）步测试验证修改是否破坏了现有的功能，第（4）和第（5）步测试验证修改工作本身。

6.5 功能测试工具

4.1.2 节给出的实例就是采用了 GUI 功能测试工具 Selenium，它是开源测试工具的代表之一，适合 Web 应用系统的功能测试。功能测试工具应用比较多，毕竟软件首先要在功能上满足用户的需求，而且功能测试的工作量比较大，测试人员希望功能测试工具可以对测试工作有很大帮助，减少手工测试的工作量，特别是避免回归测试过程中大量的重复劳动。

6.5.1 如何使用功能测试工具

功能测试工具实现的原理在 4.2 节讨论比较多，包括 GUI 对象或 DOM 对象的识别、自动比较技术和脚本技术等。基于这些技术，功能测试工具可以将手工操作应用程序的各种动作和输入记录下来，包括键盘操作、鼠标点击等捕捉下来，生成相应的脚本文件，也可以直接创建脚本来驱动和控制应用程序。脚本需要配合应用系统，经过多次调试和修改，才确保脚本的执行达到预期效果。一旦完成测试脚本，就可以重复运行。

为了更有效地编写脚本，提高脚本的可维护性，不仅需要良好的集成开发环境（IDE）的支持，与软件构建工具（如 Ant、maven 等）无缝集成，而且测试脚本要支持数据驱动、关键字驱动、对象映射等特性。为了更全面地说明功能测试工具的特性，这里以 HP QuickTest Professional（QTP）为例，介绍其主要特性，见下面的示例。从这些特性可以进一步了解功能测试工具的特点和作用。当然，要想真正了解测试工具，关键是实践。

一般来说，使用 GUI（graphical user interface，图形用户界面）功能测试工具的测试过程包含下列 5 个步骤。

（1）录制测试脚本。利用测试工具的录制功能，将测试人员的操作记录下来，并转化成相应的测试工具。

（2）编辑测试脚本。直接录制下来的测试脚本一般不能直接使用，需要修改，如插入验证点（verification point，VP）、调整测试的节奏、添加注释等。

（3）调试测试脚本。经过调试，确保测试脚本的正确性，其执行效果满足测试用例所描述的要求。

（4）执行。执行测试脚本，就是完成事先计划的测试任务。

（5）分析测试结果。

示例：功能测试工具 QTP 9.5 的主要特性

❖ 支持的脚本语言是 VBScript，并能引用外部的 VBS 代码库。

❖ 支持录制和回放的功能。支持对象标识和坐标标识两种方式。

❖ 脚本编辑器支持两种视图——关键字（keyword）模式和专家（expert）模式。关键字模式提供一个描述近似于原始测试用例的、与代码无关的视图，而 Expert 就是代码视图。

❖ 借助关键词视图，容易插入、修改、数据驱动（data-drive）和移除测试步骤，而且通过每一步骤的活动屏幕显示被测应用的确切状态。

❖ 支持描述性编程（description programming），用简单的英语以文档形式记录每个步骤，并通过活动屏幕将文档与一个集成截屏相结合。

❖ 提供对象识别工具（object spy），用来查看实时对象或测试对象的属性和方法。

❖ 支持多种方法来识别对象，如标准的属性（mandatory）、辅助的属性（assistive）、智能的属性（smart identification）和顺序标识（ordinal identifier）等。

❖ 支持对象库（object repository，OR），应用程序中所有对象可以统一被管理起来，测试脚本执行时，可以查找和使用对象库中的相应对象。而且当系统对象发生变化时，只要在对象库中做一次更新，而脚本无需做任何改动。

❖ 提供 Excel 形式的数据表格 DataTable，用于存放测试数据或参数，并支持 global 和 local 两种类型。使用 DataTable 构建数据集，无需编程就可以执行多种重复测试，扩展测试的覆盖面

❖ 通过动作（Action）来组织测试用例，可以看作是脚本的关键字模式的具体表现。动作可以拥有自己的测试数据表（DataTable）和对象库，并支持输入/输出（input/ output）参数。测试用例可以由若干个动作来构成，并能通过关键字视图查看和删除。

❖ 动作的调用支持 3 种方式：插入一个新动作（call to new Action）、拷贝一个已有的动作（call to copy of action）和直接调用已存在的动作（call to existing action）。

❖ 设置环境变量（environment variables），从而使一个测试任务中所有动作共享。环境变量分为内建的（build in）和自定义的（user defined）两种类

型。自定义的环境变量可以指向一个 XML 文件。

 ✧ 可以自动引入检查点来验证应用的属性和功能点，如确认输出量或检查链接的有效性。允许使用几种不同类型的检查点，包括文本、GUI、位图和数据库。

 ✧ 错误现场恢复（recovery scenario），可在前一个用例执行出错后，将被测系统恢复到初始状态，从而继续执行下面的测试用例。

 ✧ 测试结果有多种状态，如通过（passed）、失败（failed）、完成（done）、警告（warning）和信息（information）等，并能进行过滤。

 ✧ TestFusion 报告列出在测试中发现的差错和出错的位置，可快速隔离和诊断缺陷。

 ✧ 对外提供了大量的 API 和对象，从而可以编写脚本以实现测试的操作、配置、运行和管理完全自动化。

 ✧ 提供了很多插件，如.NET、Java、SAP、终端模拟器（terminal emulator）等，以支持不同类型应用的测试。

 ✧ 逐渐取代 WinRunner，WinRunner 是早期的功能测试工具，不再升级。

6.5.2 开源工具

Web 测试工具 Selenium

在选择测试工具时，首先可考虑开源工具，毕竟开源工具投入成本低，而且有了源代码，能结合自己特定的需求进行修改、扩展，具有良好的定制性和适应性。如果开源工具不能满足要求，再考虑选用商业工具。

针对功能测试，开源的测试工具比较多，可以参考一些网站，如 www.open-open.com 和 www.opensourcetesting.org。

开源测试工具

 ✧ Selenium（http://seleniumhq.org/）适合 Web 应用的、关键字驱动的功能测试工具。它包括 4 个组件——IDE、Core、Remote Control 和 Grid，不仅可直接运行在浏览器之上，所见即所得，而且支持分布式测试环境、多种操作系统和浏览器，支持不同的脚本开发模式，脚本语言涵盖 HTML、Java、.NET、Perl、Python 和 Ruby 等，表 6-13 展示了直观的 HTML 格式的脚本。

Windows 测试工具 AutoIT

表 6-13　Selenium 自动化脚本（HTML 格式）

命令（Command）	对象（Target）	值（Value）	注释
open	/config/login_verify2?.src=yc&.intl=cn&.partner=&.done=http%3a//cn.calendar.yahoo.com/?		访问雅虎日历站点：http://cn.calendar.yahoo.com/
Type	username	test1	输入用户名 "test1"
Type	passwd	1234567	输入密码 "1234567"
clickAndWait	//input[@value='登录']		单击 "登录" 按钮
verifyTextPresent	"登出，我的帐户"		验证用户登录成功

 ✧ AutoIT（http://www.autoitscript.com/）适合 Windows 客户端的功能测试工具，采用类 BASIC 的脚本语言，能模拟按键组合、鼠标动作，操纵 Windows 窗口和进程，与

所有标准 Windows 控件交互。从而实现 Windows 的测试自动化。脚本可编译成独立运行的可执行文件，支持 COM、正则表达式以及直接调用外部 DLL 和 Windows API 的函数。

◇ AutoHotKey（http://ahkbbs.cn/Help/）是 Windows 平台下开放源代码的热键脚本语言，包括可以记录键盘和鼠标的任何操作，创建自定义的数据输入表格、用户界面和菜单栏，并能将任何的脚本转换为 EXE 文件等。

◇ MaxQ——Web 功能测试工具。包括记录测试脚本的 HTTP 代理和用于回放测试的命令行实用程序。http://maxq.tigris.org/。

◇ Twist （http://studios.thoughtworks.com/twist）是新一代协作功能测试平台，为测试的评审、执行和维护提供了丰富的环境支持，可以为开发团队的各个角色服务。

◇ Canoo WebTest（http://webtest.canoo.com/）的测试脚本是基于 XML 格式的，易用，具有更好的扩展性。

◇ Slimdog 是基于脚本的 Web 应用程序测试工具，是在 httpUnit 基础上进行扩展而形成的。但用户无需写复杂的 JUnit test cases 或 XML 文件来进行测试，用户只需写语法简单的测试脚本（每一行就是包含一条命令的一个测试节点）。

◇ Abbot——Java 客户端功能测试工具，可基于 XML/Java 实施用户界面测试的脚本。详细参考：http://abbot.sourceforge.net/doc/overview.shtml。

◇ Squish（http://squish.froglogic.com）是跨平台（Windows/Linux/Mac）的、专业性的功能测试工具，具有很强的自动建立和执行 GUI 测试的功能。支持 Java SWT/RCP 和 AWT/Swing （富客户端）应用、Web 2.0/Ajax 应用、Mac OS X Carbon/Cocoa 应用和其他类型的应用。

◇ STAF（Software Testing Automation Framework）是一个由 Python 和 XML 构建的、支持多平台和多语言的功能测试框架，包含了许多可重用组件，如图形化监控、执行引擎、过程调用和资源管理等。

◇ WatiR（Web Application Testing in Ruby）是使用 Ruby 实现的开源 Web 自动化测试框架、小巧灵活，提供了对多种常见 Web 对象的识别和操作的支持，例如 Hyperlinks 的点击、Checkboxes 的选中和清除、Radio Buttons 的选中和清除、下拉框和列表框的选择、文本框的输入、各种按钮的单击以及 Frame 的访问、弹出窗口的控制等。

◇ WatiN（Web Application Testing in .NET）是一个源自 Watir 的工具，是使用 C# 实现的、用于测试.Net 的 Web 应用。

◇ Fit 作为一个基于 wiki 思想的 Web 测试框架，所以 FitNesse 的网站才这样对 Fit 进行概括性描述——FitNesse is an HTML and wiki "front-end" to Fit。Fit 借助 WatiN 之类的 HTTP 测试工具，完成验收测试。

◇ 其他开源功能测试工具，如 Sahi、WebInject、Tagit、Solex、Imprimatur、Link Sleuth 等，参考：http://www.opensourcetesting.org/functional.php。

6.5.3　商业工具

相对开源工具，商业性工具在功能、易用性、稳定和技术支持等方面具有一定的优势，如前面提到的 QTP 就是一个代表。如果有足够的预算，商业性工具还是较好的选择。在众多的测试工具厂商中，有几个著名的公司不得不提，它们就是 IBM、HP、Parasoft、Compuware、Segue Software 和 Radview，都能提供一个较完整的测试自动化解决方案。这里就不一一作详细介绍，读者可以通过访问它们各自的网站，获得全面的信息，这里通过表 6-14 的两个工具——HP QPT 和 IBM RFT 的比较，进一步了解功能测试工具的特性和能力，从而掌握如何选择正确的功能测试工具。

（1）**IBM Rational Robot** 属于比较经典的、通用的测试工具，不仅用于功能测试，还可用于负载测试和性能测试，虽然支持 Web 和 Java 应用，但更适合 Windows 客户端软件的测试，其中的一个显著特点是支持分布式（协同系统）应用。使用 SQABasic 作为脚本语言。

（2）**IBM Rational Functional Tester** 是 Robot 的 Java 实现版本，被移植到了 Eclipse 平台，完全支持 Java 和.NET 的应用程序的测试，脚本语言支持 VB.net 和 Java。

（3）**Compuware Test Partner** 是为测试基于 Windows、Java 和 Web 技术的复杂应用而设计，可以使用可视的脚本编制和自动向导来生成可重复的测试，用户可以调用 VBA 的所有功能，并进行任何水平层次和细节的测试。其脚本开发采用通用的、分层的方式来进行，而每一个测试可以被展示为树状结构，以清楚地显现测试通过应用的路径。

（4）**Segue SilkTest** 是面向 Web 应用、Java 应用和传统的 C/S 应用，进行自动化的功能测试和回归测试的工具。它提供了用于测试的创建和定制的工作流设置、测试计划和管理、直接的数据库访问及校验等功能，使用户能够高效率地进行软件自动化测试。在测试脚本的生成过程中，SilkTest 通过动态录制技术，录制用户的操作过程，快速生成测试脚本。

（5）**AdventNet QEngine** 是一个独立于平台的、通用的测试工具，可用于 Web 功能和性能测试、Java 应用功能测试和性能测试、SOAP 测试等。

（6）**Oracle Empirix e-Test Suite** 是一套简单易用的网站测试工具，包括了 3 个主要工具 e-TESTER、e-LOAD 和 e-MONITOR，分别实施功能测试、负载测试和性能监控。每个工具可以独立使用，也可以协同使用，适用于.NET、Java 等各种企业级 Web 应用程序的功能、性能和可靠性的测试。其中，Web 应用程序性能监控工具 onesight 能够针对 Web 系统内部及外部元素进行监控，收集网络信息情况和错误信息，并生成可用情况地图以显示一个网络及其服务哪些是正常的，从而探测性能降低的原因。而网络分析工具 hammer call analyzer 能够使用户看得见在 voip 网络中信号和语音的品质问题，为任何呼叫显示波形和流的品质签名，可以发现通信交换设备间出现的问题。

（7）**功能强大的 Web 应用测试工具 Parasoft WebKing**，支持 Windows 2000/XP/Server 2003、Linux 和 Solaris 等多种平台，涵盖功能和回归测试套件的创建、执行和管理等，并能很好地支持 AJAX 开发模式，完成对 AJAX 应用的测试。检查中断的链和孤立的文件，强化 HTML、CSS 和 JavaScript 编程标准，记录有关网站使用的各类文件的统计信息。帮助建立自动监视动态页面内容的规则，测试一个动态网站中所有可能的路径，防止和检测动态网站中的错误。

（8）**Web 站点质量分析工具**，如 Compuware 公司的 WebCheck，能自动扫描 Web 站点，进行链接检查、质量分析等，可以发现多达 50 类的各种 Web 问题。

（9）**支持 SOA 的测试工具 Parasoft SOAPtest**，从 WSDL 文档中自动创建测试套件，用于服务功能的测试套件同样适用于负载测试。使用 XSLT 到 SOAP 消息实现客户端和服务器端正确的事务处理，彻底了解 SOAP 协议和 Web 服务方面的问题。

表 6-14　HP QPT 和 IBM RFT 的比较

比较项	HP QuickTest Pro 9.5	IBM Rational Functional Tester 8.0
运行环境	Windows 平台，IE 6.0/7.0	
应用支持	支持 windows 控件、VB 和 ActiveX	支持各种应用，包括 Adobe Flex、Java、Microsoft .NET 3.0 Framework 和 WPF 控件、SAP GUI 7.1 和 Siebel 8.0 等，也支持由 Dojo Toolkit、PowerBuilder 和 Eclipse GEF 开发的应用系统
IDE 的支持	支持	支持，并和 Eclipse 集成
记录与回放	支持	支持
脚本语言	VBS	Java、VB.NET
脚本编辑	有两个视图：关键字视图可以按步骤编辑，专家视图直接编辑源代码（不够强）	只有脚本编辑器，和 Eclipse 集成，单个方面比较强
脚本调试功能	VBS 调试功能，一般	直接使用 Eclipse 调试 Java，较强
对象识别能力	多种识别层次，标准控件识别能力强，组合控件识别能力较弱	基本类似，但可以自定义非标准控件的识别
对象添加	提供树形的对象选取方式，手动选择任何层次节点，比较实用、方便	提供节点直接选择和对象遍历选择，看似很强，但不实用
录制脚本	易用，包括图形化的录制操作、添加验证点和应用正则表达式	基本相近，包括图形化的录制操作、添加验证点和应用正则表达式
GUI 对象和脚本分离	支持，有对象库	支持
数据驱动	支持且灵活，包括图形化的数据表、Excel 文件和数据库等	支持且标准化，包括图形化的数据表格式、XML 格式文件等
测试数据加载	使用内置函数方便实现	用封装的方法来动态加载数据，需要修改脚本中参数化的地方，相对复杂
验证点	文本、位图和数值等	图像、文件、字符串、数字等 用于动态验证点的图像比较工具
允许通过数据库验证数据	通过 ODBC 及本地数据库连接	通过 ODBC 实现
自动收集测试数据	是	是
无人看管下的自动执行测试	通过 Testdirector	通过 DOS 批处理文件执行，或借助 TestManager
分布式测试控制/同步/执行	借助 Testdirector 支持	借助 Quality Manager 支持
非预期错误的恢复	有错误现场恢复	没有
自动创建测试结果日志	是	是，并具有 Web 2.0 风格的日志查看器
结果报告	树形显示各个步骤的执行情况，可以在代码中向报告写内容	提供多种形式的结果显示，可以在代码中向报告写内容
分析报告	详尽、易读	简单
维护	重用性好，只要在对象库中修改对象即可，无需修改脚本	修改脚本
与管理工具接口	TestDirector 或 Quality Center	TestManager
版本控制集成		支持
扩展性	需要单独购买插件，扩展性弱	基于 Jar 包扩展，比较强
学习难度	相对简单，包括脚本编写、对象识别等	也不难，相对来说，脚本编写、通过 find 方法实现手动识别对象等难度大些
帮助文档	系统、完整，方便查找（控件、内置对象和内置函数）	很少，不完整

注：这里的特性只限于所特定的版本，仅供参考，最新版本请参考相关网站。

小 结

虽然在技术上不是很难，功能测试依旧充满了挑战。功能测试，不仅要检验正常操作功能的行为状态，还要探索各种潜在的用户使用场景，检验可能存在的非法操作功能的结果；不仅要完成新功能的测试，还要完成已有功能的回归测试。无论从其重要性还是工作量来看，功能测试在软件测试中占有很重要的地位。功能测试有时也被称为黑盒测试或数据驱动测试，但可以采用黑盒测试方法和白盒测试方法。功能测试往往针对程序接口和用户界面，通过运行软件来实施，验证每个功能能否正确接收各种数据并产生正确的结果，检验能否正常使用各项功能，逻辑是否清楚，以确认软件是否符合设计要求，是否符合满足用户需求。

功能测试的内容可以归为界面（UI）、数据、操作、逻辑、接口等几个方面的测试，依据测试用例完成测试任务。在设计功能测试用例之前，测试人员要和项目相关人员充分沟通，了解用户的真正意愿，深刻理解产品的功能特性。设计功能测试用例，借助 UML 视图、逻辑结构图、数据流图等工具，进一步掌握业务流程和软件结构层次、数据处理过程和功能逻辑等，使测试用例能够覆盖每一个测试点和路径。功能测试用例可以采用的方法包括等价类划分法、边界值分析方法、因果图、决策表和正交试验法等。可以单独使用这些方法，也可以综合使用这些方法，例如边界值分析方法和等价类划分法是互为补充的，常常是将两者方法结合起来共同使用。

易用性测试需要评估软件是否符合标准和规范、直观性、一致性、灵活性、舒适性、正确性和实用性等多个方面，不仅需要进行内部测试，而且需要请真正用户在专业的易用性测试实验室来完成测试。一般来说，一类用户群只要选择 5~7 个人即可。

在测试执行过程中，需要借助测试套件更有效地管理和执行测试任务，跟踪和审查测试执行的过程，既可以依据功能点、测试目标创建测试套件，也可以按照测试环境来创建测试套件。在测试执行过程中，需要注意的事项如下。

● 严格审查测试环境，包括硬件和网络配置、软件设置以及相关的或依赖性的第三方产品的版本号等，确保测试环境的准确性。

● 优化环境组合，精心挑选测试用例，确定有效的回归测试范围等，不断提高测试执行的效率，同时减低测试执行的风险。

● 所有测试套件、测试任务和测试执行结果，都应通过测试管理系统进行管理，使测试执行的整个操作过程记录在案，保证其良好的可跟踪性、控制性和追溯性。

● 对每个阶段的测试结果进行分析，保证阶段性的测试任务得到完整的执行并达到预定的目标。

思 考 题

1. 你认为功能测试的挑战来自哪些地方？
2. 如何综合运用因果图法和决策表方法？
3. 决策表方法和正交试验方法有什么联系和区别？
4. 在易用性测试中应注意哪些方面？
5. 在回归测试中，如何在提高执行效率和降低风险性方面获得平衡？

6. 谈谈你愿意选择开源功能测试工具还是商业的功能测试工具？为什么？

7. NextDate 函数包含 3 个变量 month、day 和 year，函数的输出为输入日期的下一个日期。例如，输入为 1989 年 5 月 16 日，则函数的输出为 1989 年 5 月 17 日。要求输入变量 month、day 和 year 均为整数值，设定变量 year 的取值范围为 1980≤year≤2100。请结合等价类方法和边界值分析方法来设计 NextDate 函数的测试用例。

8. 设有 3 个独立的查询条件，以获得特定员工的个人信息。

◇　员工号（ID）

◇　员工姓名（Name）

◇　员工邮件地址（Mail Address）

每项信息包括 3 种情况：不填、填上正确的内容、填上错误的内容。请用正交试验方法设计其测试用例。

9. 针对下列测试项目背景，请分别用 Pairwise 方法、正交试验方法来完成组合设计，减少测试工作量。Pairwise 方法要附上输入（.txt 文件）和输出，可以用 PICT 及以外的工具。

测试项目背景： Web 应用测试，要考虑操作系统、浏览器、代理（防火墙）、带宽等对系统的影响。这些因素主要有以下几项。

◇　操作系统：Windows 7、Windows 8、Windows Phone、Mac OS X、Linux、iOS 8、Android 4.4、Android 5.0。

◇　浏览器：IE 9、IE 10、IE 11、Chrome、Safari、Firefox、Opera，并考虑 Mac OS、iOS、Linux / Android 系统不支持 IE，Windows 系统不支持 Safari。

◇　代理：没有、有代理（普通）、代理 + 脚本（防火墙）。

◇　安全性：无，SSL。

◇　带宽：ADSL、宽带 2M、宽带 10M、WIFI、局域网。

实验 5　系统功能测试

（共 3 个学时）

1. 实验目的

1）巩固所学到的测试方法。

2）提高实际的测试能力。

2. 实验前提

1）理解 6.1 节所描述的功能测试分析思路。

2）熟悉测试用例设计的各种黑盒测试方法。

3）选择一个被测试的 Web 应用系统（SUT）。

3. 实验内容

针对被测试的 Web 应用系统进行功能测试，发现其存在的缺陷。

4. 实验环境

1）每 3 ～ 5 个学生组成一个测试小组。

2）SUT 可以是已经上线的外部系统，最好是最近上线的商业系统；也可以是重新部署的系统，例如在"软件工程"课程完成的应用系统。

3）每个人或每两个人有一台 PC，安装了 3 种浏览器，如 IE、Firefox、Chrome。

4）网络连接，能够访问被测系统。

5. 实验过程

1）小组讨论，分析 SUT，确定测试的范围（可以是一个主要功能模块），列出测试项（功能点）。

2）按功能点分工，如有 12 功能点，每组 4 人，每个学生分到 3 个功能点。

3）基于本章所学的测试方法，每个学生设计 20 个或更多的测试用例，这些用例相对关键，对功能点的验证有效，或发现 Bug 的可能性更高。

4）每个学生向本组其他学生讲解自己是如何设计这些测试用例的，其他学生提意见，然后大家讨论，最后修改、完善之前写的测试用例。

5）先选择 Firefox 执行全部测试用例，然后根据自己判断，决定在 IE、Chrome 上执行哪些测试用例。学生甲可以执行自己设计的测试用例，也可以交叉执行，即学生甲执行学生乙设计的测试用例，学生乙执行学生甲设计的测试用例。

6）记录所发现的缺陷。

7）基于 Selenium + webdriver，将之前设计的 10 个测试用例转化为测试脚本，如 Java 格式的脚本，在 Eclipse 的 JUnit 框架上执行和调试这些脚本。

8）最后写出一个完整的测试报告，包括分析思路、功能点清单、如何设计测试用例、脚本开发遇到哪些问题、测试环境、测试结果、Bug 列表、其他的体会感想等。

6. 交付成果

1）测试用例、测试脚本。

2）完整的测试报告。

第7章
系统非功能性测试

"系统太慢了，我泡了一杯茶回到座位，还没有得到响应。"人们可能不止一次听到用户这样的抱怨。有时，我们自己也会有类似的经历，例如，访问某些网站时，反应非常慢，页面超时而无法打开。还有一种情况，随着运行或使用时间越来越长，系统就变得越来越慢，到了最后可能死机。那么，这是什么样的问题造成的？很明显，是系统性能低下、内存泄漏等问题造成的。

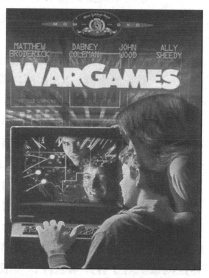

除了性能问题，还经常会遇到系统的安全性问题。例如，现在网上购物越来越多，人们最担心的就是网上支付的安全性，害怕信用卡信息泄漏，信用卡密码被盗用等。有些系统系统看起来很安全，进入系统需要登录，要求输入很长的口令，权限设置也很清楚，没有权限的用户是不能访问的，但是由于缺乏其他防范措施，而且存储在硬盘的数据文件没有被加密。结果，人们可以绕过系统，直接从网络途径存取硬盘上数据，导致系统中一些保密的数据被没有权限的用户窃取，造成机密泄漏。

如何防止这些问题的产生呢？通过需求评审、设计评审等，确保开发人员在软件系统实现的时候，充分地考虑了性能、安全性等要求，从而将良好的非功能特性构建在软件中，这样，可以部分地解决问题，但不能完全解决问题。要有足够的信心，相信系统满足性能、安全性、可靠性等要求，还必须进行非功能特性的全面验证，这就需要依靠系统测试。

7.1 非功能性的系统测试需求

对于非功能性的系统测试，主要目的是验证软件系统的整体性能等是否满足其产品设计规格所指定的要求，涉及非功能性的质量需求，包括系统性能、安全性、兼容性、扩充性等的测试，可能还会涉及第三方产品的集成测试。对于每一个应用软件系统，非功能特性的质量需求都是存在的，这类测试需求会因不同的项目类型差异比较大，这些需求的程度、重要性不同，这也要求为非功能性测试需求设置优先级，下面就作一个简单的分析。

❖ 纯客户端软件，如字处理软件、下载软件、媒体（音频/视频）播放软件等在系统测试要求上是最低的，对性能、容错性、稳定性等有一定的要求，如占用较少的系统资源（CPU 和内存），而且能运行在不同的操作系统上，一般分为 Windows 版、Linux 版和 Mac 版等。在 Windows 上要支持 Windows NT、Windows 2000、Windows XP 和 Windows Vista 等。

- ◇ 纯 Web（B/S）应用系统，如门户网站、个人博客网站、网络信息服务等在系统测试上要求较高，特别强调性能和可用性，对安全性有一定的要求，主要是保证数据的备份和登录权限。性能要求好，可以允许大量并发用户的访问，而且用户在任何时刻可以访问，即每周 7 天，每天 24 小时（7×24）运行。

- ◇ 客户端/服务器（C/S）应用系统，如邮件系统、群件或工作流系统、即时消息系统等在系统测试需求上与 Web 应用系统接近，也可能出现大量并发访问的用户，但安全性相对好些，客户端是特定的开发软件，相对于浏览器来说，对端口、协议等的限制比较容易做到。

- ◇ 大型复杂企业级系统涉及面广，集成性强，包括了 B/S、C/S、数据库、目录服务、服务器集群、XML 接口等各个子系统。在系统测试需求上，这类系统要求最高，不论是在性能、可用性方面，还是在安全性、可靠性等方面，都有很高的要求。

系统非功能性测试的需求在不同应用领域也体现较大差异。如网上银行、信用卡服务等系统，其安全性、可用性和可靠性等多方面的测试至关重要，因为这方面的缺陷很可能会给用户造成较大的损失。这些系统需要得到充分的安全性测试、容错性测试和负载测试。多数情况下，还需要独立第三方的安全认证。

而对于局域网内的企业级应用来说，有关权限控制、口令设置等安全性测试依然重要，但兼容性测试就相对简单，因为可以指定某些特定的硬件和软件，如打印机只用 HP LaserJet，操作系统和浏览器只用 Windows XP 和 IE，无需对各种各样的硬件和软件进行兼容性测试。对于客户端软件，一般情况下，性能不是问题，而容错性、稳定性的测试则显得重要些。

对于企业级应用系统来说，存在着不同的应用模式，其系统的架构也不一样，可以分为"以功能为中心、以数据库为中心和以业务逻辑（工作流）为中心"等，在进行系统测试时，所设定的目标也有一定的区别。

- ◇ **以功能为中心的系统**，强调模块化的低耦合性和高内聚性，这类系统的可扩充性、维护性要求很高。

- ◇ **以数据库为中心的系统**，强调数据处理的性能、正确性和有效性，使数据具有良好的一致性和兼容性，同时，确保数据的安全性，包括数据的存储、访问控制、加密、备份和恢复等。

- ◇ **以应用逻辑（工作流）为中心的系统**，强调灵活、流畅和时间性，系统的可配置性强，接口规范，如采用 XML 统一各工作流构件的输入和输出。

除此之外，还有其他一些因素的影响，如项目的周期性和依赖性等。如果项目是一次性的，对可扩充性、可移植性等要求低，而长期性的项目（如产品开发）对可扩充性、可移植性要求就很高。软件即服务（software as a service，SaaS）的应用服务模式对软件运行的服务质量（QoS）也有很高的要求，需要支持 7×24 不间断的服务。对于这样的 Web 服务软件，非功能性测试的需求涉及性能、安全性、容错性、兼容性、可用性、可伸缩性等各个方面。

服务级别协议（SLA）指定了最低性能要求，以及未能满足此要求时必须提供的客户支持级别和程度。与 QoS 要求一样，服务级别要求源自业务要求，对要求的测试条件及不符合要求的构成条件均有明确规定，并代表着对部署系统必须达到的整体系统特性的担保。服务级别协议被视为合同，所以必须明确规定服务级别要求，如表 7-1 所示。下面侧重性能、可用性、安全性和兼容性的测试需求讨论，而对其他非功能性属性就不进行过多的讨论，这并不意味着这些属性就没有测试需求，例如可维护性（即系统维护的容易程度）的测试需求也是很多的，包括系统监视、日志文件、故障恢复、数据更新和备份等测试。

表 7-1　影响 QoS 要求的系统特性

系统质量	说明
性能	指按用户负载条件对响应时间和吞吐量所作的度量
可用性	指对系统资源和服务可供最终用户使用的程度度量，通常以系统的正常运行时间来表示
可伸缩性	指随时间推移为部署系统增加容量（和用户）的能力。可伸缩性通常涉及向系统添加资源，但不应要求对部署体系结构进行更改
安全性	指对系统及其用户的完整性进行说明的复杂因素组合。安全性包括用户的验证和授权、数据的安全以及对已部署系统的安全访问
潜在容量	指在不增加资源的情况下，系统处理异常峰值负载的能力。潜在容量是可用性、性能和可伸缩性特性中的一个因素
可维护性	指对已部署系统进行维护的难易度，其中包括监视系统、修复出现的故障以及升级硬件和软件组件等任务

由组件、模块或构件集成为一个完整的系统之后，对软件系统进行测试，称为系统测试。但是，为了将功能测试、UI 测试等区分开来，系统测试特指那些针对软件非功能特性而进行的测试，也就是说，系统测试是验证软件系统的非功能特性。

虽然有时也会针对组件、模块进行性能测试、安全性测试等，但最终的测试必须针对整个系统进行，必须将系统作为一个整体来测试。以安全性问题为例，系统中任何一个地方出了问题，整个系统的安全性就存在问题。现实生活中也有类似的例子，例如，针对一个建筑物实行安全防范，不允许任何陌生人进入建筑物，需要对各个入口进行全面的监控，包括大门、侧门、窗户、地下排水管、房顶天井等。任何一个入口的监控不严，被他人钻了空子，潜入建筑物，从而导致整个建筑物的安全性问题。建筑物的安全防范问题，是一个系统性的安全问题。

要理解系统测试，首先需要了解软件系统的非功能特性。那么，软件有哪些非功能特性？用户的需求可以分为功能性的需求和非功能性的需求，而这些非功能性的需求被归纳为软件产品的各种质量特性，如安全性、兼容性和可靠性等。如果系统只是满足了用户的功能要求，而没有满足非功能特性要求，其最终结果是用户对产品还是不满意、缺乏信心，甚至决定以后不会使用这样的产品。例如，某个网站功能齐全，但是不够稳定，有时可以访问，有时不能访问，而且每打开一个页面都需要几分钟。用户是绝不会忍受这样不稳定、低性能的系统的，即使功能很强，用户也不愿意访问这个网站。

系统测试就是针对这些非功能特性展开的，就是验证软件产品符合这些质量特性的要求，从而满足用户和软件企业自身的非功能性需求。所以，系统测试分为负载测试、性能系统、容量测试、安全性测试、兼容性测试和可靠性测试等，如图 7-1 所示。质量特性及其描述、相应的基本测试方法如表 7-2 所示。

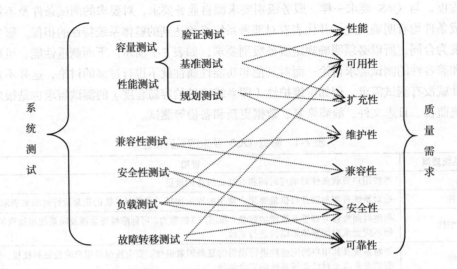

图 7-1　系统测试和质量需求的关系示意图

表 7-2　非功能特性和系统测试

特性	描述	基本测试方法
性能	用来衡量系统占用系统资源（CPU 时间、内存）和系统响应、表现的状态。如果系统用完了所有可用的资源，那么系统性能就会明显地出现下降，甚至死机。系统操作性能不仅受到系统本身资源的影响，也受到系统内部算法、外部负载等多方面的影响，例如内存泄漏、缺乏高速缓存机制以及大量用户同时发送请求等	通过不同的加载方式、加载量和加载时间等，确定系统运行特性的指标数据，如获取系统响应时间、资源占用率、数据吞吐量和具体功能相关的性能指标结果。性能测试可以分为验证测试、基准测试和规划测试
容量	系统的接受、容纳或吸收的能力，也可以指某项功能的最大承受能力。有时需要确定系统在特定需求情况下所能承受的最大负载，如 Web 系统最多能承受多少并发用户访问、会议系统的单个会议最多可以允许多少人参加等。并发用户数是指同时对软件系统所提供的服务进行存取访问的用户数	通过持续不断的加载，可以确定系统的最大容量，获得系统处理大量数据的能力，包括一般数据的输入、输出，以及数据库记录容量、特定功能容量的测试
可靠性	在规定的时间和条件下，软件所能维持其正常的功能操作、性能水平的程度。通过防故障能力、资源利用率、代码完整性以及技术兼容性等可以提高软件的可靠性。健壮性和有效性有时可看成是可靠性的一部分。例如银行交易系统、铁路交通管制系统、导弹防御系统等系统要求特别高的可靠性，保证长时间稳定运行。可恢复性是指系统快速地从错误状态中恢复到正常状态的能力或时间	可靠性的测试比较困难，常常转化为故障转移（fail-over）等测试，任何组件或系统发生故障，都有一种自动备份处理的机制，保证系统可用可恢复性测试检查系统的容错能力。当系统出错时，能否在指定时间间隔内修正错误并重新启动系统
安全性	系统和数据的安全程度，包括功能使用范围、数据存取权限等受保护和受控制的能力。数据和系统的分离、系统权限和数据权限分别设置等都可以提高系统的安全性	针对软件安全功能，如用户与权限管理、数据加密、认证等进行测试，除此之外，还包括安全漏洞扫描、模拟攻击试验和侦听技术等
兼容性	软件从一个计算机系统或环境移植到另一个系统或环境的难易程度，或者是一个系统和外部条件共同工作的难易程度。兼容性表现在多个方面，如系统的软件和硬件的兼容性、软件的不同版本之间的兼容、不同系统之间的数据相互兼容	兼容性要从系统、数据两个方面进行测试，重点在数据兼容性的测试。兼容性测试包括升级测试、不同版本之间的数据共享等

　　在进行系统测试计划和设计时，应综合考虑这些特性之间的关系。例如，安全性和可靠性是一致的，如果系统要求高安全性，必然也要求系统具有高可靠性。因为任何一个失效都可能造成数据的不安全。所以，在加强安全性测试时，也要加强可靠性的测试，而且当进行系统故障转移测试时，考虑是否存在安全性隐患。而软件系统的安全性和性能是相互影响的，例如，加密算法越复杂，则其性能可能会越低。对数据的访问设置种种保护措施（包括用户登录、口

令保护、身份验证、操作日志记录等），在一定程度上也会降低系统的性能。

对于每一个应用软件系统，非功能特性的质量需求都是存在的，只是对于不同的应用系统，这些需求的程度、重要性是不同的。由于项目预算、时间的限制，不一定完成所有的系统测试内容，而应该针对系统的应用特点及其需求，确定测试重点，采取正确的策略实施系统测试。例如，对于提供类似网上银行、信用卡服务的系统，强调安全性和可靠性，宁愿牺牲一些性能。而对于日常办公系统，可以适当降低安全性要求，提高系统的性能。而对于某个特定企业的应用系统，权限控制、口令设置等安全性测试依然重要，但兼容性测试就相对简单，因为可以指定某些特定的硬件和软件，无需对各种各样的硬件和软件进行兼容性测试。

7.2　概念：负载测试、压力测试和性能测试

在介绍负载测试（load testing）的同时，不得不介绍另外两个密切相关的概念——压力测试（stress test，应称为强度测试）和性能测试（performance test），这三者有密切关系，又有区别。负载测试、压力测试和性能测试的测试目的不同，但其手段和方法在一定程度上比较相似，通常会使用相同的测试环境和测试工具，而且都会监控系统所占用资源的情况以及其他相应的性能指标，这也是造成人们容易产生概念混淆的主要原因。

7.2.1　背景及其分析

我们知道，软件总是运行在一定的环境下，这种环境包括支撑软件运行的软硬件环境和影响软件运行的外部条件。为了让客户使用软件系统时感到满意，必须确保系统运行良好，达到高安全、高可靠和高性能。其中，系统是否具有高性能的运行特征，不仅取决于系统本身的设计和程序算法，而且取决于系统的运行环境。系统的运行环境会依赖于一些关键因素，例如：

 ◇ 　系统架构，如分布式服务器集群还是集中式主机系统等。
 ◇ 　硬件配置，如服务器的配置，CPU、内存等配置越高，系统的性能会越好。
 ◇ 　网络带宽，随着带宽的提高，客户端访问服务器的速度会有较大的改善。
 ◇ 　支撑软件，如选定不同的数据库管理系统（Oracle、MySQL 等）和 Web 应用服务器（Tomcat、GlassFish、Jboss、WebLogic 等），对应用系统的性能都有影响。
 ◇ 　外部负载，同时有多少个用户连接、用户上载文件大小、数据库中的记录数等都会对系统的性能有影响。一般来说，系统负载越大，系统的性能会越低。

从上面可以看出，使系统的性能达到一个最好的状态，不仅通过对处在特定环境下的系统进行测试以完成相关的验证，而且往往要根据测试的结果，对系统的设计、代码和配置等进行调整，提高系统的性能。许多时候，系统性能的改善是测试、调整、再测试、再调整……这是一个持续改进的过程，这就是我们经常说的性能调优（perormance tuning）。

在了解了这样一个背景之后，就比较容易理解为什么在性能测试中常常要谈负载测试。性能调优需要借助负载测试方法的帮助，最终使产品达到高性能，或者说负载测试需要通过系统性能特性或行为来发现问题，从而为性能改进提供帮助。负载测试和性能测试有较多相似之处，例如，测试方法比较接近，都关注系统的性能，而且多数情况下可以使用相同的测试工具，来模拟用户的操作过程、负载变化的过程。可能因为存在这样一层关系，有人把负载测试看作性

能测试的一部分，归为性能测试。实际上，这种归类不一定正确。

在性能测试过程中，也可以不调整负载，而是在同样负载情况下改变系统的结构，改变算法，改变硬件配置等，也可以获取不同的性能指标数据、优化性能。从这个意义看，负载测试可以看作是性能测试所采用的一种技术，即性能测试使用负载测试的技术，使用负载测试的工具。

压力测试可以被看作是负载测试的一种，即高负载下的负载测试，或者说压力测试采用负载测试技术。通过压力测试，可以更快地发现内存泄漏问题，还可以更快地发现影响系统稳定性的问题。例如，在正常负载情况下，某些功能不能正常使用或系统出错的概率比较低，可能一个月只出现一次，但在高负载（压力测试）下，可能一天就出现，从而发现有缺陷的功能或其他系统问题。通过负载测试，可以证明这一点，某个电子商务网站的订单提交功能，在 10 个并发用户时错误率是零，在 50 个并发用户时错误率是 1%，而在 200 个并发用户时错误率是 20%。

通过负载测试和压力测试都可以获得系统正常工作时的极限负载或最大容量。容量测试自然也是采用负载测试技术来实现的，而在破坏性的压力测试中，容量的确定可以看作是一种副产品——间接结果。

7.2.2　定义

从测试的目的和用户的需求出发，就比较容易区分性能测试、负载测试和压力测试之间的差异，更好地理解它们的内涵。性能测试是为了获得系统在某种特定的条件下（包括特定的负载条件下）的性能指标数据，而负载测试、压力测试是为了发现软件系统中所存在的问题，包括性能瓶颈、内存泄漏等。通过负载测试，就能获得系统正常工作时所能承受的最大负载，这时负载测试就成为容量测试。通过压力测试，可以知道在什么极限情况下系统会崩溃，系统是否具有自我恢复性等，但更多的是为了测试系统的稳定性。

负载测试和性能测试是两个不同的概念，负载测试和性能测试的目的是不一样的。负载测试是为了发现缺陷，发现功能性测试所不易发现的系统方面的缺陷，包括系统的性能问题。而性能测试是为了获取性能指标，致力于提供系统性能指标方面的数据。性能测试对加载有非常严格、明确的要求——特定的几个负载值，如 Web 应用服务器的性能测试，并发用户数常设定为 10、30、50、100、200、500 等。而且，事先所定义的性能指标也很明确。如果系统性能测试的实际结果不符合指标要求，需要进一步分析、优化，最终使系统的性能指标达到要求。

那么，如何给负载测试、压力测试下个定义呢？根据上述讨论，我们可以给出如下的定义。

（1）负载测试是通过模拟实际软件系统所承受的负载条件、改变系统负载大小和负载方式来发现系统中所存在的问题。例如，逐渐增加模拟用户的数量来观察系统的响应时间和数据吞吐量、系统占用的资源（如 CPU、内存）等，以检验系统的行为和特性，发现系统可能存在的性能瓶颈、内存泄漏、不能实时同步等问题。负载测试更多地体现了一种方法或一种技术，可以为性能测试、压力测试所采用。

（2）压力测试是在强负载情况下（如大数据量、大量并发用户连接等）对稳定性进行测试，查看应用系统在峰值（瞬间使用高峰）使用情况下的行为表现，更有效地发现系统稳定性的隐患和系统在负载峰值的条件下功能隐患等，确认系统是否具有良好的容错能力和可恢复能力。

压力测试分为高负载下的长时间（如 24 小时以上）的稳定性压力测试和极限负载情况下导致系统崩溃的破坏性压力测试。

（3）性能测试是为获取或验证系统性能指标而进行的测试。性能测试，目的明确，事先有明确的性能指标，并要求在严格的测试环境和所定义的测试负载情况下进行，获得在不同的负载情况下的性能指标数据。性能测试使用负载测试的技术、工具以及用不同的负载水平来度量性能指标和建立性能基准。

7.3　负载测试技术

从上一节，我们知道，负载测试更多地应该被看作是一种技术和方法，用于性能测试、容量测试和压力测试之中。如何正确地采用负载测试技术呢？下面就从负载测试的计划、步骤、关键业务操作、场景设计、加载方式、执行等多个方面进行介绍，从而完整地掌握负载测试技术。

7.3.1　负载测试过程

负载测试是为了发现系统的性能问题，所以首先要了解哪些功能是用户最常用的，或者要了解系统哪些组件具有更多的潜在问题。例如，对于一个网站，首页是用户访问必经之地，肯定是用户访问最多的页面之一。对于一个电子商务网站，99% 的客户只是搜索商品，只有1% 的客户将真正购买，商品搜索和列表显示等功能是用户经常使用的，数据库也可能成为电子商务系统的性能瓶颈，所以"搜索、数据库存取和显示"功能被视为"关键业务"。 关键业务的确认是负载测试过程的重要环节。这些关键业务流程的操作被设计为负载测试的用例，作为系统负载测试输入的等价类。如果这些测试用例通过了，也就说明这个系统的负载测试通过了。

在关键业务确定之后，需要设计负载测试方案，例如，如何进行加载？一次模拟多少个用户？加载多长时间？每隔多长时间发出一个请求？要监控哪些系统资源？这些都是系统负载测试必须考虑的，与这些相关的影响因素或考量的指标常被称为负载测试的输入参数和输出参数。对测试环境、输入参数的设定及其组合设计又被称为负载测试的场景设计。

在关键业务和负载测试方案完成之后，接着就需要准备测试环境。负载测试是针对系统进行的，应尽量模拟系统的实际运行环境——仿真环境。测试环境的设置在负载测试中是非常重要的，不可忽视。测试环境准备包括硬件环境（服务器、客户机等）、网络环境（网络通信协议、带宽等）、负载平衡器（如 Cisco AES，F5 BIG-IP® Local Traffic Manager，NetScaler Loadbalance等）、被测试系统的软件环境和数据等。负载测试的环境一般如图 7-2 所示。

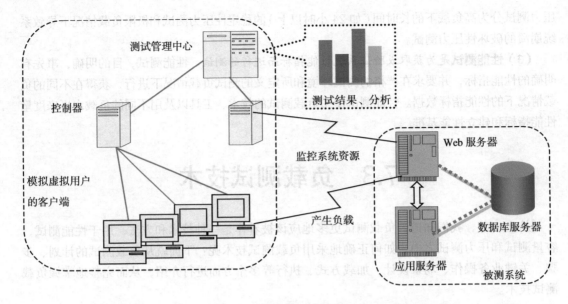

图 7-2　负载测试环境示意图

在安装和配置环境的同时，需要准备负载测试的工具和脚本。一般情况下，负载测试很难通过手工完成，都需要借助测试工具来完成，如开源工具 Jmeter、商业工具 HP LoadRunner、Segue 公司的 SilkPerformer 和 RadView 公司的 WebLoad 等。然后，就是执行测试和分析结果。由于刚开始设定的输入参数或测试场景等都不一定合理，有时需要几个往复，不断调整这些输入参数，达到预期的测试效果。

概括起来，负载测试的过程可以分为 6 个步骤，如图 7-3 所示。

1）了解系统的用户角色，确定所要模拟的角色及其对应的关键业务操作路径。

2）确定输入参数和输出参数，制定负载测试方案。

3）准备测试环境，并完成相应的测试脚本的开发。

4）设计具体的测试场景，如负载水平、加载方式以及其他参数等构成的特定的组合。

5）执行测试，观察或监控输出参数，如数据吞吐量、响应时间、资源占有率等。

6）对测试结果进行分析。若对结果不满意，需要调整测试场景，进入下一个循环。

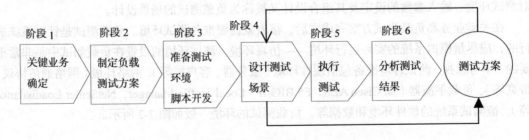

图 7-3　负载测试过程（各个阶段）示意图

7.3.2　输入参数

负载测试是通过模拟用户的操作方式来考察系统的行为，所以人们肯定会问：如何模拟用户的行为？例如，当一个用户使用一个系统的 Web 服务时，实际是向 Web 服务器发出请求。那么，我们就可以利用测试工具不断向用户发出请求，这就可以看作是对服务器施加的负载。为了更好地模拟这种负载，需要通过一些参数的设定来实现。常见的参数如下。

（1）并发用户数，对系统进行存取或服务器通信的连接数。并发用户数，一般通过测试工具模拟的虚拟用户（virtual users，VU）来体现。并发用户数越多，则连接的数目越多，系统所受的负载越大。

（2）思考时间（think time），用户发出请求之间的间隔时间。用户在进行操作时，总是有所思考，有所停顿，所以被称为思考时间。思考时间越短，系统在单位时间内收到的请求就越多，负载就越大。例如，在相同的并发用户数的情况下，每秒发出 1 个请求和每 10 秒发出 1 个请求，负载差别很大，以 100 个并发用户数和一分钟单位时间计算，前者发出的请求是 6000 次，后者发出的请求是 600 次，前者带给系统的负载要大得多。

（3）加载的循环次数或持续时间，循环次数会直接影响负载测试的时间。有些加载是几分钟，有些加载是几个小时甚至几十个小时等。

（4）请求的数据量，每次请求发送的数据量。数据流越大，系统所受的负载越大。

（5）加载的方式，不同的加载方式，对系统的影响可能也不一样。

例如，在工具 Jmeter 中为每个负载测试设置线程数、启动周期（ramp-up period）和循环次数等参数的值，如图 7-4 所示。线程数相当于并发用户数，而启动周期是所有线程启动所需的时间。例如，线程数为 30，启动周期是 120 秒，则连续两个线程之间的时间是 4 秒。这 4 秒就相当于上面所说的"思考时间"。图

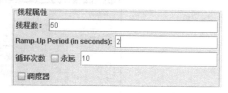

图 7-4　Jmeter 中负载设置参数界面

7-4 中所设的思考时间是 40 毫秒（Ramp-up period/线程数 = 2/50 秒= 0.04 秒）。

设计不同的加载方式是为了能够更准确地模拟被测系统实际运行时所受到的真实负载。虽然这种模拟不可能和现实情况完全吻合，但基本能满足测试的要求。以并发用户数为例，如图 7-5 所示，最常见的加载方法有 4 种。

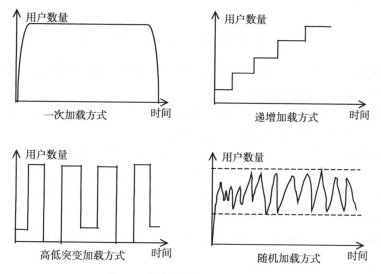

图 7-5　负载测试的几种加载方式

（1）**一次加载**。一次性加载某个数量的用户，在预定的时间段内持续运行。例如，早晨上班，用户访问网站或登录网站的时间非常集中，基本属于 Flat 负载模式。这种方式也被称为扁平（Flat）模式。

（2）**递增（递减）加载**。用户有规律地逐渐增加，每几秒增加一些新用户，交错上升，这种方式又被称为 ramp-up 模式。如果希望发现性能拐点、确定负载极限、响应时间超出可接受值或错误超出阈值，会采用这种模式借助这种负载方式。

（3）**高低突变加载**。某个时间用户数量很大，突然降到很低，然后，过一段时间，又突然加到很高，往复几次。借助这种负载方式的测试，容易发现资源释放、内存泄漏等问题。

（4）**随机加载方式**，由随机算法自动生成某个数量范围内变化的、动态的负载，这种方式可能是和实际情况最为接近的一种负载方式。虽然不容易模拟系统运行出现的瞬时高峰期，但可以模拟处在比较长时间的高位运行过程。

例如，Segue SilkPerformer 具备 6 种负载模式（workload model）——稳定状态（steady state）、递增递减（increasing）、动态调节（dynamic）、全天设定（all day）、模拟队列（queuing）和验证（verification）等，其设置界面如图 7-6 所示。

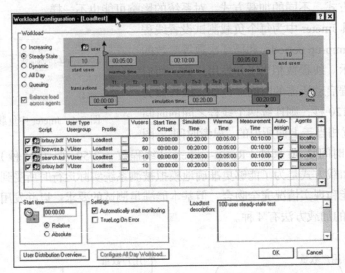

图 7-6　Segue SilkPerformer 负载模式设定界面

其中，稳定状态相当于一次加载（固定数目的虚拟用户），递增递减是上面的第二种模式。而另外 4 种模式，可以简单介绍如下。

（1）**动态模式**：在测试过程中，在预设的最大虚拟用户下，可以随时手工改变（增减）虚拟用户的数目，可测试不同的负载水平，比较灵活。

（2）**全天模式**：在测试的任何间隔时间指定不同的虚拟用户数目，且每个用户类型有不同的负载分布。这是最灵活的方式，支持复杂的长时间运行的测试场景，更贴近实际情况。

（3）**队列模式**：以事务活动的平均间隔为基础，按照指定的到达率调度相关负载。服务器（引擎）之间的负载测试可以采用这种模式。

（4）**验证模式**：在回归测试中，运行单个用户，进行功能组合的验证测试。

7.3.3　输出参数

加载的输入参数设计是为了模拟系统实际运行时的外部条件，而我们更关心测试的结果，也就是在负载测试过程中，系统的行为表现以及系统资源的消耗情况。为了监控负载测试的过程，分析测试的结果，需要定义一系列数据指标来描述系统的状态和行为。这些系列数据指标被称为负载测试的输出参数。如果是针对 Web 服务器进行负载测试，一般要监控下列参数。

- 数据传输的吞吐量（transactions）。
- 数据处理效率（transactions per second）。
- 数据请求的响应时间（response time）。
- 内存和 CPU 使用率。

例如，图 7-7 所示是 JMeter 给出的测试结果，显示了平均样本、响应时间（来回时间/round time）平均值/最小值/最大值、数据吞吐量（KB/sec）、错误率等。

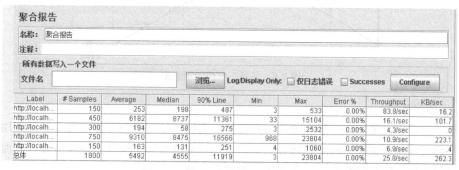

图 7-7　JMeter 性能测试结果示意图

对于每个值，可以获得 4 个值——最小值、最大值、平均值和当前值，而且也可以将数据成功（Successful）和失败（Failed）的两部分分开考虑。许多负载测试工具还可以提供更多的监控指标，例如：

- 连接时间（connect time）、发送时间（sent time）；
- 处理时间（process time）、页面下载时间；
- 第一次缓冲时间；
- 每秒（SSL）连接数；
- 每秒事务总数、每秒下载页面数；
- 每秒点击次数、每秒 HTTP 响应数；
- 每秒重试次数。

7.3.4　场景设置

在性能测试执行前，以什么方式启动负载方式，如何持续进行负载测试直至负载测试结束，这个过程的负载大小和方式、负载启动和结束以及各种检查点、验证点等设计，被称为场景设置。就像演戏那样，从演员出场到退场这个过程的环境、行为和对白等需要事先设计，也就是日常人们所说的编剧。场景一般也是三部曲——启动、持续进行和结束，如图 7-8 所示。

◇ **启动**（ramp up）：虚拟用户如何进入测试现场，如同时加载所有虚拟的并发用户还是分阶段逐渐加载用户？如一次加载 100 个虚拟用户或每 2 秒钟加载 5 个用户，近 40 秒完成 100 个虚拟用户的加载。

◇ **持续期间**（duration）：完成设定的测试计划，直到负载测试。有时，在到达最大负载后，继续运行一段时间还是进行多次循环，如 10 次循环进行所定义的事务操作。

◇ **结束**（ramp down）：和启动相对应，如在某个时刻全部停止所有虚拟用户的操作，或分阶段逐渐减少用户，如每 2 秒钟停止 10 个用户的操作，20 秒后才结束所有的虚拟用户。

通过启动和结束方式、持续时间，构成了场景，也就决定了负载模式。再加上思考时间和负载量的设定，能够满足性能测试、压力测试、容量测试等的要求。

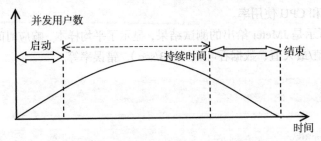

图 7-8　场景三部曲的示意图

1. 场景类型

在场景设置中，可以分为静态和动态两部分。测试场景的静态部分是指设置模拟用户生成器、用户数量、用户组等，而动态部分主要指添加性能计数器、检查点、阈值等，从而获得负载测试过程中反馈回来的数据——系统运行的动态状态。

场景还可以依据业务模式变化、随时间段变化来进行设置，如专门针对查询、搜索或订单提交分别设计不同的场景，如图 7-9 所示，也可以针对不同的时段来设计不同的负载模式。在有些测试工具，如 HP LoadRunner 中将场景分为两种类型。

◇ **手工场景**（manual scenario），即手动的设置场景，可以手工为每一个脚本分配要运行的虚拟用户的百分比。

◇ **面向目标的场景**（goal-oriented scenario），就是服从于一个具体的性能指标来实施负载测试，如每秒 20 次点击（hits per second）、每秒 5 个事务处理（transactions per second）、每分钟下载 50 个页面（pages per minute）、达到虚拟并发用户数 500 等。

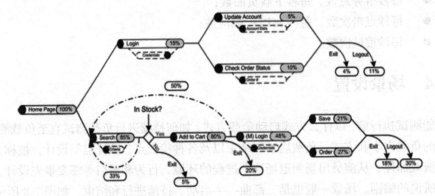

图 7-9　依据业务模式变化来设计负载模式（来源 MSDN）

2. 同步点

场景设置中还有一个概念，就是同步点，也称集合点（Rendezvous）。同步点用于同步虚拟用户恰好在某一时刻执行任务，确保众多的虚拟并发用户更准确、集中地进行某个设定的操作，达到更理想的负载模拟效果，更有针对性地对某个可能存在性能问题的模块或子系统施压，以便找到性能瓶颈。例如，测试计划中要求系统能够承受 500 个用户同时提交订单。当在提交订单之前设置一个同步点，当虚拟用户没有达到 500 个时，负载测试工具可以让先到达这一点的虚拟用户暂时停下来，处于等待状态。当足够的虚拟用户到达同步点时才执行所设定的动作，如提交订单。同步点也是相对的，不是绝对的。即使设定了同步点，500 个用户提交订单操作也无法在几毫秒之内完成，可能需要几十毫秒甚至几百毫秒时间才能完成。但如果不设置同步点，500 个用户提交订单操作可能在几秒甚至几十秒才全部完成。

同步点的设置也需要考量一些策略，如图 7-10 所示，LoadRunner 有 3 种策略，按所有虚拟用户的百分比、所有正在运行的虚拟用户的百分比或绝对数来设置，一般选择中间项 "release when 100% of all running Vusers …"。

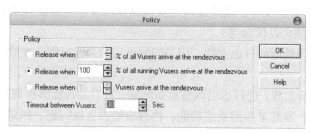

图 7-10　LoadRunner 中的集合点设置界面

7.3.5　负载测试的执行

负载测试执行必须借助测试工具模拟用户，而不是让成百上千的测试工程师亲自来执行测试。大量的虚拟用户要运行在多个客户端，并由控制器管理、代理（agent）驱动。一般来说，一个客户端可以运行 10 ~ 100 个虚拟用户，虚拟用户所要进行的任何操作（负载）都是由测试脚本来控制的。

负载测试的执行需要针对不同维度的变化进行，包括时间维、负载维和系统维。至于采用哪一维变化来进行负载测试，可以根据实际情况来确定。如果有时间，针对这 3 维的变化都要实施。

（1）**时间维**：尝试观察系统在较长一段时间上（几个小时到几天）的行为变化。应用一个衡定的负载，并观察性能指标是否随时间发生变化。如果发生变化，例如内存使用在不断增长，可能就存在内存泄漏或其他资源泄漏的问题。

（2）**负载维**：尝试在系统上改变负载来进行对比分析，例如采用并发用户数为 10、20、40、60、80、100，并搜集每个负载的数据，进行对比分析，看系统的性能指标是否按线性或有规律的曲线在降低。如果出现拐点，就要进一步分析。谨记每次负载前要复原到初始状态。

（3）**系统维**：负载测试也可以针对系统的组件进行，从而在组件上发现类似上述问题。

测试脚本可以直接编写，也可以通过录制并进行修改而得到。脚本也很难一次性就通过测试，需要不断地运行和修改。完成了负载测试脚本之后，就可以通过相应的负载测试工具（如

JMeter、LoadRunner 等）来运行脚本，获得测试结果。对测试结果进行整理，多数负载测试工具都提供分析功能，如聚类报告、曲线对比分析等。由于刚开始设定的负载量、持续时间、间隔时间甚至加载方式等都不一定合理，有时需要几个往复，不断调整这些输入参数，达到预期的测试效果。

有些测试人员在压力测试中喜欢让整个系统重启（如服务器 Reboot），以确保后续的测试能在一个"干净"的环境中进行。这样确实有力于问题的分析，但不是一个好的习惯，因为这样往往会忽略了累积效应，使得一些缺陷无法被发现。有些问题的表现并不明显，但日积月累就会造成严重问题。例如某进程每次调用时申请占用的内存在运行完毕时并没有完全释放，平常的测试中无法发现，但最终可能导致系统的崩溃。

负载测试通常采用黑盒测试方法，测试人员很难对出现的问题进行准确的定位。报告中只有现象会造成调试修改的困难，而开发人员又没有相应的环境和时间去重现问题，所以在负载测试执行中，适当的分析和详细的记录是十分重要的。

（1）查看服务器上的进程及相应的日志文件可能立刻找到问题的关键（如某个进程的崩溃）。如果程序不产生日志文件，就不能满足负载测试的要求，需要开发人员配合，临时增加后台写日志文件的功能，以供参考。

（2）查看监视系统性能的日志文件，记录问题出现的关键时间、在线用户数量、系统状态等数据。

（3）检查测试运行参数，进行适当调整重新测试，看看是否能够再现问题。如果可以重现，可以进一步分解问题，屏蔽某些因素或功能，再看看能否重现问题。如果又能重现，问题产生的真正原因可能就被找到了。

7.3.6 负载测试的结果分析

测试过程中，要善于捕捉被监控的数据曲线发生突变的地方——拐点，这一点就是饱和点或性能瓶颈。例如，以数据吞吐量为例，刚开始，系统有足够的空闲线程去处理增加的负载，所以吞吐量以稳定的速度增长，然后在某一个点上稳定下来，即系统达到饱和点。在达到饱和点后，所有的线程都已投入使用，传入的请求不再被立即处理，而是放入队列中，新的请求不能及时被处理。因为系统处理的能力是

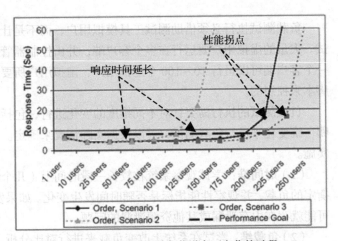

图 7-11　响应时间随负载增大而变化的过程

一定的，如果继续增加负载，执行队列开始增长，系统的响应时间也随之延长。当服务器吞吐量保持稳定后，就达到了给定条件下的系统上限。如果继续加大负载，系统响应时间可能会发生突变，即执行队列排得过长，无法处理，服务器接近死机或崩溃，响应时间就变得很长或无限长，即性能出现拐点，负载达到饱和，如图 7-11 所示。对结果的分析有助于改进设计，提高系统的性能。

在负载接近极限情况下，不仅响应时间急剧增大，而且事务处理的错误率越来越高。例如，会出现连接服务器失败（Error: Failed to connect to server）或超时错误（Error: Page download timeout）。造成这些问题的原因可能是：

✧ 系统资源使用率很高，如长时间 CPU 使用在 100%，从而导致请求操作超时；

✧ 由于连接过多，服务器端口太忙，不能及时提供服务数据包的传输；

✧ 当前页面的数据流太大，可能因为页面内容多或数据库存取太频繁；

✧ 客户端连接请求被服务器拒绝，可能因为服务器的一些参数设置不合适。

分析负载测试中系统容易出现瓶颈的地方，从而有目的地调整测试策略或测试环境，使压力测试结果真实地反映出软件的性能。例如，服务器的硬件限制、数据库的访问性能设置等常常会成为制约软件性能的重要因素。对于 Web 服务器的测试，可以重点分析 3 项参数。

● 页面性能报告显示每个页面的平均响应时间。

● 响应时间总结报告（Response vs. Time Summary）显示所有页面和页面元素的平均响应时间在测试运行过程中的变化情况。

● 响应时间详细报告（Response vs. Time Detail）则详细显示每个页面的响应时间在测试运行过程中的变化情况。

7.4 性能测试

当我们发布一个在线订单系统之后，用户使用这个系统时，感觉系统越来越慢，系统不能及时反应，用户开始抱怨，公司的管理者就会责问测试经理，有没有进行性能测试？性能是怎么测试的？测试经理可能会无奈地辩解道，当时没有拿到性能测试的需求；在产品需求文档中没有具体说明性能指标；测试组不清楚系统应该具有什么样的性能，用户才满意啊。

虽然这样的辩解是不对的。如果当初项目经理没有提出性能测试需求，或者产品需求文档中没有具体说明性能指标，测试组有责任及时提出问题。但不管这么说，一个系统仅仅通过了功能测试就发布出去，是很危险的，也是不允许的，还必须通过性能测试、安全性测试、兼容性测试等。其次，仅仅知道要实施性能测试还是不够的，应该清楚系统性能的要求，即产品需求文档中必须明确说明相应的性能指标。

7.4.1 如何确定性能需求

在进行系统性能测试之前，一定要清楚知道系统的性能需求。当然，不能过于简单描述性能需求，例如，"系统性能好、反应速度快"这样的描述非常含糊。系统性能的需求必须通过具体数据进行量化，如系统在 3 秒内做出响应、系统在 1 分钟内接受 50 个请求等，这样的性能需求描述就会清楚些，这就是人们经常所说的性能指标。性能指标一旦量化，就可以度量，即能确定系统的性能是否符合设计的要求，是否符合客户的需求。只有具备了清楚而量化的性能指标，性能测试才能开始实施。

一组清晰定义的预期值是有性能测试的基本要素，如果不能获得有意义的、准确的性能指标预期值，性能测试几乎就没有意义。如何定义系统的性能指标呢？一般需要从最终用户、业务、技术和标准等 4 个方面获得足够的信息和数据，然后定义所需要的性能指标。

（1）**最终用户的体验**，例如 2-5-10 原则，即当用户能够在 2 秒以内得到响应时，会感觉系统速度很快；在 2~5 秒之间得到响应时，用户感觉系统的响应速度还不错；在 5~10 秒之间得到响应时，用户会感觉系统的响应速度慢，但还可以接受；而超过 10 秒后仍然无法得到响应时，用户感觉不好，不能接受。

（2）**商业需求**。一个基本的商业需求就是软件产品的性能"比竞争对手的产品好，至少不比它的差"。从这个需求出发，了解竞争对手产品的处理能力、等待时间、响应速度、容量，从而定义自己产品的相应的性能指标预期值。如果从经济成本上考虑，性能只要比竞争对手高 10%~30% 就可以，不用高得太多（如 50% 以上）。

（3）**技术需求**。从技术角度看系统的性能，例如，当服务器 CPU 使用率达到 80% 时，客户端的请求就不能及时处理，需要排队等待，自然会影响用户的体验。所以，从技术角度看，需要定义一个性能指标就是 CPU 使用率不超过 70%。

（4）**标准要求**。有些国家标准或行业标准定义了某些类别的软件的性能指标，相应的软件须遵守这些标准。

依据上述 4 个方面的需求，经过综合分析，确定一个软件系统所必须满足的性能指标。要给出可度量、清晰的性能指标，一般通过下面几个方面去给出具体数据项的值。

- ◇ **时间**上的体现，如客户端连接时间、系统的响应时间、单比业务处理时间、页面下载时间等。
- ◇ **容量**，系统正常工作时所能承受的最大负载等，如访问系统的最大并发在线用户数、数据库系统中最大记录数、一个远程会议系统可以接受的最多与会人数等。这里强调正常工作时的负载量，不是指在系统崩溃、无法正常运行时的最大负载，这实际没有多大意义。
- ◇ **数据吞吐量**，系统单位时间内处理的数据量，如每秒处理的请求数、每分钟打开的页面数、每秒传递的数据包量等。
- ◇ **系统资源占用率**，例如内存占用必须少于 50M，CPU 不能超过 70% 等。

正所谓响应时间是用户的关注点，容量和数据吞吐量是（产品市场团队）业务处理方面的关注点，而系统资源占用率是开发团队的技术关注点。例如，针对 Web 应用系统，可以根据系统的在线用户数、数据吞吐量和响应时间等来定义系统性能指标，具体描述如下。

【30 个在线用户按正常操作速度访问网上购物系统的下定单功能，下定单交易的成功率是 100%，而且 90% 的下订单请求响应时间不大于 5 秒；当并发在线用户数达到 100 个时，下定单交易的成功率大于 98%，其中，90% 的在线用户的请求响应时间不大于用户的最大容忍时间 30 秒。】

7.4.2 性能测试类型

如果第一次开发一个新系统，很难事先确定系统的性能指标。如果有相近的产品或竞争对手的产品，可以通过这些系统作为参考，要求新开发的系统要好于所参考的系统。如果没有相类似的产品，应该可以确定一些基本的性能指标。如果还是无法确定性能指标的具体值，至少要确定度量的（测试的）性能指标，而这个指标的结果（值）作为一个基准，下一个版本的性能指标数据就可以参考这个基准值，如要求系统 2.0 版本的性能指标要比系统 1.0 版本提高 50%。

根据上述讨论，就比较容易理解性能测试为什么分为以下 4 类（子）测试。

（1）**性能验证测试**，针对系统，验证事先（如产品规格说明书）已定义的性能指标。多数情况下，性能测试就是验证当前系统能否满足系统的性能需求。

（2）**性能基准测试**，在系统标准配置下获得有关的性能指标数据，作为将来性能改进的基准线。对于新建立的系统，并不了解某些具体的性能指标，所以性能测试的首要任务就是获取这些指标的基准值，然后基于这些测定的基准值，制定产品性能的下一步改进计划。

（3）**性能规划测试**，在多种特定的环境下，获得不同配置的系统的性能指标，从而决定在系统部署时采用什么样的软、硬件配置。例如，根据用户的数量或数据负载来决定服务器的选型和数量，例如，10 万用户需要 4 台双 CPU、内存 4G 的服务器，如果是 100 万用户，是否需要 16 台双 CPU、内存 8G 的服务器等。系统规划的配置数据则依赖于性能的规划测试。

（4）**容量测试**可以看作性能的测试一种，因为系统的容量可以看作是系统性能指标之一。例如，某个 Web 站点可以支持多少个并发用户的访问量、网络在线会议系统的与会者人数。如果实际容量已满足要求，就能帮助用户建立对产品的信心。如果不能满足要求，就应该寻求新的解决方案，以提高系统的容量。若一时没有新的解决方案，就有必要在产品发布说明上明确容量上的限制，避免引起软件产品使用上的纠纷。

在实施基准测试时，一次只改变一个输入参数，这样获得的结果可靠。例如，Web 服务器的内存对系统性能的影响可以逐渐递增内存，从 1G、2G、4G 到 8G 等。每次测试都要认真收集、记录环境数据和测试结果。内存影响的性能测试完之后，测试多 CPU 对性能的影响。运行一系列这样的基准测试，确立一个已知的可控环境，然后可以进行更为复杂环境下的性能测试。

7.4.3　性能测试的步骤

性能测试应该是一个完全受控的测量分析过程，所以性能测试的步骤需要精心安排。通过一个例子来描述性能测试的步骤。让我们以本章 7.4.1 节所述的测试需求作为实例，这是一个性能验证的测试。通过性能测试，要确认在正常负载情况下（30 个在线用户）交易成功率是 100%，响应时间 <= 5 秒。而在高峰（100 个在线用户）时期，交易成功率 >=98%，响应时间 <= 30 秒。如何完成其性能测试呢？

要完成性能测试的任务，一般会经过下列步骤。

（1）确定性能测试需求（7.4.1 节已介绍）。

（2）计划和设计测试。

（3）测试工具的选择（见第 4 章和本章 7.6 节）。

（4）配置测试环境，尽量接近实际运行环境，即建立仿真环境作为性能测试环境，测试结果才能可信。

（5）实现测试设计（开发测试脚本）。

（6）执行测试。

（7）分析测试结果。

（8）重复上述（4）~（6）步骤，直至测试计划完成，结果满意。

（9）提交性能测试报告。

1. 性能测试的计划和设计

在确定了性能需求之后，开始计划、设计性能需求，包括确定关键业务流程、测试类型和测试方法、选择合适的测试工具、设计测试场景等。这里的关键业务比较清楚，选择"登录""商品搜索""提交订单""付款"等关键操作，这项操作是完成一个交易的基本操作，每个操作都应该符合上述性能指标要求。因为性能指标是明确的，所以，本任务所要求的性能测试是验证测试。而对于测试方法的选择，很明显，要采用负载测试的方法。虽然根据需求，只要验证30个、100个并发用户的性能数据，但我们可以将负载（并发用户数）逐级设置，来获得不同负载级别下的性能指标数据，有利于后期分析，例如并发用户数设为30、50、80和100等。如果性能指标不能达到要求，我们还会采取配置测试方法等。

2. 执行

在执行性能测试时，加载方式可以采取两种方式——一次加载方式和逐步加载方式。如一次加载30个并发虚拟用户数和每次加载10个，逐步加载30个，如图7-12所示。在30个用户负载水平，加载方式所产生的影响比较小。但对100个用户负载水平，影响会比较大。两种方式的性能数据都要记录下来，供分析。

如果使用 Jmeter 来完成这个性能测试，难以建立复杂的负载模式，也可以通过 ramp-up period 这个参数来近似模拟，例如设置为1秒来模拟一次加载，而设置30～100秒来模拟逐步加载方式。而线程数的值设为并发用户数，即线程数为30、50、80、100。

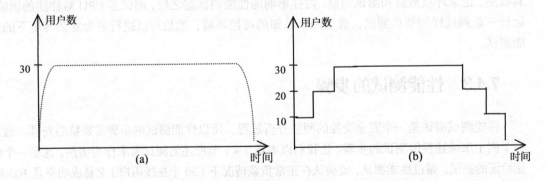

图7-12　性能测试执行的加载过程

在执行阶段，可以通过负载工具监控系统的资源占用率，也可以通过其他独立的命令行工具（如 top、vmstat、iostat、netstat、Windows PerfMon 等）来监视 Web 服务器、应用服务器和数据库服务器，收集有关数据。对数据库服务器，还要获取 SQL 查询、存储过程等相关数据，供后面分析。

3. 结果分析

在性能测试结果的分析中，抓住关键的性能指标进行分析，并判断是否满足性能指标要求。如果满足，意味着测试结束，写出相应的性能测试报告。但是，如果结果显示系统不能满足性能要求，这时需要通过其他方法来发现系统的性能瓶颈，消除性能瓶颈之后，性能会有较大的提高。如果没有发现任何性能瓶颈，则需要通过修改系统架构或改变系统配置来观察系统的变化。例如，增加数据库服务器的内存、在服务器群组内增加一台 Web 服务器或应用服务器，或者使用高速缓存技术来提高数据存取的速度来改善应用系统的性能。最终，找出性能最优的最佳配置或最佳系统架构设计。

表7-3、表7-4是当并发用户数分别为30、50时的测试结果，从平均响应时间来看还比较

正常，用户数是 50 时的值是用户数为 30 时的 159%。其中，第 5 个操作响应时间最长，其数据吞吐量没有明显变化，而是这个操作的数据量明显大得多，是平均值的 7 倍。

表 7-3　用户数为 30 的测试结果

Label	# Samples	Average	Min	Max	Std. Dev.	Error %	Throughput	KB/sec	Avg. Bytes
http://blog.w...	240	4581	225	34108	5438.72	0.00%	1.5/sec	13.63	9199.8
http://blog.w...	120	3125	219	24797	3765.44	0.00%	47.4/min	0.37	476.2
http://blog.w...	60	2407	432	18792	2537.14	0.00%	23.7/min	0.01	26.5
http://blog.w...	60	3125	334	18145	3363.03	0.00%	23.7/min	3.34	8659.8
http://blog.w...	60	16487	1832	73850	12790.63	0.00%	23.5/min	23.52	61532.8
http://blog.w...	60	4629	477	38715	6860.89	0.00%	24.2/min	1.35	3416.2
http://blog.w...	60	438	3	5359	1002.56	0.00%	24.6/min	0.13	320.0
http://blog.w...	60	2738	352	12488	2648.86	0.00%	25.0/min	5.58	13704.5
http://blog.w...	120	2121	189	16877	2437.21	0.00%	50.3/min	0.85	1033.5
总体	840	4188	3	73850	6427.33	0.00%	5.3/sec	47.01	9105.6

表 7-4　用户数为 50 的测试结果

Label	# Samples	Average	Min	Max	Std. Dev.	Error %	Throughput	KB/sec	Avg. Bytes
http://blog...	400	6678	439	33446	6126.78	0.00%	1.5/sec	13.28	9251.4
http://blog...	200	5004	217	32667	4928.11	0.00%	49.7/min	0.36	449.5
http://blog...	100	5050	282	24432	4448.74	0.00%	24.5/min	0.00	.0
http://blog...	100	7281	349	44684	7027.34	0.00%	24.4/min	3.46	8711.0
http://blog...	100	18177	3222	60047	10930.65	0.00%	22.5/min	22.35	60952.5
http://blog...	100	6002	469	30397	5097.95	0.00%	22.8/min	1.27	3428.5
http://blog...	100	2028	4	10413	2138.41	0.00%	22.8/min	0.12	320.0
http://blog...	100	6982	388	24844	5325.20	0.00%	22.9/min	4.96	13338.1
http://blog...	200	5523	195	32220	5504.80	0.00%	45.8/min	0.77	1028.8
总体	1400	6663	4	60047	6931.28	0.00%	5.1/sec	45.33	9050.9

　　针对响应时间最长的某个具体事务，还可以进一步分析，找到性能问题的本质。某个事务处理在并发用户数分别为 10、50、100 和 150 的性能测试结果如表 7-5 所示。可以看出，当用户数达到 100 时，发现响应时间增加过快，有些异常。再看各个分项，发现问题出现在 JDBC 查询时间（4890 毫秒）上，比用户数为 50 的时间增加了近 400%，而 JDBC 查询时间绝大部分是用在数据库 SQL 执行的时间（4180 毫秒），所以可以断定数据库访问是这个 Web 应用系统的性能瓶颈。需要进一步分析，具体的问题在哪里，是 SQL 语句没有优化、跨太多的表、查询数据量大还是其他问题？ 改善性能的方法有使用 Web 缓存机制、增加数据库高速缓存、优化 SQL 语句、增加负载平衡、增加数据库服务器的内存。

表 7-5　Web 页面性能测试结果

负载（用户数）	响应时间（毫秒）	整体 CPU 时间（%）	等待数据库连接的线程数量	JDBC 查询用时（毫秒）	DB SQL 执行的时间（毫秒）
10	3000	28	40	580	430
50	4710	35	60	1150	970
100	8920	40	130	4890	4180
150	10670	50	160	6120	5890

7.4.4　一些常见的性能问题

　　如果系统性能指标设定合理，而系统不能满足性能要求，说明系统存在或多或少的设计、算法等问题。找出这些问题并进行处理，即我们通常所说的性能调优。软件系统因采用不同的软件技术、不同的平台、不同的架构或不同的算法等引起的性能问题是不一样的，在性能调优过程中，需要具体问题具体分析，采用的方法也不一样。这里仅仅给出系统中常见的性能问题，包括内存溢出、应用终止、服务器宕机等严重问题。

- ◇ **资源泄漏**，包括内存泄漏。系统占用的资源（如内存、CPU 等）随着运行时间不断增长，从而降低系统性能。系统响应越来越慢，甚至系统出现混乱。只有重启系统才能恢复到最初水平。这类问题产生的主要原因是有些对象（如 GDI 使用、JDBC 连接等）没有及时被销毁、内存没有释放干净、缓冲区回收等。

- ◇ **资源瓶颈**，内部资源（线程、放入池的对象）变得稀缺。随着负载越来越慢，甚至系统挂起或出现异常错误。这类问题产生的主要原因是线程过度使用或资源分配不足等造成。

- ◇ **CPU 使用率达到 100%、系统被锁定等**。代码中可能存在无限循环、缺乏保护（如对失败请求不断的重试）、频繁对数据库存取、没有使用数据高速缓存等。

- ◇ **线程死锁、线程阻塞等**造成系统越来越慢，甚至系统挂起或出现异常错误、系统混乱局面等。这可能因为程序对事务并发处理上的错误、资源争用引起锁阻塞和死锁等，例如线程获得顺序的算法不对而造成死锁、线程同步点上备份过多而造成通信阻塞等。

- ◇ **数据库连接成为性能瓶颈**，这可能因为数据库存取交互过多、未使用连接池或者连接池配置参数不当、单个 SQL 请求的数据量过多等问题。采用监控工具（如 P6spy）分析程序与数据库的交互（SQL 数量和响应时间）发现此类问题。

- ◇ **查询速度慢或列表效率低**，主要原因是列表查询未使用索引、过于复杂的 SQL 语句、分页算法效率低等；也可能是查询结果集过大或不规范的查询，如返回全部的数据，查询全部字段而不是所需字段。

- ◇ **受外部系统影响越来越大**，最终造成应用系统越来越慢。主要原因有向后端系统发出太多的请求、页面内容过多、经第三方系统认证比较复杂、网络连接不稳定或延迟等。

7.4.5 容量测试

应用程序的使用达到其峰值时，某些性能指标会在这个时候发生突变，性能明显开始恶化，错误率激增。这个峰值的出现引起系统性能产生拐点，这个峰值所对应的某些输入参数就是我们想获得的系统最大容量，例如某个 Web 应用系统能够支持的最大在线用户数。针对一个 Web 应用，最大在线用户数也是我们最关心的。

容量测试（capacity test），通过负载测试或其他测试方法，预先分析出反映软件系统应用特征的某项指标的极限值（如最大并发用户数、数据库记录数等），在其极限值状态下系统主要功能还能保持正常运行。容量测试目的是确定该软件系统的承载能力或提供服务的能力，确定在给定时间内系统能够持续处理的最大负载或工作量。知道了系统的实际容量，如果不能满足设计要求，就应该寻求新的技术解决方案，以提高系统的容量。有了对软件负载的准确预测，不仅能对软件系统在实际使用中的性能状况充满信心，同时也可以帮助用户经济地规划应用系统，优化系统和网络配置。

容量测试属于性能测试中的一种，一般采用逐步加载的负载测试方法，也可以先采用逐步加载方式，获得一个基本的容量值或容量范围，然后再考虑用一次性加载方式，来决定实际可支持的容量值。容量测试的实施和负载测试、性能测试没有明显区别，从计划、场景设计、环境设置到执行、结果分析，都可以遵循性能测试的步骤及其操作方法来完成，只是目标、侧重点不一样。容量测试的完成标准可以定义为：所计划的测试已全部执行，而且达到或超出指定的系统限制时没有出现任何软件故障。例如，如果测试对象正在为生成一份报表而处理一组数据库记录，那么容量测试就会逐渐增加数据库记录来进行测试，从几万条记录、十几万条记录到几百万条记录，检验该软件是否能正常运行并生成正确的报表。直到系统运行慢如蜗牛，不能产生正确的报表为止，从而确定一个最大的数据库记录数，在那个条件下，系统还能正常运行并生成正确的报表。

当然需要注意，不能简单地说在某一标准配置服务器上运行某软件的容量是多少。选用不同的加载策略可以反映不同状况下的容量。一个简单的例子，网上聊天室软件的容量是多少？在一个聊天室内有 1000 个用户，如果有 100 个聊天室，每个聊天室内有 10 个用户。同样都是 1000 个在线用户，在性能表现上可能会出现很大的区别。在更复杂的系统内，就需要分更多种情况提供相应的容量数据供参考。

7.5　压力测试

如果将性能测试扩展到包括系统的稳定性、可伸缩性等的测试，那压力测试就属于这广义的性能测试范围之内，成为性能测试的一种。如果将性能测试限制在有关系统的性能指标验证、确定和规划范围内，压力测试可独立于性能测试之外。本书选择了后者，将压力测试作为单独小节进行介绍。

压力测试是在系统处于饱和状态下，如 CPU、内存和网络带宽等系统资源的使用处在饱和情况下，测试系统是否还具有正常的会话能力、数据处理能力或是否会出现错误，以检查软件系统对异常情况的抵抗能力，找出性能瓶颈、功能不稳定性等问题。这种压力测试往往需要借助高强度的负载来执行可重复的负载测试。从本质上来说，压力测试也是一种负载测试，不是正常负载，而是在异常情况下的负载。这样设计的目的是更容易发现系统在性能、稳定性、可靠性等多个方面的问题。异常情况包括峰值、大数据量、长时间运行、每秒产生十几个中断（正常频率为每秒两个中断）等，例如，LDAP 目录服务或邮件服务器中几万个用户数、TB 量级的数据库、文件系统中很深的子目录层次等。有时候，进行一些组合条件下的压力测试，如最大的在线用户、数据库记录数也接近最大值、长时间存取操作等多个条件下进行压力测试，检验系统的稳定性和可靠性。

根据不同的负载方式——恒定负载、不断加载、长时间加载、峰值加载等，压力测试可以分为下列几种类型。

（1）**稳定性压力测试**。在选定的高负载下，持续运行 24 小时以上的压力测试。这类测试可以归为性能测试范围内，其质量标准是各项性能指标在指定范围内，而且无内存泄漏，无系统崩溃，无功能性故障等。

（2）**破坏性压力测试**。通过不断加载的手段，快速造成系统的崩溃，让问题尽快地暴露出来。这种压力测试具有较明显的破坏特征，是对稳定性压力测试的补充，更容易暴露导致系统问题的真正原因，也可以和容量测试结合起来进行。进行破坏性测试的另一个目的是使系统出故障，然后检验系统能否恢复。如果能恢复，其恢复的时间有多长呢？根据破坏性压力测试的结果，可以分析出系统的可恢复性是否满足设计要求。

（3）**渗入测试**（soak test），稳定性压力测试的一种，但测试时间要求很长，几天甚至几周的连续运行。通过长时间运行，使问题逐渐渗透出来（渗入到系统中），从而发现内存泄漏、垃圾收集（GC）或系统的其他问题，以检验系统的健壮性。

（4）**峰谷测试**（peak-rest test），采用系统使用高峰期的负载来完成压力测试，一般采用高低突变加载方式进行，先加载到高水平的负载，然后急剧降低负载，稍微平息一段时间，再加载到高水平的负载，重复这样的过程。通过数据对比分析，例如将第二次高峰的性能指标和第一次高峰的性能指标进行比较，如果有差异，就可能是问题。通过峰谷测试，容易发现问题的蛛丝马迹，最终找到问题的根源。峰谷测试，也可以称为激荡测试（spike testing），即重复进行短时间内的极端负载测试。一般来说，极端负载量要超过系统实际所受到的负载。

在压力测试过程中，有一个问题：如何定义峰值或高负载值呢？通过破坏性压力测试可以获得最大负载值，也许这个最大负载值远远超过系统实际所承受的峰值，那么这个最大负载值意义也不大，可能是系统太强壮了。

多数情况下，人们会根据产品说明书的设计要求或以往版本的实际运行经验对测试压力进行估算，给出合理的估算结果。例如单台服务器实际使用时一般只有 100 个并发用户，但在某一时间段的用户峰值可达到 500 个。那么事先预测要求的压力值为 500 个用户的 1.5～2 倍。而且要考虑到每个用户的实际操作所产生的事务处理和数据量。如果产品说明书已说明最大设计容量，则最大设计容量可以加 20%～30%，作为最大压力值。

7.6 性能测试工具

Top 15 性能测试工具

人们还是习惯将负载测试、压力测试和性能测试等这一类工具通称为性能测试工具。性能测试工具是最常用的测试工具之一，是不可缺少的测试工具。功能测试如果没有工具，可以由手工完成，但性能测试很难通过手工完成，而必须借助工具来实现。

7.6.1 特性及其使用

作为性能测试工具，首先能模拟实际用户的操作行为，记录和回放多用户测试中的事务处理过程，自动生成相应的测试脚本。其次，能针对脚本进行修改，增加逻辑控制，完成参数化和数据关联。录制的脚本包含了录制期间用到的实际值。假设用户要使用不同于录制内容的值执行该脚本的操作时，就需要用参数替换已录制的值，这就是脚本参数化。脚本的参数化可以简化脚本，并增强脚本适用性。数据关联类似于参数化，可以简化脚本，适应企业应用中需要动态数据的情况。数据关联包含 3 个步骤——定义哪个录制的值需要被关联，定义数据源和它们之间的关联关系。

再者，可以设置不同的应用环境和场景，通过虚拟用户执行相应的测试脚本。最后，在脚本执行过程中，通过系统监控工具获得系统性能的相关指标的值，包括系统资源利用率、响应时间、数据吞吐量。通过实时性能监测来确认性能指标或发现性能问题。例如，流行的负载测试工具 HP LoadRunner（简称 LR）有 4 个核心组件。

✧ **虚拟用户生成器**（vuser generator，VuGen）用于捕获最终用户业务流程和创建测试脚本。

   ◇   **控制器**（controller）用于组织、驱动、管理和监控负载测试。

   ◇   **负载生成器**（load generator）运行虚拟用户，以产生有效的、可控制的负载。

   ◇   **分析器**（analysis）帮助查看、分析和比较性能结果。

性能测试工具执行测试的过程一般是：通过虚拟用户生成器录制关键业务操作，自动生成原始的测试脚本。然后，在控制器编辑、组织测试脚本，分发给每个负载生成器（也称代理，Agent），Agent 向服务器发送代码行请求模拟客户端，执行脚本的同时将测试的结果返回给控制器。最终由控制器统计测试结果，并完成测试报告。

这里，还是通过一个具体的示例——Borland SilkPerformer 来说明性能测试工具具有的主要功能特性。

示例：Borland SilkPerformer 主要功能特性

    SilkPerformer 是功能强大、易用的企业级性能测试工具，可以生成可视化脚本，还能够测试多种数以千计并发用户的应用环境，适合于企业级应用的可用性、准确性及可扩展性的验证。

   ◇   支持多种类型的应用系统，如 Web、wireless、Java、.Net、COM、CORBA、Oracle、Citrix、MetaFrame、客户机/服务器以及各种 ERP/CRM 应用。

   ◇   通过一个中心控制台管理所有代理的机器，并且在一个测试项目范围内有效地管理所有测试资产（如保存在一个目录里），包括脚本、测试场景、代理份额、测试结果、项目属性等。

   ◇   TrueScale 技术，使每个 HTTP 虚拟用户（VU）占用的内存资源节约 30%～50%，从而在相同的硬件条件下，可以模拟更多的用户，降低测试的开销。

   ◇   具备多种测试场景模式（称为 workload），包括 VU 递增递减、VU 固定、VU 动态调节、VU 全天设定、VU 模拟队列等方式，给测试提供灵活多样的选择。

   ◇   可以通过动态调节测试场景模式（dynamic workload configuration）来动态调节 VU 的数目，调节过程中不需要停止测试，使测试执行具有更大的灵活性。

   ◇   TrueCache™ 技术精确模拟一个 Web 浏览器的缓存行为，包括有条件请求的缓存、取消长时间的不重要的 Web 页面组件的运行请求，从而精确模拟一个真实用户 Web 浏览的行为。

   ◇   TrueModem 技术，可以模拟多达 30 多种网络连接，从 GPRS、Modem 到 ADSL、IDSN、LAN 等，从而有效地覆盖了企业可能涉及的各种连接情况。

   ◇   Java/.NET 浏览器以及 JUnit/NUnit 测试输入功能简化了对并发访问情况下远程应用组件的早期负载测试工作。

   ◇   可视化脚本记录功能及自定义工具简化了测试创建工作，而且在测试脚本录制过程中可以动态实时看到录制动作的每一步，确保录制工作准确无误。

   ◇   工作流向导会逐步引导用户完成整个测试流程。

   ◇   有一个完整的工作流和上下文敏感的帮助系统指导用户完成整个负载压力测试的各个步骤，快速简便地创建实际工作负载，极大地缩短新用户的

学习时间。

- ◇ 整合的测试环境为负载测试提供了单一控制点。
- ◇ 对健康状况进行实时监控，避免代理机负载过重而出现无效的测试结果。
- ◇ 事先制定好监控器模板，包含需要监控收集的各种数据要求，在测试中直接使用，还可以动态调整。
- ◇ 通过 TrueLog 技术，能可视化地单步调试测试脚本，方便直观地找到脚本的错误，设定参数化数据，进行内容检查点设定。例如，分析出测试中虚拟用户会看到的不正确的网页内容，从而更有效地发现性能缺陷。
- ◇ 查询追踪计时器可以分析出测试脚本中每一步执行的页面响应时间，以及页面传输数据的最小、最大、平均值等。
- ◇ 服务器分析模块分析服务器数据，并与负载测试结果自动关联，轻松找出瓶颈。
- ◇ 把测试结果数据记录在数据库中，可以随时使用 Performer Reportor 动态生成每个测试项目中每次测试场景的测试结果总结报告、度量报告和错误报告等图表，图表分析形式丰富，协助用户可以从各个角度分析结果。
- ◇ 基于 Web 的管理报告使非技术人员也能够快速理解测试结果。
- ◇ 提供了调用 silktest 进行性能测试的功能，性能测试工具调用多个功能测试工具，执行性能测试。
- ◇ 借助 Optimizeit ServerTrace 插件，可以进行 J2EE 深层诊断，如提供了根据 JMX 来监控 Java web 容器。
- ◇ 与 SilkCentral Test Manager 的整合使测试流程更加有序，可视性更强。

7.6.2 开源工具

nGrinder

Gatling

谈到开源的性能测试工具时，不会不提到 Apache JMeter。

JMeter 不仅适用于 Web 应用系统，而且适用于数据库、邮件服务器、SOAP 或 LDAP 服务器等，可以针对许多不同的静态资源和动态资源（Servlets、Perl 脚本、Java 对象、数据查询和 FTP 服务等）进行负载测试或性能测试。除了 JMeter，还有其他一些性能测试工具，例如：

- ◇ **nGrinder**（http://www.nhnopensource.org/ngrinder/）是一个基于 Grinder 开发的、易于管理和使用的、分布式性能测试系统。它是由一个 controller 和连接它的多个 agent 组成的，用户可以通过 Web 界面管理和控制测试，以及查看测试报告，controller 会把测试（基于 python 的测试脚本）分发到一个或多个 agent 去执行（由 Jython 执行）。用户可以设置使用多个进程和线程来并发地执行该脚本，而且在同一线程中，来重复不断地执行测试脚本，来模拟很多并发用户。在执行过程中收集运行情况、响应时间、测试目标服务器的运行情况等，保存这些数据生成运行报告。

- ◇ **HTTP** 工程包含了一个名为 HTTPD-Test 的子工程——Apache 的通用测试工具包，它包含了不少测试工具，而其中 Flood（http://httpd.apache.org/test/flood/）是人们经常使用的一个 Web 性能测试工具。Flood 使用 XML 文件来完成性能测试设置，如请求的 URL、POST 数据等。

◆ **Siege**（http://www.joedog.org/JoeDog/Siege）是一个开源的 Web 压力测试和评测工具。

◆ **OpenSTA**，可以模拟大量的虚拟用户来完成性能测试，并通过 scrīpt 来完成丰富的自定义设置。详见 http://portal.opensta.org/index.php。

◆ **DBMonster** 是一个生成随机数据、用来测试 SQL 数据库的压力测试工具，详见 http://dbmonster.kernelpanic.pl/。

◆ **LoadSim**——网络应用程序的负载模拟器。

更多的性能测试工具，可访问 http://www.opensourcetesting.org/performance.php

TPTP

示例：开源性能测试工具 JMeter

JMeter 是 100%纯 Java 桌面运行程序，最早是为了完成 Tomcat 的前身 Jserv 的性能测试而诞生的，随着 J2EE 应用的不断发展，其功能不再局限于 Web 服务器的性能测试，还涵盖了数据库、FTP、LDAP 服务器等各种性能测试，以及和 JUnit、Ant 等工具的集成应用。它可以模拟服务器或网络系统在重负载下的运行情况，也能提供一个可替换的界面，用来创建测试、定制数据显示和管理同步的测试执行等。

工具 JMeter

JMeter
官方手册

1. JMeter 主要构成组件

● 测试计划（test plan）作为 JMeter 测试元件的容器，是使用 JMeter 进行测试的起点。

● 线程组（thread group）代表一定数量的并发用户，用来模拟并发用户发送请求。实际的请求内容是在采样器（sampler）中定义的。

● 逻辑控制器（logic controller）可以自定义 JMeter 发送请求的行为逻辑，它与 Sampler 结合使用可以模拟复杂的请求序列。

● 采样器（sampler）定义包括 FTP、HTTP、SOAP、LDAP、TCP、JUnit、Java 等各类请求。如 HTTP 请求默认值，负责记录请求的默认值，如服务器、协议、端口等。

● 配置单元（config element）维护采样器需要的配置信息，并根据实际的需要修改请求的内容。配置单元包括登录配置单元、简单配置单元、FTP/HTTP 配置单元等。

● 定时器（timer）负责定义请求之间的延迟间隔。

● 断言(assertions)可以用来判断请求响应的结果是否如用户所期望的。它可以用来隔离问题域，即在确保功能正确的前提下执行压力测试。这个限制对于有效的测试是非常有用的。

● 监听器（listener）负责收集测试结果，并可以设置所需的、特定的结果显示方式。

● 前置处理器（pre processors）和后置处理器（post processors）负责在生成请求之前和之后完成工作。前置处理器常常用来修改请求的设置，后置处理器则常常用来处理响应的数据。

2. 如何使用 JMeter 进行性能测试

使用 JMeter 进行性能测试，其操作相对简单。如以 Web 服务器的性能测试为

例，按下列步骤进行操作，能够基本完成性能测试。

（1）在测试计划增加一个线程组，视需要可以先增加 Test Fragment（把性能测试分为几节）。

（2）增加录制控制器，然后在工作台增加非测试元件——代理服务器，并进行网络的相应设置，操作关键业务场景，录制所需要的性能测试脚本。如果不录制脚本，就手工添加负载（Sampler，采样器），如添加 HTTP 请求，设置其服务器、端口、协议和方法、请求路径等。

（3）调试、修改录制的脚本，视需要增加 Cookie 管理器、用户定义的变量、HTTP 授权管理器。

（4）配置用户自定义变量参数、用户登录信息，以及"Http URL 重写修饰符"等安全配置。

（5）根据需要，增加验证点，即设置断言，如响应断言、BeanShell 断言。

（6）设置监控器，如聚合报告、查看结果树、Aggregate Graph 或图形结果等。

（7）在线程组中定义线程数、产生线程发生的时间和测试循环次数。

（8）点击绿色三角形按钮，开始执行测试，并能通过"查看结果树"观察执行过程，是否会出错？如果断言、变量参数等出错，停止运行，修改错误后再执行。

（9）最后通过聚合报告、Aggregate Graph 等收集测试结果，进行分析。

详细内容可以参考：http://jmeter.apache.org/usermanual/index.html。

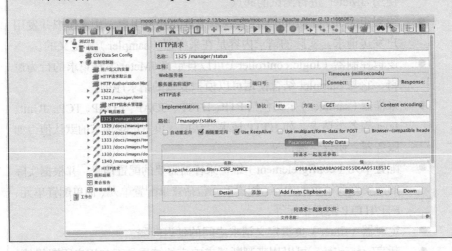

7.6.3　商业工具

在商业的性能测试工具中，不乏优秀的产品，除了上面提到的 Borland SilkPerformer，还有诸如 HP LoadRunner、IBM Rational Performance Tester（简称 RPT）、Compuware QALoad、EmpirixE-Test Suite 等性能测试工具。

（1）**HP LoadRunner** 是比较流行的、适合企业级应用的性能测试工具，适应面很广，能支持广泛的协议和技术，并能为用户的特殊环境提供特殊的解决方案。HP LoadRunner 可以记录下客户端的操作，并以脚本的方式保存和编辑处理，设置不同的应用场景以模拟实际的负载。然后，在若干台机器上模拟上百或上千个虚拟用户同时操作的情景，监控每一事务处理的时间、中间件服务器峰值数据、数据库状态等。最后，根据测试结果分析系统瓶颈或获得性能指标，进行性能优化。

（2）**IBM Rational Performance Tester** 是适用于 Web 应用程序的性能测试工具，基于 Windows 和 Linux 的用户界面，使用基于树型结构的测试编辑器提供高级且详细的测试视图，支持使用自定义 Java 代码的灵活测试定制，将易用性与深入分析功能相结合，从而简化了测试创建的过程，并满足各种性能测试需求。提供不同用户数的灵活的模拟，支持将 Windows 和 Linux 用作分布式负载生成器，使用最小化的硬件资源实现大型、多用户的测试，以帮助确保应用程序具有支持数以千计并发用户并稳定运行的性能。

（3）**Radview WebLoad** 也是知名的负载测试工具，用于性能、伸缩性等测试，脚本语言是 JavaScript，支持多种协议（包括 SOAP/XML、FTP、SMTP、AJAX 在内的 REST/HTTP 等），因而可从所有层面对应用程序进行测试。在 2008 年 4 月，Radview 以 GPL 协议发布了 WebLOAD 的开源社区版本，该版本可从 webload.org 下载，但还保留商业的专业版。

（4）**Micro Focus QALoad** 是适合 Web 应用系统、数据库服务器的性能测试工具，针对分布式的应用系统，创建和执行有效的、仿真的负载测试。通过模拟成百或上千的用户执行关键业务，从控制中心管理全局负载测试，规划系统性能，通过重复测试寻找瓶颈问题，优化系统性能或验证应用的扩展性。

（5）**Dell Benchmark Factory for Database** 是一种高扩展性的压力测试、容量规划和性能优化工具，能应用于分布式计算环境，可以模拟数千个用户访问应用系统中的数据库、文件、Web 和消息服务器，从而确定系统容量，找出系统瓶颈等。

（6）**Paessler Webserver Stress Tool**。只要输入网站的 URL 网址以及模拟的上站人数，就可以模拟在同一时间内进站或是循序进站时对服务器的存取负载，并获得服务器的相关性能数据，如反应时间、传递速率等。它还支持 CGI 或 ASP 等语言撰写的程序，支持 Proxy 设定、密码输入、Cookies 与 ASP 的 Session-IDs 等功能。

（7）**MINQ PureLoad** 是基于 Java 的测试工具，支持 JavaEE、.NET、PHP、AJAX、SOAP 和 ASP 等各种应用，脚本语言采用 XML，简单、易用。因为是基于 Java 的软件工具，因此可以通过 Java Beans API 来增强软件功能。

下面还是通过两个工具——HP LoadRunner（简称 LR）和 IBM Rational Performance Tester（简称 RPT）的比较，如表 7-6 所示，来更好地理解性能测试工具。

表 7-6　性能测试工具的特性比较

大类	分项	HP LR	IBM RPT
脚本开发、执行和管理	脚本录制 / 定制过程	直接生成面向过程的运行代码。VuGen 通过对基本业务的录制，在脚本中生成 Vuser 函数。LR 脚本就是由这样的 Vuser 函数和一些定制代码组成的。 也可以选择基于 C 语言的面向过程的脚本，并能进行直接的修改与调整	录制结果经过"翻译"生成最终的运行代码。RPT 的脚本录制过程分为两步。首先，RPT Recorder on RAC 负责记录用户的所有 HTTP 请求，生成一系列的 Trace 文件。然后，RPT Test Generator 能够根据 Trace 文件"也可以选择基于 C 语言的面向过程的脚本，并能进行直接的修改与调整"，生成最终运行的测试脚本。用户可以随时在 Trace 文件生成的脚本之上进行测试场景定制，避免对同一个操作过程做多次录制操作
	参数化	定义参数，为参数指定属性或者数据源的过程。只有函数中的参数才能参数化，除此之外，其他字符串不能进行参数化	参数化过程类似，但操作灵活，没有限制

大类	分项	HP LR	IBM RPT
脚本开发、执行和管理	数据关联	lr_save_XXXX（value，dataSource）语句将数据源的值保存到参数 dataSource 中；用 lr_eval_XXXX（dataSource）语句替换被关联的数据	在 HTTP 请求 URL 中或者数据中选择需要创建关联的部分，然后右键选择替换对象。以手工操作为主
	自定义代码	不支持	通过一个纯 Java 的类实现自定义代码
	数据池	用户可以指定该文件的多个数据以选择、顺序、随机等其中一种方式赋值到该参数中	数据池是以 XML 格式存储的，用户只能顺序地从数据池中读入测试数据，并加载到内存中。这样的实现模式不利于测试中使用大数据量
	流程控制	基于 C 语言的，包括条件、分支和循环结构，比较强	通过 UI 界面实现，包括 IF 条件控制和 Loop 循环，比较灵活
	全局信息	所有的全局信息作为特殊的参数类型，供脚本开发者使用	存在 IDataArea 对象中，包含测试数据、虚拟用户数据和引擎数据，最终通过 Custom Code 来获得
	错误控制	可以指定脚本执行期间的错误的处理方法，退出或继续执行。还可以在脚本中加入 lr_error_message 函数，便于用户对日志的分析	脚本运行出现错误，脚本将继续执行，可能后续会出现很多错误
	Debug	LR VuGen 可用作常规文本编辑器。当输出窗口中显示错误消息时，可以双击该错误消息，VuGen 将使光标跳到导致问题的测试行。还可以将光标置于错误代码上并按 F1 键，查看该错误代码的联机帮助	运行完一个测试之后，会产生相应的测试日志，如果在测试过程中发生任何错误，RPT 会以 "Message" 的形式提示出该请求发生错误
场景构建与配置对比		LR 中，Controller 组件负责场景的创建，可在一个场景中添加一个或多个脚本，并为每个脚本分配相应的 Vuser 组。然后，可为每个 Vuser 组分配多个虚拟用户，指定模拟该用户组的负载生成器。但不能通过 Controller 指定一个脚本执行与否的概率，需要通过 C 语言开发，完成随机调用脚本的功能。Runtime-Setting 包含了所有针对该场景的一些附加配置，如脚本循环次数、等待时间、网络模拟等	通过 "Schedule" 来组织，即通过用户组、循环控制、随机选择器等功能部件来组织测试脚本，使其满足实际场景。循环控制用来控制其下的测试脚本需要循环执行的次数。随机选择器可根据指定的权重从多个测试脚本中随机选择一个来执行。RPT 的负载生成器配置也比较简单
性能监控功能对比		监控范围更广泛一些，不仅对事务、系统、Web 应用服务器等资源进行实时监控，还可以对网络、防火墙、数据库、ERP、Java 等资源进行实时监控	对事务、系统、Web 应用服务器等资源进行实时监控
测试结果分析功能对比		测试结果图表的生成由 Analysis 组件完成，包括总体概要分析、吞吐率、事务平均响应时间等。也可以通过添加图表获得其他资源的监控图，而且借助 "Merge Graghs" 将同一个测试结果中的多种资源的结果进行叠加，从而让 "Cross Result" 生成多次测试结果的比较分析图	提供了直观的图表表现，包括测试成功率的总体柱状图、总体信息列表、反应时间曲线图等。也可以通过添加其他监控信息的方法，将其他资源的监控图叠加到当前的监控图中。也可以实现多次测试结果的比较

详见：http://www.ibm.com/developerworks/cn/rational/r-cn-rftloadrunner/

7.7 兼容性测试

当我们使用 Windows 2000 和 Windows XP 之时，Windows 操作系统还保留命令行方式，以支持原来 DOS 系统的应用程序，保持对过去 16 位程序的兼容性。图 7-13 中 Autoexec.bat 和 Config.sys 就是 DOS 操作系统留下来的痕迹，虽然现在已经不用了，系统还提供了一个命令 Start 专门用来执行那些古老的 16 位 DOS 应用程序。

图 7-13 Windows XP 的命令行窗口

概括起来，软件兼容性分为软件产品与硬件的兼容性、软件系统之间的兼容性、数据的兼容性（共享）。对于一个应用系统，兼容的具体东西很多，例如：

◇ 与硬件兼容，包括输入/输出设备、硬件通信端口等；
◇ 与操作系统、平台的兼容，如支持 Windows/Linux/Mac OS、Tomcat/WebLogic J2EE 平台等；
◇ 与数据库系统的兼容，如 Oracle、MySQL、SQL server 等；
◇ 与浏览器的兼容，包括 IE、Firefox、Chrome 等；
◇ 与第三方系统的兼容，如银行、信用卡认证系统等；
◇ 与内部业务系统的兼容，包括 API 调用、XML 数据接口等；
◇ 与自身系统的不同版本的用户数据兼容等。

确保应用系统在一个复杂的软硬件环境中能很好地工作，以及将来系统能顺利更新、升级，需要对兼容性进行系统的验证，这就是兼容性测试。兼容性测试是在特定的或不同的硬件、网络环境和操作系统平台上、不同的应用软件之间，验证软件系统能否正常地运行，以及能否正确存取原先版本的用户数据所进行的测试。

7.7.1 兼容性测试的内容

Photoshop 是大家熟悉的一款优秀的图像处理软件，它有自定义的图形存储格式，如 PSD 和 PDD 等。以满足各种图像处理和效果表现的需要，例如图层、通道、路径、矢量蒙版、滤镜等的处理和保存。针对 Photoshop 的兼容性测试，可能会问许多问题。

◇ Photoshop 图像显示受显示卡影响明显吗？
◇ Photoshop 图像打印是否支持不同的打印机？
◇ 是否能读取 PNG、TIFF、BMP、GIF 或 JPG 等各种格式图像文件，转换为自定义的 PSD 格式文件？
◇ 是否可以将 PSD 格式的图像文件转换为 PNG、TIFF、BMP、GIF 或 JPG 等各种文件格式？
◇ 画笔程序、Powerpoint/Word 程序、截屏等图像拷贝能否正确地粘贴到 Photoshop 中去？

◇ 是否符合图像处理的业界标准？

◇ Photoshop 7.0 系统不用卸载，可以成功地在线自动升级到 8.0 版本？

◇ Photoshop 6.0/7.0 保存的图像文件（如 PSD 格式）可以保证被 Photoshop 8.0 打开和处理吗？

◇ Photoshop 8.0 保存的文件是否有可能让 Photoshop 7.0 的用户共享？

从这些问题可以看出，兼容性测试可能要包括下列内容的测试。

（1）硬件兼容性测试，如打印机、显示卡等外部设备。

（2）数据兼容性测试，如能否处理其他不同格式的文件。符合业界标准，也是为了更好地保证数据的兼容性。

（3）系统版本之间的兼容性。当然，系统兼容性对于单机软件不是很明显，而对于像 QQ、MSN、Yahoo Message 等客户端/服务器（C/S）结构的应用系统比较突出，新版本的服务器还需要支持旧版本的客户端。

除此之外，还有用户数据在系统自身的不同版本之间兼容，这就是向后兼容和向前兼容。数据的向后兼容（backward compatibility）和向前兼容（forward compatibility）可以描述为：

◇ 向后兼容是指新发布的软件版本可以使用该软件的以前版本所产生的数据；

◇ 向前兼容是指在设计和开发软件一个新版本时，考虑如何和未来版本的数据兼容。

用户的数据是宝贵的，当软件版本升级以后，用户的数据不能无用，而必须能被使用，因此，向后兼容是必须满足的质量特性。向前兼容没有必要性，即用一个旧版本软件打开新版本产生的数据。如果用户升级了软件，无需使用旧版本的系统。除非在新版本试用了一段时间之后，觉得新版本软件还不如旧版本好用，用户想回到原来的版本。这种情况，在软件即服务（software as a service，SaaS）中，会出现这种情况。另外一种情况是，不同用户之间共享数据，而不同用户可能使用不同版本的相同软件。如果不能向前兼容，对用户之间的数据共享会产生障碍。概括起来，数据向后兼容性测试是必不可少的，而数据向前兼容性测试是可选的，一般是不需要的。

7.7.2 系统兼容性测试

除了在桌面上独立运行的应用软件之外，最常见的软件系统有两种体系架构。

◇ B/S——浏览器/服务器体系结构，在客户端不需要安装软件，而是通过浏览器的 HTTP 或 HTTPS 请求，与服务器进行交互，也就是用户是在 Web 页面上完成相应的操作。

◇ C/S——客户端/服务器体系结构，需要在本地安装一个客户端软件，通过特定的客户端软件和服务器进行通信和交互操作。

1. B/S 系统兼容性测试

对于 B/S 系统（如图 7-14 所示）的兼容性测试，客户端的兼容性测试主要集中在浏览器上，要针对不同的浏览器及其不同版本进行兼容性测试，例如，需要针对 IE 7.0 和 IE 8.0、Firefox 3.0 和 Firefox 3.1、Chrome 1.0 等完成相应的兼容性测试。许多 B/S 系统，虽然不需要安装客户端软件，但实际上会通过浏览器下载 ActiveX 控件或 Firefox/Chrome 的插件（Plugin），这就存在控件或插件的版本问题，需要进行相对应的兼容性测试。而对于应用服务器的兼容性测试，需要考虑 Web 服务器和应用服务器的兼容性测试，有时还需要考虑 Web 服务器、应用服务器和数据库系统的兼容性测试。在某些场合，2～3 个不同版本的应用系统需要共享一套数据库系统，这是一种典型的兼容性测试。

2. C/S 系统兼容性测试

对应 C/S 兼容性测试，可能会稍微简单一些，重点是不同的客户端版本是否和服务器兼容。对于最新版本的服务器要支持最新版本的客户端软件，也要支持先前的客户端版本，因为用户可能没有及时更新自己客户端的软件。

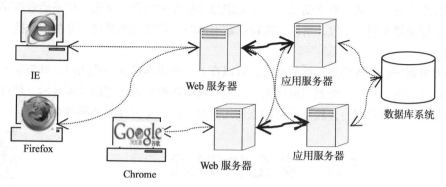

图 7-14　B/S 系统构成的简单示意图

7.7.3　数据兼容性测试

Photoshop 在兼容性方面进行了精心设计。首先，作为图像处理软件，必须遵守业界标准——对出版印刷的支持。例如，Photoshop 支持 3 种图像格式——EPS、DCS 1.0 和 DCS 2.0 等，可以存储 CMYK 或多通道文件的分色。使用 DCS 2.0 格式可以导出包含专色通道的图像。因为压缩 PostScript（EPS）语言文件格式可同时包含矢量图形和位图图形，几乎所有页面排版、文字处理和图形应用程序都支持 EPS 格式，而桌面分色（DCS）格式是标准 EPS 格式的一个版本。当打开包含矢量图形的 EPS 文件时，Photoshop 栅格化图像，并将矢量图形转换为像素。

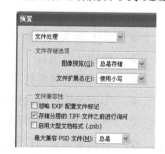

其次，为了保证自身各个版本的数据兼容性，PSD 格式文件可以容纳各个版本所具有的特定功能的内容。这样，PSD 文件变得很大，牺牲了部分性能而换取良好的兼容性。但 Photoshop 也提供了选项，在兼容性和文件大小之间获得平衡，如图 7-15 所示，关闭"最大兼容 PSD 文件"可大大减小 PSD 文件大小。

图 7-15　Photoshop 兼容性设置界面

对于客户端的数据兼容性测试，主要验证以下 3 个方面的内容。

（1）是否遵守统一的国际标准、国家标准或业界认可的事实标准等，例如，图像文件必须支持印刷出版标准 EPS 和普遍使用的 GIF 或 JPG 格式。

（2）有些格式的数据不能直接打开，是否提供了相应的导入和导出功能。借助导入和导出，可以确保使用第三方同类软件产生的数据，也可以导出该软件的数据供不同的软件使用。例如，Photoshop 提供了 PDF 图像导入、从 Apple iPhone 上直接导入图像。Photoshop 还提供了相应的导出功能，这些都是为了改善数据的兼容性。

（3）剪贴板或 ODBC 等类似方法：通过 OLE（对象链接和嵌入）、ODI（开放式数据连接接口）、ODBC（开放式数据库互接）等各种技术来实现在不同的软件之间的数据共享。

对于 B/S 或 C/S 的系统，不仅要考虑客户端的用户数据，还要考虑服务器端的数据。在服务器端有两类数据，一类是在数据库中的数据，由数据库管理系统（如 Oracle、MySQL 等）维护；另一类是服务器端的一些用户配置的文件或系统产生的独立的文件。对于数据库中数据兼容性测试，需要考虑上一个版本的数据能被新版本使用，不会造成数据的冲突，这包括数据库中某些表、字段的数据初始化，数据记录的增加、删除和修改。为了保证数据库的数据兼容性，在数据库开发中有一个基本的原则就是：不能删除数据库中的表、字段，也不能修改字段的类型等，而是尽量增加表、字段。所以，在设计数据库时，需要有前瞻性，并预留一些字段，供将来使用。

针对服务器端进行数据兼容性测试时，可以在上一个版本建立一些用户，并为这些用户建立大量的应用数据，然后升级到当前的版本，检查这些数据是否还能正常被显示、修改等。并在新版本建立一些新的用户，验证原有功能使用是否正常、是否存在数据冲突等。

7.8 安全性测试

漏洞扫描工具

漏洞测试工具

OWASP
WebScarab

OWASP ZAP

根据 ISO 8402 的定义，安全性（security）是"使伤害或损害的风险限制在可接受的水平内"。从这个定义看出，安全性是相对的，没有绝对的安全，只要有足够的时间和资源，系统都是有可能被侵入或被破坏的。所以，系统安全设计的准则是，使非法侵入的代价超过被保护信息的价值，此时非法侵入者已无利可图。一个软件系统可能潜在很多不安全因素，很容易被非法侵入、遭到破坏，或者其机密信息被窃取等。这些不安全的因素，主要有：

◇ 没有被验证的输入，容易受到跨站点脚本（cross-site scripting，XSS）攻击；

◇ SQL 注入式漏洞；

◇ 缓冲区溢出；

◇ 不恰当的异常处理；

◇ 不安全的数据存储或传递；

◇ 不安全的配置管理；

◇ 有问题的访问控制，权限分配有问题；

◇ 口令设置不严，包括长度、构成和更新频率；

◇ 错误的认证和会话管理；

◇ 暴露的端口或入口。

软件安全性测试就是检验系统权限设置有效性、防范非法入侵的能力、数据备份和恢复能力等。通过软件安全性测试，设法找出上述各种安全性漏洞，使这些漏洞能被及时处理。

7.8.1 安全性测试的范围

软件安全性一般分为两个层次，即系统级别的安全性和应用程序级别的安全性。系统级别的安全性是指整个系统的安全性，涉及系统的硬件、网络等的安全性，例如非系统管理人员是否有机会进入机房，是否能建立非法的网络连接，是否能操作系统的服务器、卸载硬盘等。这些安全性问题不是软件能控制的，属于管理问题，而这里只是讨论应用程序级别的安全性，即检验操作人员只能访问其所属的、特定的功能和数据，而不能非法访问其他数据或业务功能。这时需要列出各用户类型及其被授权访问的功能或数据。为各用户类型创建测试，并通过创建各用户类型所特有的事务来核实其权限。修改用户类型并为相同的用户重新运行测试。对于每种用户类型，确保正确地提供或拒绝了这些附加的功能或数据。

除此之外，还要检验系统是否遭受攻击、破坏的可能性、潜在风险等。例如：

◇　检查所有用户输入的地方，是否存在合法性验证，以防止 JavaScript 等非法内容的输入；

◇　验证用户账号密码、信用卡信息是否是经过加密之后存入数据库中，而且密码在传输中是否也经过加密；

◇　验证系统的日志文件是否得到保护，用户无法存取。

这些验证和软件存取控制权限的验证是不一样的。存取控制权限的验证可以归为软件的安全性功能验证，一般有清晰的定义，可以逐项地完成测试。而对于安全性漏洞的检查，涉及面就比较广，包括自身代码、脚本、内存分配等，可以使用专业的安全性测试工具（如 COPS、Tripewire、Tiger、MS URLScan、HP WebInspect 等）对程序的源代码、客户端的请求等进行扫描，达到更全面的检测效果。

手工测试更多的是探索性的，进行不断的试探，从而发现安全性的隐患。例如，采用模拟攻击试验的各种手段——冒充、消息篡改、内部攻击、陷阱门、特洛伊木马方法来进行安全性测试。安全性测试还有一种方法就是侦听技术，在数据通信或数据交互过程中，对数据进行截取分析，如网络数据包的捕获技术。

7.8.2　Web 安全性的测试

互联网应用越来越多，但互联网中安全性问题一直困扰着大家。对于 Web 应用系统，安全性测试显得更为重要。

1. 跨站脚本攻击

Web 页面的安全性，不得不讨论跨站点脚本攻击（cross-site script，XSS，这里用 X 以区别 CSS——cascading style sheets），攻击者在页面某些输入域中使用跨站脚本来发送恶意代码给没有发觉的用户，窃取某些资料或信息。一般的跨站点脚本攻击会利用漏洞执行 document.write，写入一段 JavaScript，让浏览器执行。Web 应用系统需要屏蔽 document.write 或者把用户可能注入的脚本放在一个 display=none 的 Div 中，让注入攻击失败。当前，还发现了用 innerHTML 的方式注入可见 Div，实现跨站点脚本攻击的方式。所以，要保证页面的安全，所有页面上的输入域都需要验证，以防止 XSS 攻击。如果验证是否可以进行 XSS 攻击，就要检验下列内容不能被输入。

◇　HTML 标签：<…>…</…>

◇　转义字符：&amp(&)；&lt(<)；&gt(>)； (空格)

◇　脚本语言，如 JavaScript　<script language='javascript'>…</script>

◇　特殊字符：' '<> /

针对输入域，需要进行更严格的保护和验证，包括下面各项内容。

◇　数据类型（字符串，整型，实数等）。

◇　允许的字符集。

◇　最小和最大的长度。

◇ 是否允许空输入。
◇ 参数是否是必须的。
◇ 重复是否允许。
◇ 数值范围。
◇ 特定的值（枚举型）。
◇ 特定的模式（正则表达式）。

2. SQL 注入式攻击

如果用户登录时，直接用输入的用户名和口令构成 SQL 语句进行判断，而没有进行任何的过滤和处理，则包含了 SQL 注入式漏洞。因为攻击者只要根据 SQL 语句的编写规则，附加一个永远为"真"的条件，使系统中某个认证条件总是成立，从而欺骗系统、躲过认证，进而侵入系统。让我们看下面这个示例：

```
Username=Request.from("username")
Password=Request.from("password")
xSql="select * from admin where username=' "&usename&"' and password='"&password &"'"
Rs.open xSql.com.0.3
If not rs.eof then
       Session("login")=true
       Response.redirect("next.asp")
End if
```

攻击者只需要在用户名的输入框中输入'' or '1'='1'，而口令可以随意输入，如 abc。结果，xSql 的表达式则成为：

```
xSql="select * from admin where username= " or '1' = '1' and password='abc' "
```

这个表达式总是成立，从而逃过用户验证。正确的程序是，单独取 username 的值，到数据库中搜索，如果没找到，就返回 False；如果找到，拿到数据库密码和输入的密码进行比较。即将用户名、密码单独比较处理，安全可靠。

3. URL 和 API 的身份验证

有时在页面中点击按钮、菜单、链接等都有安全验证，但直接将一些地址直接输入到新打开的浏览器，可以绕过"登录"页面。测试时，首先以正常的用户登录到系统中，登录的时候不要选中类似"记住我的帐号"的选择框。然后，进行正常的操作，进入某些关键的页面，将这些页面的 URL 拷贝下来。然后，用户退出、关闭浏览器，再重新打开浏览器窗口，粘贴那些事先拷贝下来的 URL，逐个测试，如果系统提示用户登录，说明没问题。否则，说明有问题。这种情况，更多发生在提供给第三方的应用接口（API）软件包中。

其次，在 URL 中不能直接传递重要参数，更不能直接传递用户名和密码。即使要传递用户信息，必须设定另外一个独立的用户代号（屏幕名，非真实用户注册名）。在 Web 安全测试中，这些都是测试点。

4. 其他 Web 安全测试

◇ 登录测试时，需要考虑输入的密码是否有长度和条件限制、最多可以尝试多少次登录、密码失效周期、密码能否被欺骗或绕过等。

◇ Web 应用系统是否有超时限制（session 过期），当用户长时间地不做任何操作时，需要重新登录才能使用其功能。

◇ 系统是否允许用户看到别人的用户 ID，而只能看到其他用户的别名或屏幕名（仅供

显示用的)。

◇　浏览器缓存，认证和会话数据是否作为 GET 的一部分来发送，应该使用 POST。

◇　程序在抛出异常的时候是否给出了比较详细的内部错误信息，从而暴露了不应该显示的执行细节，具有潜在的安全性危险。

◇　用户是否能使用缓冲区溢出来破坏 Web 应用程序的栈，通过发送特别编写的代码到 Web 程序中，攻击者可以让 Web 应用程序来执行任意代码。

◇　Config 中的链接字符串以及用户信息、邮件、数据存储信息是否受到保护。

◇　是否能直接使用服务器脚本语言，目录是否被保护，Session 和 Cookie 处理是否恰当等。

7.8.3　安全性测试工具

安全测试一直充满着挑战，安全和非法入侵/攻击始终是矛和盾的关系，所以安全测试工具一直没有绝对的标准。虽然，有时会让专业的安全厂商来远程扫描企业的 Web 应用程序，验证所发现的问题并生成一份安全聚焦报告。但由于控制、管理和商业秘密的原因，许多公司喜欢自己实施渗透测试和扫描，这时用户就需要购买相关的安全性测试工具，并建立一个安全可靠的测试机制。

在选择安全性测试工具时，我们需要建立一套评估标准。根据这个标准，我们能够得到合适的且安全的工具，不会对软件开发和维护产生不利的影响。安全性测试工具的评估标准主要包括下列内容。

◇　支持常见的 Web 服务器平台，如 IIS 和 Apache，支持 HTTP、SOAP、SIMP 等通信协议以及 ASP、JSP、ASP.NET 等网络技术。

◇　能同时提供对源代码和二进制文件进行扫描的功能，包括一致性分析、各种类型的安全性弱点等，找到可能触发或隐含恶意代码的地方。

◇　漏洞检测和纠正分析。这种扫描器应当能够确认被检测到漏洞的网页，以理解的语言和方式来提供改正建议。

◇　检测实时系统的问题，像死锁检测、异步行为的问题等。

◇　持续有效地更新其漏洞数据库。

◇　不改变被测试的软件，不影响代码。

◇　良好的报告，如对检测到的漏洞进行分类，并根据其严重程度对其等级评定。

◇　非安全专业人士也易于上手。

◇　可管理部署的多种扫描器、尽可能小的错误误差等。

下面是一些常见的安全性测试工具。

（1）**Acunetix Web Vulnerability Scanner** 是一款商业级的 Web 漏洞扫描程序，可以检查 Web 应用程序中的漏洞，如 SQL 注入、跨站脚本攻击、身份验证页上的弱口令长度等。它拥有一个操作方便的图形用户界面，并且能够创建专业级的 Web 站点安全审核报告。

（2）**Burp suite** 是一个可以用于攻击 Web 应用程序的集成平台，如允许一个攻击者将人工的和自动的技术结合起来，以列举、分析、攻击 Web 应用程序，或利用这些程序的漏洞。其套件中各项工具协同工作、共享信息，并允许将一种工具发现的漏洞形成另一种工具工作的基础。

（3）**Nikto** 是开源的 Web 服务器扫描程序，可以对 Web 服务器的多种项目（包括 3500 个潜在的危险文件/CGI，以及超过 900 个服务器版本，还有 250 多个服务器上的版本特定问题）进行全面的测试。可以自动更新扫描项目和插件，支持 LibWhisker 的反 IDS（intrusion detection systems，入侵检测系统）方法。

（4）**N-Stealth** 是一款商业级的 Web 服务器（主要为 Windows 平台）安全扫描程序，升级频率更高，覆盖面广，类似的工具有 Nessus、ISS Internet Scanner、Retina、SAINT 和 Sara 等。

（5）**Paros proxy** 是基于 Java 的 Web 代理程序，可以评估 Web 应用程序的漏洞。它支持动态地编辑、查看 HTTP/HTTPS，从而改变 Cookies 和表单字段等项目。它包括一个 Web 通信记录程序、Web 圈套程序（spider）、散列（hash）计算器，还有一个可以测试常见的 Web 应用程序攻击（如 SQL 注入式攻击和跨站脚本攻击）的扫描器。

（6）**SPI Dynamics WebInspect** 是功能强大的 Web 应用程序扫描程序，有助于确认 Web 应用中各种安全漏洞。它还可以检查一个 Web 服务器是否正确配置，并会尝试一些常见的 Web 攻击，如参数注入、跨站脚本、目录遍历攻击（directory traversal）等。

（7）**TamperIE** 是一个小巧的 XSS 漏洞检测辅助工具。安装后以插件的方式加载到 IE 浏览器中，监视 IE 浏览器与服务器之间的 HTTP 通信，截获提交到服务器的 HTTP 语句，修改其中的数据，然后再发送修改后的数据到服务器。

（8）**Tripwire** 是一款最为常用的开放源码的完整性检查工具，它生成目标文件的校验并周期性地检查文件是否被更改。

（9）**Wapiti** 是由 Python 语言编写的、开源的安全测试工具，直接对网页进行扫描，可用于 Web 应用程序漏洞扫描和安全检测。

（10）**Watchfire AppScan** 是一款商业的 Web 漏洞扫描程序，可以扫描许多常见的漏洞，如跨站脚本攻击、HTTP 响应拆分漏洞、参数篡改、隐式字段处理、后门/调试选项、缓冲区溢出等。在整个软件开发周期都提供安全测试，从而简化了组件测试和开发早期的安全保证。

（11）**WebScarab** 可以分析使用 HTTP 和 HTTPS 协议进行通信的应用程序，WebScarab 可以用最简单地形式记录它观察的会话，并允许操作人员以各种方式观查会话。

（12）**Whisker** 是使用 LibWhisker 的扫描程序，适合于 HTTP 测试，可以针对许多已知的安全漏洞，测试 HTTP 服务器，特别是检测危险 CGI 的存在。

（13）**Wikto** 是一个 Web 服务器评估工具，可以检查 Web 服务器中的漏洞，和 Nikto 比较接近。

（14）常用的网络监控工具主要有 Nessus、Ethereal/Wireshark、Snort、Switzerland 和 Netcat。

7.9 容错性测试

在谷歌浏览器（Chrome）刚发布的时候，在地址栏内输入 ":%"，浏览器就崩溃了。这是一个例外，但也是需要保护的，使软件具有很好的稳定性，经得住各种考验。当用户使用某个软件时，很难保证所有的操作是正确的、规范的。有时，用户难免会操作错误，系统能进行有效保护。例如，某个用户去 ATM 机器上取钱，其账号上只有 100 元钱，他/她原只想取出这 100 元，不小心敲入 1000 元，ATM 系统应当给出提示，而不是给他/她 1000 元钱，系统也不能出错或死机。

容错性测试就是在各种异常条件下对系统的功能进行测试，以检验系统是否具有防护性的措施或者某种灾难性恢复的手段或能力。容错性测试可以分为两个层次。

（1）功能层次的容错性测试，也称负面测试（negative test）、例外测试（exception test）。

（2）系统层次的容错性测试，主要是灾难恢复性测试或故障转移测试。

7.9.1　负面测试

负面测试是相对正面测试（positive testing）而言的。正面测试是从正向思维出发的，验证系统在正常条件下或正确的操作情况下系统的功能是否符合设计要求；而负面测试是从逆向思维出发的，检查系统在异常条件下或用户的非法操作下系统是如何响应的，是否有异常行为或执行了不应该执行的动作。在测试用例设计和执行过程中，不仅要完成正面测试，而且也要完成负面的测试。程序开发人员可以考虑到各种正面的用例，而容易忽视负面的用例，从这一点看，负面测试反而更重要。

实际上，在第 6 章等价类方法中，我们已讨论过负面测试。等价类方法将输入数据分为有效等价类和无效等价类，有效等价类的测试用例就是一种正面的测试，而无效等价类的测试用例就是一种负面的测试。针对功能输入一些无效数据，检验是否有相应的保护措施，是否有正确的提示。例如，在邮政编码输入域中输入字母，系统应该会显示"邮政编码由 6 位数字组成，不支持字符"类似的提醒。又比如，在 Word 程序中，将文件存储到一个不存在的驱动盘上，Word 会提醒"该驱动盘不存在，请输入有效的驱动盘"。

负面测试还包括在一些异常的或恶劣的条件下进行操作。例如，在网络传输不稳定的情况下，测试 QQ 客户端的聊天功能、桌面共享功能等有什么反应。或者当两个人在聊天时，将网络线拔出 1 ~ 2 分钟（模拟网络连接断开），看 QQ 客户端是否异常——死机、崩溃？如果没有死机，而只出现提示信息"网络连接有问题"，那就没问题。

在负面测试中，确实需要很好的逆向思维、发散思维，找出更多的非法数据或异常情况，不断地进行探索性测试，以发现软件中更多的容错性问题。下面是一些常见的负面测试用例。

◇　在文字域内输入一些特殊字符 '、/、\、&、^、<、>等。例如，有些系统在处理类似于 Kerry's meeting 或 10/26/2008 meeting 时会出问题。

◇　在文字域内什么都不输或只输入一个空格。

◇　在文字域内输入特别长的字符串。

◇　为事件开始时间输入过去的时间，为生日日期输入未来的一天。

◇　类型不匹配的输入，例如，在日期类型字段输入字母，在数字类型字段输入字母等。

◇　格式不匹配的输入，例如，日期要求输入的格式是 10-26-2009，可以测试 10262009、2009.10.26、26-10-2009、2-30-2009 等。

◇　上载一个空文件、一个很大的文件、一个已经存在的相同文件等。

◇　一个具有语音功能的软件安装到没有声卡的机器上。

◇　不接打印机，但进行打印操作。

◇　其他非法数据的测试，例如，针对工资、利息等输入负数。

7.9.2　故障转移测试

负面测试是在系统正常工作条件下进行测试，但是有时系统确实出问题了，如数据处理中停电了、光纤被施工队挖断了、服务器硬盘坏了等事故发生时，系统确实停止了运行（宕机），这种情况下，我们希望系统能尽快恢复，用户数据不能丢失。更理想的情况是有一套良好的备份机制，确保系统在任何时刻总是能正常运行，这就靠故障转移机制来保证。有了故障转移机制，主系统一旦发生故障，备用系统就将不失时机地"顶替"上去，将事务处理任务接受过来；一旦某个组件、某个子系统、整个系统或整个数据中心出现故障，有相应的组件、（子）系统或数据中心接替原来的功能，继续提供正常的服务。故障转移机制对软件服务（software as a service，SaaS）是非常重要的，是软件系统 7×24 不间断运行的重要保障措施之一。图 7-16 所示是一个简单的故障转移机制示例，不仅每个组件（Web服务器、应用服务器和数据库）有对应的备份，整个系统通过负载平衡器，构成双系统的故障转移机制。

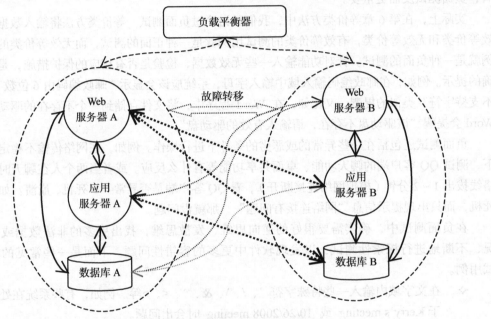

图 7-16　本地故障转移的逻辑示意图

　　故障转移测试就是验证故障转移机制能否正常实现，满足事先的设计要求。故障转移测试是在软件系统发生故障的情况下，检验系统的恢复能力，验证系统已保存的用户数据是否丢失、系统和数据是否能尽快恢复或在指定时间内恢复，包括验证重新初始化（reinitialization）、检查点（checkpointing mechanisms）、数据恢复（data recovery）和重新启动（restart）等机制的正确性。例如，某台应用服务器的硬盘出问题了，如何保证系统还能正常工作呢？当然，要有一台备份的服务器时刻准备着接替任何一台出问题的服务器，这就需要检验相应的服务是否真正被转移到这台备份的服务器，客户端是否能自动连接到这台备份的服务器，连到这台服务器后数据存取是否正确？

　　例如，针对图 7-16 的故障转移机制，如果 Web 服务器 A 或应用服务器 A 出现故障，则相应的 Web 服务器 B 或应用服务器 B 会接替 A 相应的服务。如果 Web 服务器 A 和应用服务器 A 同时出现问题，这时整个 B 系统会代替 A 行使职权。如何让服务器发生故障的最简单的方法是拔掉某个服务器的网络线。但有时也不可靠，网络通信中断和服务器实际发生故障的判断可能是不同的，除非都以网络连接超时作为标准。根据这样的分析，就比较容易设计故障转移的测试用例，如表 7-7 所示。

表 7-7　故障转移测试用例的典型示例

序号	用例名称	前提	步骤	期望结果
1	应用服务器故障转移	应用服务器 A 不工作	（1）启动服务 （2）进行操作使之满足前提 （3）观察结果 （4）一段时间后，消除故障 （5）（重新）启动服务 （6）再观察结果	Web 服务器 A 连接到应用服务器 B，而且功能正常，但 Web 服务器 A 还是可以存取数据库 A，应用服务器 B 没有改变，访问数据库 B。故障消除后，Web 服务器 A 又自动连接到应用服务器 A
2	数据库故障转移	数据库 A 不工作		Web 服务器 A 和应用服务器 A 都连接到数据库 B，而且功能正常。故障消除后，又自动连接到数据库 A
3	应用服务器和数据库故障转移	应用服务器 A 和数据库 A 都不工作		Web 服务器 A 连接到应用服务器 B 和数据库 B，而且功能正常。故障消除后，恢复原状，又自动连接到应用服务器 A 和数据库 A
4	Web 服务器故障转移	Web 服务器 A 不工作		所有用户访问 Web 服务器 B，而且功能正常、应用服务器 B 正常，没有通信连接上的变化。故障消除后，又自动连接到 Web 服务器 A

7.10　可靠性测试

可靠性（reliability）是产品在规定的条件下和规定的时间内完成规定功能的能力，它的概率度量称为可靠度。软件可靠性是软件系统的固有特性之一，它表明了一个软件系统按照用户的要求和设计的目标，执行其功能的可靠程度。软件可靠性与软件缺陷有关，也与系统输入和系统使用有关。理论上说，可靠的软件系统应该是正确、完整、一致和健壮的。但是实际上任何软件都不可能达到百分之百的正确，而且也无法精确度量。一般情况下，只能通过对软件系统进行测试来度量其可靠性。

软件可靠性，更准确的定义是："软件可靠性是软件系统在规定的时间内及规定的环境条件下，完成规定功能的能力"。根据这个定义，软件可靠性主要包含以下 3 个要素。

（1）**规定的时间**，就是软件的运行时间，因为软件可靠性只是体现在其运行阶段。"运行时间"包括软件系统运行后工作与挂起（开启但空闲）的累计时间。

（2）**规定的运行环境条件**，指软件系统运行时计算机的配置情况以及对输入数据的要求。它涉及软件系统运行时所需的各种支持要素，如硬件、操作系统、支撑软件、输入数据以及操作规程等。不同的环境条件下，软件的可靠性是不同的。

（3）**规定的功能**。软件可靠性还与规定的任务和功能有关。由于要完成的任务不同，软件的运行剖面会有所区别，则调用的子模块就不同（即程序路径选择不同），其可靠性也就可能不同。

也就是说，软件可靠性是在规定的一段时间和条件下，软件能维持其性能水平的相关的一组属性，可用成熟性、容错性、易恢复性等 3 个基本子特性来度量。容错性和易恢复性可以通过容错性测试（如故障转移测试）来度量，这在上一节做了讨论。而成熟性度量可以通过错误发现率 DDP（defect detection percentage）来表现。在测试中查找出来的错误越多，实际应用中出错的机会就越小，软件也就越成熟。

$$DDP=测试发现的错误数量/已知的全部错误数量$$

可靠性的最常用的度量是平均无故障时间（mean time between failure，MTBF），记录每次软件出故障的时间，然后进行统计分析，就能得到 MTBF。

可靠性数据收集与分析是可靠性测试的基础。在可靠性测试中，可以考虑采用压力测试的方法，以更短的时间使系统出现问题，在同样时间内出现更多的问题。为了获得更多的可靠性数据，应该采用多台计算机同时运行软件，以增加累计运行时间。然后，基于压力测试的可靠性数据，推导出系统在正常使用情况下的可靠性。

软件失效模式、影响分析（failure mode，effects and criticality analysis，AFMEC）也是一种软件可靠性的分析技术。AFMEC 是一种诱导式的分析方法，通过确定危险所对应的输入、输出变量值的对应范围，来标识、定位可能的软件缺陷，并在软件的可靠性、安全性设计中采取相应的措施。为了获得量化的结果，需要通过矩阵分析法进行软件本身的变量失效模式分析。

小　结

系统测试就是验证系统是否符合非功能特性的质量需求，包括性能、安全性、兼容性、可靠性等，而且这些特性相互之间有一定的关系，所以在系统测试之前，要规划好系统测试执行的先后次序以及测试结果的共享。

在系统测试中，性能测试和安全性测试会得到更多的关注，同时，不要忽视兼容性测试和容错性测试。如果软件得到充分的功能测试、压力测试、安全性测试和容错性测试，软件的可靠性测试也得到良好的保证。

负载测试是一种技术和方法，为性能测试、压力测试、容错性测试和可靠性测试等服务。在采用负载测试方法时，要清楚测试的目标、做好测试之前的准备工作，选择恰当的测试工具，设置准确的测试环境和设计好测试场景，按照已计划的步骤有序地进行，然后对测试结果进行仔细分析。设计好测试场景的工作，包括如何确定系统关键业务流程、所承受的最大负载、负载模拟的持续时间和间隔以及负载测试的输出参数。

除此之外，为了很好地完成系统测试，还需要注意以下几个方面。

- ✧ 为了明确或规划系统的性能，需要通过基准测试和规划测试，获得系统性能指标的基准值和了解什么样的系统配置是最好的配置。在进行性能验证测试之前，一定要清楚系统性能的要求，明确量化要求。
- ✧ 为了掌握系统的限制，获得系统的最大负载，要进行容量测试。容量测试可以看作是性能测试的一种，一般采用压力测试获得结果。
- ✧ 在性能调优过程中，会采用负载测试方法，而且是一个迭代的过程，测试、改进、再测试、再改进，直到系统满足性能要求。
- ✧ 系统的安全性在互联网时代越来越重要，需要进行足够的安全性测试。安全性测试包括系统安全性和数据安全性测试，需要进行安全性功能验证、各类安全性漏洞扫描等相关测试。
- ✧ 兼容性测试包括系统兼容性测试和数据兼容性测试，重点在用户数据的兼容性测试。

向后兼容是必须的，而向前兼容则更好。

◇　为了验证系统的稳定性和故障恢复能力，一般会进行压力测试。

思 考 题

1. 谈谈你是如何理解负载测试、压力测试和性能测试之间的联系和区别？
2. 如何设计一个合格的负载测试？
3. 性能测试有几种类型？它们之间的关系如何？
4. 如何有效地完成性能测试？
5. 安全性测试的主要内容有哪些？难点在哪里？
6. 如何实施故障转移测试？举例说明。

实验 6　系统性能测试

（共 2 个学时）

1．实验目的

1）巩固所学到的系统性能测试方法。
2）提高使用系统性能测试工具的能力。

2．实验前提

1）掌握系统性能测试方法。
2）熟悉系统性能测试过程和工具使用的基本知识。
3）选择一个被测试的 Web 应用系统（SUT）。

3．实验内容

针对被测试的 Web 应用系统进行性能测试。

4．实验环境

1）每 3 ~ 5 个学生组成一个测试小组。
2）SUT 安装在一个独立的服务器上，也可以是外部系统。
3）每个人或每两个人有一台 PC，安装了 Java 运行环境。
4）网络连接，能够访问 SUT。

5．实验过程

1）小组讨论性能测试方案和小组成员分工。
2）下载性能测试工具 JMeter 或 nGrinder。
3）部署 JMeter 或 nGrinder 分布式测试环境，有控制器、多个测试机。

4）选择 SUT 多个关键性的页面，录制或开发脚本。

5）脚本参数化：测试数据文件配置、用户自定义变量等。

6）采样器：覆盖两种协议（如 HTTP、JDBC 或 JMS）。

7）针对 HTTP 协议，需要设置断言、Cookie 管理、缺省值等。

8）测试多组负载，如并发用户 100、500、1000 等。

9）根据聚合报告、图形结果等，进行结果分析。

6．交付成果

1）记录测试完整过程（工具安装、环境设置、负载及其模式设置、脚本录制和开发、监听器、结果分析），包括脚本文件。

2）提交性能测试报告（Word 格式），描述所做的测试、遇到的问题、负载模式、结果分析等，包括主要执行截图等。

实验 7　安全性测试

（共 2 个学时）

1．实验目的

1）巩固所学到的安全性测试方法。

2）提高使用安全性测试工具的能力。

2．实验前提

1）了解常见的 Web 安全性漏洞，如 OWASP Top 10 Web 安全性漏洞。

2）掌握基本的安全性测试方法。

3）熟悉常见的安全性测试工具。

3．实验内容

针对被测试的 Web 应用系统进行安全性测试。

4．实验环境

1）每 3～5 个学生组成一个测试小组。

2）每个人或每两个人有一台 PC，安装了 Java 运行环境。

3）网络连接，能够访问互联网。

5．实验过程

1）大家了解 Metasploit、Backtrack5、W3af、ZAP 这 4 个安全性工具/框架，适当做些对比分析，探讨哪个更适合自己使用。

2）选定 1～2 个安全性测试工具，如 ZAP、Metasploit，然后进行人员的工作分工。

3）下载、安装和调试工具，如 ZAP、Metasploi。

4）可以分别使用 ZAP、Metasploit 针对 www.testfire.net 进行安全性测试，发现安全性漏洞，再对每个漏洞进行手工验证、分析。

5）可以分别使用 ZAP、Metasploit 针对 cwe.mitre.org 进行安全性测试，发现安全性漏洞，再对每个漏洞进行手工验证、分析。

6）如果可能，也可针对自己之前开发的系统进行安全性测试。

7）对两个工具的功能和使用体验，进行适当的讨论和总结。

8）对所有发现的安全性漏洞，进行讨论和总结。

6.　交付成果

提交安全性测试报告（Word 格式），描述测试工具选择的利用、工具使用心得、发现的安全性漏洞、漏洞分析等，包括主要工具执行截图等。

第7章 基于非功能性能测试

1) 可以分别运行 ZAP（MessplionΤΧ由 www.itestlue.net 网）下载安装， 了解一个基本流程，
 由本书写编辑之后（173工作版本）介绍。

5) 可以分别使用 ZAP、Melsdloit 至 owc.mfsc.org 下载下载安全技术典用层。

7) 从两个工具所记录的结果和进度报告， 进行自由研究的工具本经验。

8. 实习成果

第8章
移动应用 App 的测试

当我们乘地铁或高铁时，都发现大家低头看手机，浏览新闻，用微信聊天、玩游戏，几乎 80%的乘客都在玩手机，让我们深刻感觉现在处在一个移动互联的时代，多数人都拥有移动设备，包括智能手机、平板电脑等。根据 TalkingData 数据中心调查报告，2012 年只有 0.7 亿台活跃移动智能终端，2013 年设备翻了 4 倍，达到 3.2 亿台，2014 年继续高速度增长，达到 10.6 亿台，是 2013 年的 3 倍。按这个速度，到 2015 年平均每个人超过一部智能设备。而每台设备平均安装了 34 个应用程序，平均每天打开 20 个左右的移动应用。针对移动应用 App 测试，在今天来看，就显得越来越重要。

8.1 移动应用测试的特点

移动应用，一般都有后端服务器，包括应用服务器和数据库服务器。如果把移动应用系统看成 3 层，可以分为后端（backend）、中间件（middleware）和前端（frontend）UI，如图 8-1 所示。

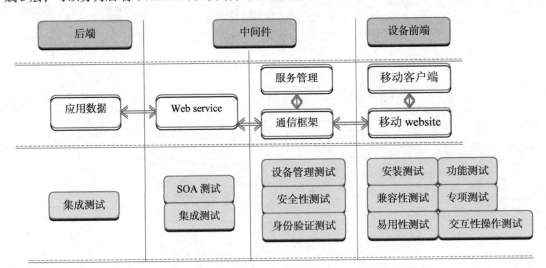

图 8-1 移动应用系统所涉及到的各类测试示意图

针对不同的层次，相应的测试目标、测试类型都是不一样的。后端和中间件的测试，不管是移动应用、一般 Web 应用（B／S 结构）还是 Windows／Mac／Linux 客户端网络应用（C/S），都没有明显差别，可以进行面向服务的 SOA 测试和面向接口的集成测试，除此之外，还要进行系统服务器的安全性渗透测试、安全性功能测试（如身份验证测试）、性能测试等，这些测试内容在前面已经讨论过，所以本章讨论的移动应用测试侧重讨论移动智能设备这端（前端）的 App 测试。

移动智能设备 App 测试，和桌面客户端、Web 页面测试有什么不同呢？这还要针对移动智能设备上运行的具体 App，进行具体的分析。一般来说，移动 App 应用往往以混合模式（Hybrid）存在，兼具 Native App（android／iOS App 等）和 Web App 两种实现模式。针对 Native App 和 Web App 进行手工 UI 测试，其差别不大，但如果是进行自动化测试，则差别较大，后面还会具体讨论。回到移动设备测试，特别是智能手机测试，有哪些特点呢？因为移动应用主要是面向个人消费者的竞争非常激烈，这要求能够快速发布、不断更新版本，从软件工程角度看，就是迭代速度快，要求测试也能够快速测试，快速得到用户的反馈。除此之外，还包括下列一些特点。

◇ 设备型号、品牌碎片化非常厉害，根据 opensignal.com 调查报告[注]，2013 年，安卓手机的型号达到 11868 种，2014 年安卓手机的型号就高达 18796 种，如图 8-2 所示。

◇ 不同的型号体现了 Android 操作系统版本、屏幕尺寸、分辨率等条件不同，这给移动App 的兼容性测试、易用性测试带来极大的挑战。

◇ 手机电池容量有限，需要进行耗电量的测试；移动应用的无线网络连接不够稳定，不少场合还要考虑流量费用，这些都可以看作手机的专项测试。

◇ 手机测试还要特别用户体验、安全性、个人隐私等问题。

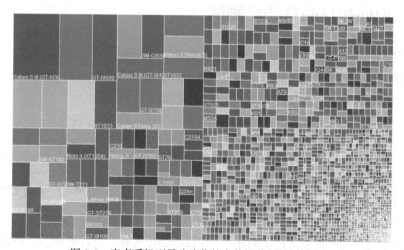

图 8-2　安卓手机型号碎片化的大数据分析结果示意图

针对移动 App 应用测试，除了针对代码的单元测试、系统功能测试之外，侧重考虑下列测试。

◇ 兼容性测试，包括硬件差异、操作系统版本等。

◇ 交互性测试，不同的操作同时发生，例如微信操作时电话来了。

[注] 来源：http://opensignal.com/reports/2014/android-fragmentation/

- 用户体验测试，即用户易用性测试，如横竖切换、触摸、多指触摸、缩放、分页和导航等操作灵活性、局限性。
- 耗电量测试，可以通过仪器来检测，也可以通过判断计算效率是否是最优的来进行评估。
- 网络流量测试，数据传输是否压缩，是否只传输必要的信息？
- 网络连接，在低速无线连接、不同网络间的切换情况下，软件容错性、稳定性如何？在无网络的情况下，App 支持离线操作吗？
- 性能测试，在移动设备端，主要通过内存、进程占有 CPU 资源等分析来完成任务。
- 稳定性测试，移动 App 闪退问题比较多，如何更好地发现 App 应用崩溃问题？

8.2　移动 App 功能测试

在单元功能测试上，在代码层次上殊途同归，只需要区分不同的开发平台，例如 Android App 应用属于 Java 开发平台，可以采用 JUnit、JMock 等工具辅助完成测试，而 iOS App 应用是基于 Object C 开发的，可以借助 Apple Xcode 开发平台实现。

在系统功能的手工测试上，移动 App 和 Web、Windows 客户端等的测试方法也没有特别之处，基于输入域的测试方法、组合测试方法等依旧可以用，特别是采用基于场景的测试方法、模拟用户操作进行测试，在这里无需特别说明。不同的是，自动化测试有比较大的区别，测试的工具和具体的技术值得在这里好好讨论。

8.2.1　面向接口的自动化测试

自动化测试金字塔

自动化测试往往可以采用分层模式来进行，如图 8-3 所示的金字塔模型，它最早由 Mike Cohn 在其著作《Succeeding with Agile》中提出。这模型告诉我们，相对上层的 API 测试（面向接口的系统功能测试），自动化测试最适合进行单元测试，研发团队在自动化单元测试上应该有更多投入。然后，自动化测试考虑尽量在接口进行测试，最后才是 UI 的自动化测试。在单元测试上的自动化测试几乎没有困难，能够做到 100%；相对 UI 的自动化测试，API 的自动化测试更容易实现，执行起来

图 8-3　自动化测试金字塔

也更稳定，脚本维护工作量也小。这也就是告诉我们，按照这个金字塔模型来进行自动化测试规划，能够产生最佳的产出投入比（ROI），用较少的投入获得更好的收益。所以，针对移动 App 应用的功能测试，我们应该首先考虑面向接口的自动化测试。

绝大多数移动 App 应用都是依赖大量的后台接口提供的服务来完成的，业务逻辑的处理主要放在服务器上完成，在设备前端更多是界面效果的渲染。移动 App 应用的功能测试可以先针对这些应用接口进行测试。移动应用的接口主要还是 Web 接口，也存在一些非 Web 接口，如自定义的通信接口。在 Web 接口中，又可以分为如下几点。

（1）基于 HTTP 协议的接口，请求（request）可以进一步分为 GET、POST 两种请求类型，response 也可以分为两种不同的类型——String 和 JSON。

（2）Web service 接口，如 XML-RPC（XML Remote Procedure Call，即 XML＋HTTP）、JSON-RPC、SOAP（Simple Object Access Protocol，SOAP=RPC+HTTP+XML）、REST（Representational State Transfer，更简明）等协议。

基于 HTTP 的基本应用接口可以完成增加、获取、更新和删除等基本操作，例如某 Cloud API，如表 8-1 所示。

表 8-1　基于 HTTP 的 API 示例

URL	HTTP 方式	功能
/mcm/api/role	POST	创建角色
/mcm/api/role/<objectId>	GET	获取角色
/mcm/api/role/<objectId>	PUT	更新角色
/mcm/api/role/<objectId>	DELETE	删除角色

例如，新浪微博就提供了比较多的开放 API 供第三方使用，如图 8-4 所示。

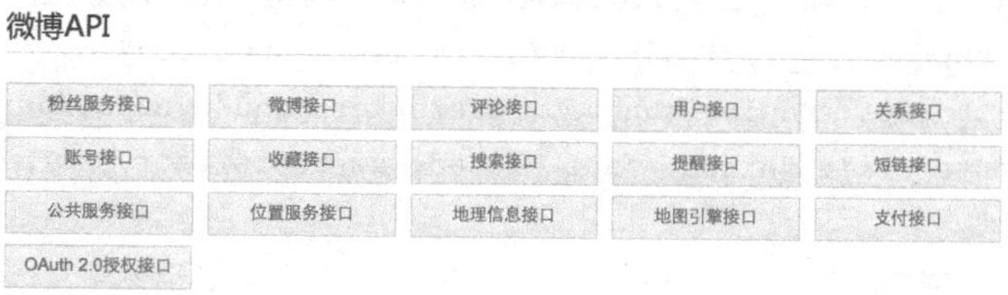

图 8-4　新浪微博提供的各种开放 API

一个具体的 API 描述：

URL https://api.weibo.com//statuses/public_timeline.json

支持格式

JSON

HTTP请求方式

GET

是否需要登录

是
关于登录授权，参见《如何登录授权》

访问授权限制

访问级别：普通接口
频次限制：是
关于频次限制，参见《接口访问权限说明》

请求参数

	必选	类型及范围	说明
source	false	string	采用OAuth授权方式不需要此参数，其他授权方式为必填参数，数值为应用的AppKey
access_token	false	string	采用OAuth授权方式为必填参数，其他授权方式不需要此参数，OAuth授权后获得
count	false	int	单页返回的记录条数，默认为50
page	false	int	返回结果的页码，默认为1
base_app	false	int	是否只获取当前应用的数据。0为否（所有数据），1为是（仅当前应用），默认为0

基于 API 的应用越来越多，技术也相当成熟了。例如，Github 也提供 API，允许第三方工

具和 Github 集成。举一个例子，输入这个 API——https://api.github.com/users/kerryzhu 就可以获得 GitHub 账户信息，并以 Json（JavaScript Object Notation）格式呈现出来：

```
{
    "login": "kerryzhu",
    "id": 11044390,
    "avatar_url": "https://avatars.githubusercontent.com/u/11044390?v=3",
    "gravatar_id": "",
    "url": "https://api.github.com/users/kerryzhu",
    "html_url": "https://github.com/kerryzhu",
    "followers_url": "https://api.github.com/users/kerryzhu/followers",
    "following_url": "https://api.github.com/users/kerryzhu/following{/other_user}",
    "gists_url": "https://api.github.com/users/kerryzhu/gists{/gist_id}",
    "starred_url": "https://api.github.com/users/kerryzhu/starred{/owner}{/repo}",
    "subscriptions_url": "https://api.github.com/users/kerryzhu/subscriptions",
    "organizations_url": "https://api.github.com/users/kerryzhu/orgs",
    "repos_url": "https://api.github.com/users/kerryzhu/repos",
    "events_url": "https://api.github.com/users/kerryzhu/events{/privacy}",
    "received_events_url": "https://api.github.com/users/kerryzhu/received_events",
    "type": "User",
    "site_admin": false,
    "name": null,
    "company": null,
    "blog": null,
    "location": null,
    "email": null,
    "hireable": null,
    "bio": null,
    "public_repos": 2,
    "public_gists": 0,
    "followers": 0,
    "following": 0,
    "created_at": "2015-02-17T12:49:36Z",
    "updated_at": "2015-04-12T01:21:38Z"
}
```

针对接口的测试，可以用 JMeter 来实现。JMeter 虽然是一个常用的性能测试工具，但它也可以帮助我们完成面向接口的应用测试，因为：

❖ 支持客户端和服务器交互的多种接口（通信）协议，如图 8-5 所示，即采样器 Sampler 所列出的 FTP、HTTP、JDBC、JMS、LDAP、SMTP、SOAP、TCP 等；

❖ 很好地支持 HTTP 协议所需的设置和处理，包括 Get / Post 方式、参数设置、重定向、Cookie 管理器、消息头和授权管理等，如图 8-6 所示；

❖ 有丰富的断言处理，如响应文本、响应代码、响应信息、文件、URL 样本、响应头信息等；

❖ 支持嵌入式 Java、JavaScript 等脚本或第三方命令，完成特定的前置处理、后置处理等。

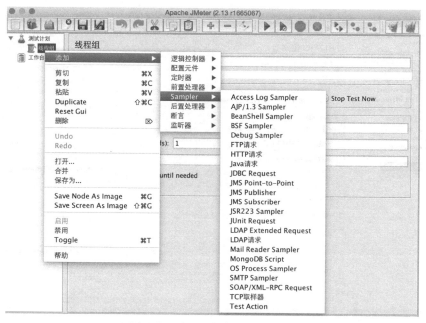

图 8-5　JMeter 所支持的众多协议

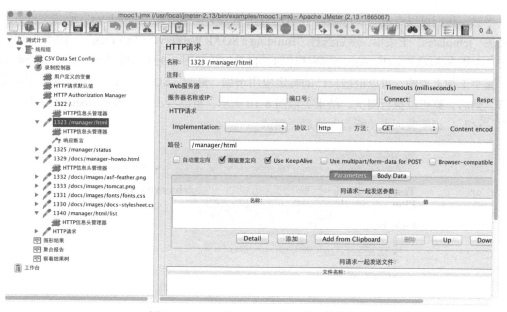

图 8-6　JMeter 对 HTTP 协议有强大的支持

　　在使用 JMeter 来进行面向接口测试时，也可以先录制基于 HTTP 的客户端和服务器交互的过程，在线程组下面要建一个 "HTTP 请求默认值" 和 "录制控制器"，然后在下面 "工作台（WorkBench）" 建立非测试元件 "HTTP 代理服务器"，并在下面增加 "查看结果树"，如图 8-7 所示。在录制脚本前，需要在计算机网络配置相应的代理机制。录制完之后，再增加相应的断言、监控器等。

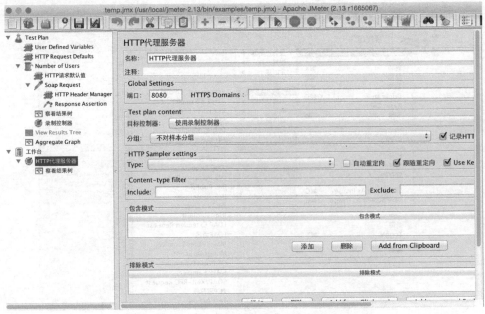

图 8-7　JMeter 录制脚本所要做的设置等示意图

当然，我们可以点击"test plan"，然后点击第二个快捷图标"templates"或"文件"菜单下面的"templates"子菜单，然后选择"Building a SOAP Webservice Test Plan"，如图 8-8 所示，创建一个面向 SOAP webservice 的测试计划，自动生成如图 8-9 所示的结果，其中"查看结果树"是手工加上去的。可以根据自己的特定应用增加、修改"SOAP Request"，并补充相应的断言。然后，就可以执行测试，结果类似图 8-10 所示，可以看出每一 Soap request 左边都显示绿色"✔"，说明验证点（断言）通过了测试。

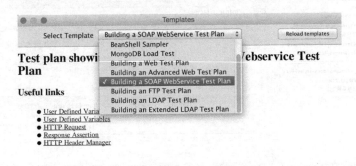

图 8-8　选择 test plan 模版的对话框

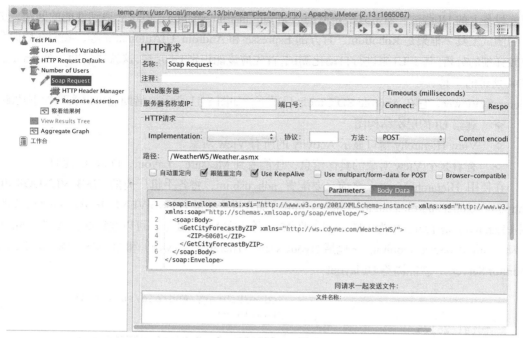

图 8-9　Webservice test plan 中 SOAP 请求呈现的界面

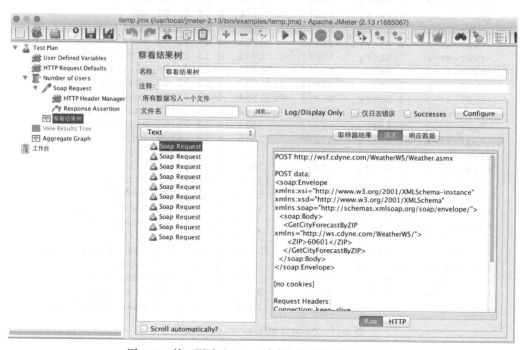

图 8-10　接口测试（SOAP 请求）测试结果显示的界面

8.2.2　Android App UI 自动化测试

Android
Instrumentation

针对 UI 进行自动化测试，就是要通过工具能够识别、控制或操作界面元素，这些界面元素包括事件、按钮、菜单、对话框、凸显、工具条等。操作 Android

智能设备上的 UI 测试，通常方法是借助 Android Instrumentation，但这会遇到性能的问题，更好的测试工具 / 框架是 Robotium、官方的 Espresso 和 Android UIAutomator 等，我们在后面会有较详细的分析。基于 UI 来进行自动化测试，首先应该能识别 UI 元素，这就要借助一个 Android SDK 所带的工具——

HierarchyViewer，它在 Android SDK/tools 目录下，如图 8-11 所示。借助它可以实现如下功能。

◇　观察 UI 的层次结构图。

◇　View Hierarchy 窗口显示 Activity 的所有 View 对象。

◇　查看某个 View 对象的具体信息，还能看到 Measure、Layout、Draw 的耗时。

在使用 HierarchyViewer 之前，要配置 adb_usb.ini，将各手机厂商的 USB VENDOR ID（http://developer.android.com/tools/device.html）加入进去，每个 USB VENDOR ID 占一行，如联想（Lenovo）是 17ef、华为（Huawei）是 12d1 等。在 Mac OS 上，可以在终端输入 "monitor" 启动 Android device monitor，它包括 layout view（HierarchyViewer）和 DDMS（Dalvik Debug Monitor Server），就能浏览 UI layout。

```
                              cd ~/Library/Android/sdk/tools
                              ro$ ls -l
total 26176
-rw-r--r--    1 Kerry     staff      785626   4 13 21:09 NOTICE.txt
-rwxr-xr-x    1 Kerry     staff        3498   4 13 21:09 android
drwxr-xr-x    5 Kerry     staff         170   4 13 21:09 ant
drwxr-xr-x    3 Kerry     staff         102   4 13 21:09 apps
-rwxr-xr-x    1 Kerry     staff        3286   4 13 21:09 ddms
-rwxr-xr-x    1 Kerry     staff        1940   4 13 21:09 draw9patch
-rwxr-xr-x    1 Kerry     staff       58732   4 13 21:09 emulator
-rwxr-xr-x    1 Kerry     staff     4146632   4 13 21:09 emulator64-arm
-rwxr-xr-x    1 Kerry     staff     4021564   4 13 21:09 emulator64-mips
-rwxr-xr-x    1 Kerry     staff     4300152   4 13 21:09 emulator64-x86
-rwxr-xr-x    1 Kerry     staff        3464   4 13 21:09 hierarchyviewer
-rwxr-xr-x    1 Kerry     staff        1845   4 13 21:09 jobb
drwxr-xr-x   79 Kerry     staff        2686   4 13 21:09 lib
-rwxr-xr-x    1 Kerry     staff        2046   4 13 21:09 lint
-rwxr-xr-x    1 Kerry     staff       13892   4 13 21:09 mksdcard
-rwxr-xr-x    1 Kerry     staff        1293   4 13 21:09 monitor
-rwxr-xr-x    1 Kerry     staff        3176   4 13 21:09 monkeyrunner
drwxr-xr-x   12 Kerry     staff         408   4 13 21:09 proguard
-rwxr-xr-x    1 Kerry     staff        2259   4 13 21:09 screenshot2
-rw-r--r--    1 Kerry     staff       16541   4 13 21:09 source.properties
drwxr-xr-x   11 Kerry     staff         374   4 13 21:09 support
drwxr-xr-x    6 Kerry     staff         204   4 13 21:09 templates
-rwxr-xr-x    1 Kerry     staff        3219   4 13 21:09 traceview
-rwxr-xr-x    1 Kerry     staff        3054   4 13 21:09 uiautomatorviewer
```

图 8-11　Android SDK/tools 目录下的文件

在 Android SDK/tools 目录下有一个更好的工具，即 uiautomatorviewer，启动这个工具，可以浏览 layout view 及其每个 view 的具体信息，如图 8-12 所示，可以浏览每个 UI 元素，鼠标点到左边每个 UI 元素，在右边窗口就能定位其对象，如 "(3) Button:登录" 及其 index、text、class、package、checkable、clickable 等属性值。

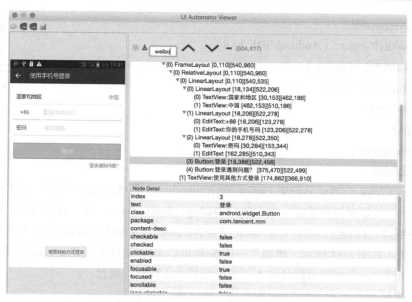

图 8-12 微信登录功能的 UI layout view 识别

有时，会有一些看不见的 UI 元素，但在 UI Automator Viewer 中能一览无余，如图 8-13 所示，下面有一个 "(8)RelativeLayout"，告诉用户 "行驶 658 米后左转……"，但没有显示出来，而在手机上操作，往下滑动会显示出来，说明程序设计时，预先多显示了一条数据，更能保证滑动时能够流畅显示信息、用户体验更好。

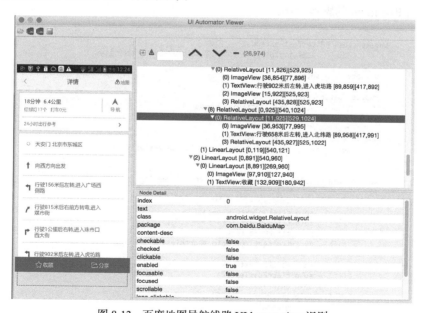

图 8-13 百度地图导航线路 UI layout view 识别

清楚了 Android UI layout view，下面就可以进一步讨论：如何使用相应的测试工具进行 UI 的自动化测试？下面就是常用的测试工具，这里侧重介绍 Robotium、Espresso /UI Automator 和 MonkeyRunner。

✧ Robotium （native/web）

✧ Espresso

    ✧   UIAutomator

    ✧   MonkeyRunner （Android SDK tool）

    ✧   Selendroid （native）

    ✧   Robolectric（web）

    ✧   LessPainful

    ✧   ATAF

    ✧   TestComplete

Robotium
框架

1. Robotium

Robotium（https://github.com/RobotiumTech/robotium）是 Android 平台上类似 Selenium 的集成测试工具，能够对各种控件（Activity、Dialog、Toast、Menu 等）进行操作，模拟各种手势操作、查找和断言机制的 API。Robotium 结合 Android 官方提供的测试框架（Instrumentation）做了一些封装，如图 8-14 所示，增加了一层 Solo test case，这样就简化了自动化测试的脚本，使脚本更具可读性，并能显著降低脚本开发和维护的工作量，而且：

    ✧   支持对 native 和 WebView 的操作，使之能够对各种安卓应用都可以进行测试；

    ✧   能自动地支持多个安卓 Activities；

    ✧   还有单独的录制回放工具（需要购买）；

    ✧   可以和 Mave、Gradle、Ant 等工具进行集成，构造持续集成环境。

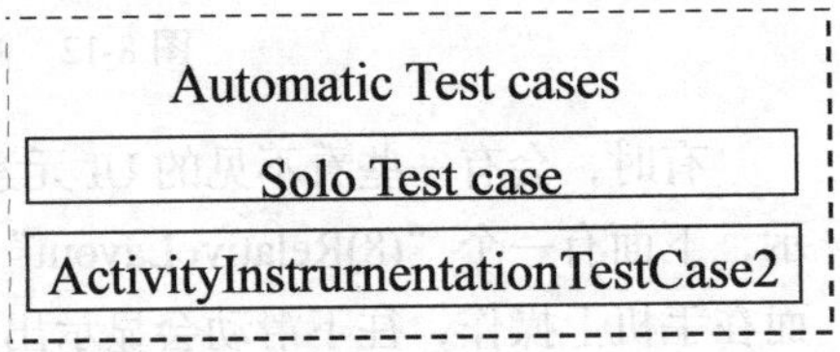

```
Automatic Test cases

    Solo Test case

ActivityInstrurnentationTestCase2
```

图 8-14　Robotium 基本层次结构

下面给出 Robotium 的脚本示例：

```java
public class EditorTest extends
                ActivityInstrumentationTestCase2<EditorActivity> {

    private Solo solo;

    public EditorTest() {
                super(EditorActivity.class);
    }

    public void setUp() throws Exception {
        solo = new Solo(getInstrumentation(), getActivity());
    }

    public void testPreferenceIsSaved() throws Exception {

                solo.sendKey(Solo.MENU);
                solo.clickOnText("More");
                solo.clickOnText("Preferences");
                solo.clickOnText("Edit File Extensions");
                Assert.assertTrue(solo.searchText("rtf"));

                solo.clickOnText("txt");
                solo.clearEditText(2);
                solo.enterText(2, "robotium");
                solo.clickOnButton("Save");
                solo.goBack();
                solo.clickOnText("Edit File Extensions");
                Assert.assertTrue(solo.searchText("application/robotium"));

    }

    @Override
    public void tearDown() throws Exception {
        solo.finishOpenedActivities();
    }
}
```

可通过 https://bintray.com/robotium/generic/releases/view 了解 Robotium 最新的发布版本、存

在的缺陷等信息，其安装简单，可以参考 http://robotium.com/pages/installation。在测试前，还需要重新对被测应用程序 APK 文件进行签名，得到一个 package name 和 main activity name（http://developer.android.com/tools/publishing/app-signing.html），将签名后的 APK 放在/sdk/platform-tools 目录下，通过命令 adb install testedapp.apk 将被测 App 安装到模拟机或真机上。

在 eclipse 中，新建一个 Android Test Project，通过配置 AndroidMainfest.xml 使得自动化脚本与被测试的 APK 关联起来，即修改 instrumentation 段，将之前签名获得的 package name、main activity name 赋给参数 android:targetPackage、android:name。在自动化脚本测试类中，声明初始类，也要与签名生成的 main activity 类名一致。准备工作完成后，就可以开发自动化脚本，来完成其测试。

2. Espresso 与 UI Automator

由于 Android 设备碎片化问题，难以在各种真实设备上执行测试，而且在真机上运行测试也非常耗时，所以我们往往采取在 Android 模拟器上执行自动化测试，能够捕获绝大部分 Bug，Espresso 借助虚拟机（VM）加速机制，能帮助我们更彻底实现 Android App 的测试。Espresso 是一种意大利式浓咖啡的名字，现在却用于自动化测试框架，是鼓励我们开发人员借助它来实施自动化测试，让工具尽可能代替我们执行更多的测试，我们才有时间品味咖啡。Espresso （https://code.google.com/p/android-test-kit/）是 Google 开源的一套面向 Android 移动应用 UI 的自动化测试框架，现在已经融入 Android 整个 Testing Support Library 之中，构成官方完整的自动化测试解决方案（https://developer.android.com/tools/testing-support-library/index.html）。

Google Espresso

Android UI Automator

- ◇ AndroidJUnitRunner：与 JUnit 4 兼容的 Android 测试执行器（test runner）。
- ◇ Espresso：面向单个 App 的功能 UI 测试自动化框架。
- ◇ UI Automator：跨多个 App、跨系统和 App 的功能 UI 测试自动化框架。

Espresso 可以写出类似白盒测试那样的更美观的自动化测试脚本，可充分利用被测 App 所实现的程序代码，而且能够实现 UI 线程同步，这是因为 Espresso 会等待当前进程的消息队列中的 UI 事件，并且等待其中的 AsyncTask 结束才会执行下一个测试，这样就解决了过去使用 Instrumentation API 进行 UI 自动化测试所带来的并发问题，能够改进测试的可靠性。Espresso 脚本包括 3 部分。

- ◇ View matching（ViewMachers）：为 View 构建的、灵活的 API，借助 onView 方法来定位 UI layout view，且支持多层次 view 的定位。
- ◇ Action APIs（ViewActions）：一系列扩展的、以完成 UI 交互操作 API 集，即借助 ViewInteraction.perform 方法来完成 view 的操作。
- ◇ ViewAssertions：借助 ViewInteraction.check 方法来判定当前所选定 view 的状态，以完成测试所需的验证。

可以简单地描述如下脚本结构：

```
onView(matcher)          //获得操作的对象，参见图 8-15 列出的 API
    .perform(viewAction)     //操作，参见图 8-16 列出的 API
    .check(viewAssertion)    // 验证点，参见图 8-17 列出的 API
```

其代码示例：

```
onView(withId(R.id.button_simple))
onView(withId(R.id.button_simple)).perform(click());
```

```
onView(withId(R.id.text_simple)).check(matches(withText("Hello Espresso!")));
```

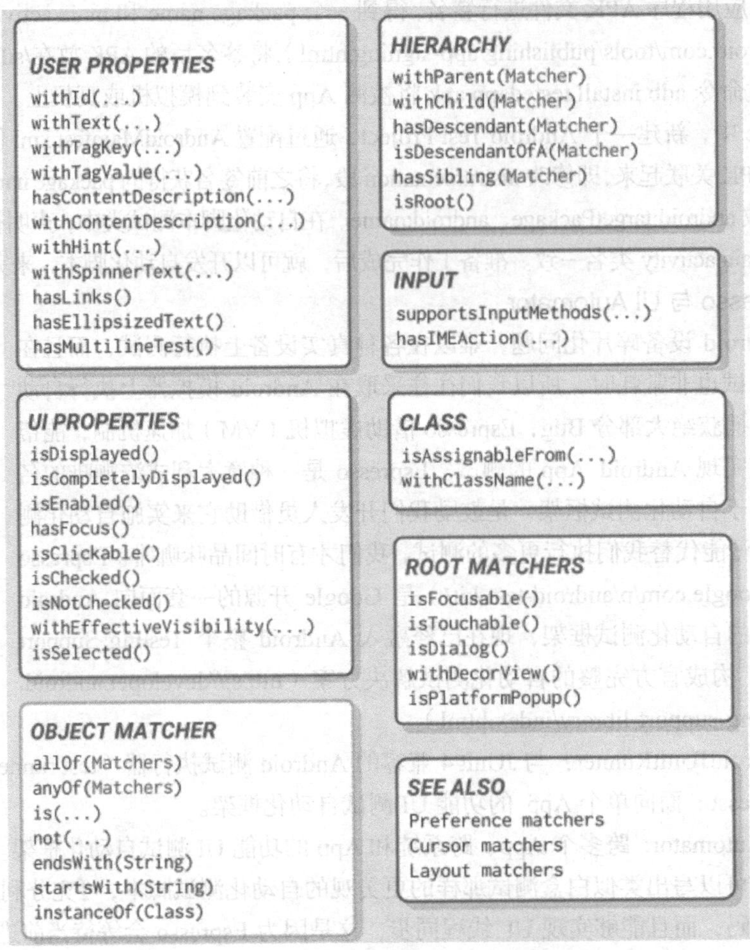

USER PROPERTIES
```
withId(...)
withText(...)
withTagKey(...)
withTagValue(...)
hasContentDescription(...)
withContentDescription(...)
withHint(...)
withSpinnerText(...)
hasLinks()
hasEllipsizedText()
hasMultilineTest()
```

HIERARCHY
```
withParent(Matcher)
withChild(Matcher)
hasDescendant(Matcher)
isDescendantOfA(Matcher)
hasSibling(Matcher)
isRoot()
```

INPUT
```
supportsInputMethods(...)
hasIMEAction(...)
```

UI PROPERTIES
```
isDisplayed()
isCompletelyDisplayed()
isEnabled()
hasFocus()
isClickable()
isChecked()
isNotChecked()
withEffectiveVisibility(...)
isSelected()
```

CLASS
```
isAssignableFrom(...)
withClassName(...)
```

ROOT MATCHERS
```
isFocusable()
isTouchable()
isDialog()
withDecorView()
isPlatformPopup()
```

OBJECT MATCHER
```
allOf(Matchers)
anyOf(Matchers)
is(...)
not(...)
endsWith(String)
startsWith(String)
instanceOf(Class)
```

SEE ALSO
```
Preference matchers
Cursor matchers
Layout matchers
```

图 8-15　view 定位（matchers）API 函数

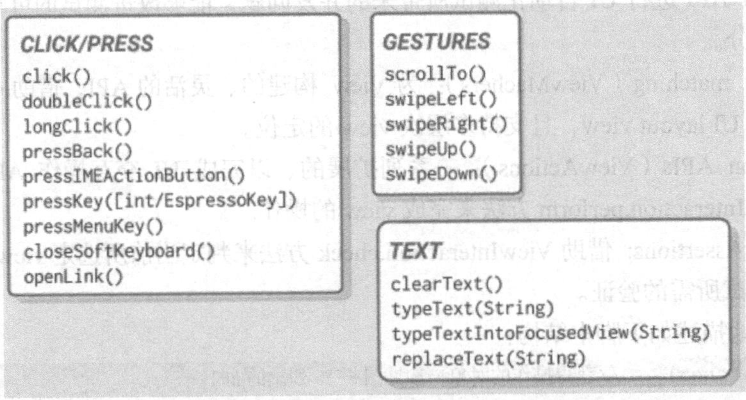

CLICK/PRESS
```
click()
doubleClick()
longClick()
pressBack()
pressIMEActionButton()
pressKey([int/EspressoKey])
pressMenuKey()
closeSoftKeyboard()
openLink()
```

GESTURES
```
scrollTo()
swipeLeft()
swipeRight()
swipeUp()
swipeDown()
```

TEXT
```
clearText()
typeText(String)
typeTextIntoFocusedView(String)
replaceText(String)
```

图 8-16　操作 view（actions）API 函数

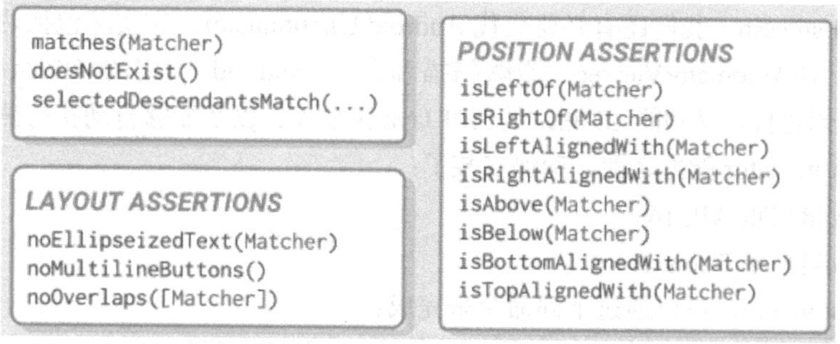

```
matches(Matcher)
doesNotExist()
selectedDescendantsMatch(...)

LAYOUT ASSERTIONS
noEllipseizedText(Matcher)
noMultilineButtons()
noOverlaps([Matcher])
```

```
POSITION ASSERTIONS
isLeftOf(Matcher)
isRightOf(Matcher)
isLeftAlignedWith(Matcher)
isRightAlignedWith(Matcher)
isAbove(Matcher)
isBelow(Matcher)
isBottomAlignedWith(Matcher)
isTopAlignedWith(Matcher)
```

图 8-17　view 断言（Assertions）API 函数

因为 Espresso 运行机制是利用 JUnit 的，所以脚本前后可加 setup()和 tearDown()方法。更多的内容可参考：http://developer.android.com/reference/android/support/test/espresso/package-summary.html。

Espresso 的代码示例：

```java
package com.example.android.testing.espresso.BasicSample;

import static android.support.test.espresso.Espresso.onView;
import static android.support.test.espresso.action.ViewActions.click;
import static android.support.test.espresso.action.ViewActions.closeSoftKeyboard;
import static android.support.test.espresso.action.ViewActions.typeText;
import static android.support.test.espresso.assertion.ViewAssertions.matches;
import static android.support.test.espresso.matcher.ViewMatchers.withId;
import static android.support.test.espresso.matcher.ViewMatchers.withText;

import android.app.Activity;
import android.test.ActivityInstrumentationTestCase2;

import android.support.test.espresso.action.ViewActions;
import android.support.test.espresso.matcher.ViewMatchers;

public class ChangeTextBehaviorTest extends ActivityInstrumentationTestCase2<MainActivity> {

    public static final String STRING_TO_BE_TYPED = "Espresso";

    public ChangeTextBehaviorTest() { super(MainActivity.class); }

    @Override
    protected void setUp() throws Exception {
        super.setUp();
        // For each test method invocation, the Activity will not actually be created
        // until the first time this method is called.
        getActivity();
    }

    public void testChangeText_sameActivity() {
        // Type text and then press the button.
        onView(withId(R.id.editTextUserInput))
                .perform(typeText(STRING_TO_BE_TYPED), closeSoftKeyboard());
        onView(withId(R.id.changeTextBt)).perform(click());

        // Check that the text was changed.
        onView(withId(R.id.textToBeChanged)).check(matches(withText(STRING_TO_BE_TYPED)));
    }

    public void testChangeText_newActivity() {
        // Type text and then press the button.
        onView(withId(R.id.editTextUserInput)).perform(typeText(STRING_TO_BE_TYPED),
                closeSoftKeyboard());
        onView(withId(R.id.activityChangeTextBtn)).perform(click());
        onView(withId(R.id.show_text_view)).check(matches(withText(STRING_TO_BE_TYPED)));
    }
}
```

介绍完了 Espresso，我们还有必要交代 Android UIAutomator，它实际包括两部分，其一就是前面介绍的 UIAutomatorViewer，能够扫描和分析 Android 应用的 UI 组件；其二就是 UIAutomator，创建自定义功能 UI 测试的 API Java 函数库，以及能够自动执行测试的引擎。具备 Android UIAutomator 能力之前，确保安装了：

✧　Android SDK API 16+

✧　Android SDK Tools 21+

执行 UIAutomator，可以通过下列命令来完成：

```
adb shell uiautomator runtest <jar> -c <test_class_or_method> [options]
```

主要调用的 package 有 UiCollection 、UiDevice、UiSelector、UiObject 等，

详见：http://developer.android.com/tools/testing-support-library/index.html#UIAutomator。

UIAutomator 代码示例如下：

```java
package com.example.android.testing.uiautomator.BasicSample;

import org.junit.Before;
import org.junit.Test;
import org.junit.runner.RunWith;

import android.content.Context;
import android.content.Intent;
import android.content.pm.PackageManager;
import android.content.pm.ResolveInfo;
import android.support.test.InstrumentationRegistry;
import android.support.test.filters.SdkSuppress;
import android.support.test.runner.AndroidJUnit4;
import android.support.test.uiautomator.By;
import android.support.test.uiautomator.UiDevice;
import android.support.test.uiautomator.UiObject2;
import android.support.test.uiautomator.Until;

import static org.hamcrest.CoreMatchers.equalTo;
import static org.hamcrest.CoreMatchers.is;
import static org.hamcrest.CoreMatchers.notNullValue;
import static org.junit.Assert.assertThat;

/**
 * Basic sample for unbundled UiAutomator.
 */
@RunWith(AndroidJUnit4.class)
@SdkSuppress(minSdkVersion = 18)
public class ChangeTextBehaviorTest {

    private static final String BASIC_SAMPLE_PACKAGE
            = "com.example.android.testing.uiautomator.BasicSample";

    private static final int LAUNCH_TIMEOUT = 5000;

    private static final String STRING_TO_BE_TYPED = "UiAutomator";

    private UiDevice mDevice;

    @Before
    public void startMainActivityFromHomeScreen() {
        // Initialize UiDevice instance
        mDevice = UiDevice.getInstance(InstrumentationRegistry.getInstrumentation());

        // Start from the home screen
        mDevice.pressHome();

        // Wait for launcher
        final String launcherPackage = getLauncherPackageName();
        assertThat(launcherPackage, notNullValue());
        mDevice.wait(Until.hasObject(By.pkg(launcherPackage).depth(0)), LAUNCH_TIMEOUT);
```

```
    // Launch the blueprint app
    Context context = InstrumentationRegistry.getContext();
    final Intent intent = context.getPackageManager()
            .getLaunchIntentForPackage(BASIC_SAMPLE_PACKAGE);
    intent.addFlags(Intent.FLAG_ACTIVITY_CLEAR_TASK);    // Clear out any previous instances
    context.startActivity(intent);

    // Wait for the app to appear
    mDevice.wait(Until.hasObject(By.pkg(BASIC_SAMPLE_PACKAGE).depth(0)), LAUNCH_TIMEOUT);
}

@Test
public void checkPreconditions() { assertThat(mDevice, notNullValue()); }

@Test
public void testChangeText_sameActivity() {
    // Type text and then press the button.
    mDevice.findObject(By.res(BASIC_SAMPLE_PACKAGE, "editTextUserInput"))
            .setText(STRING_TO_BE_TYPED);
    mDevice.findObject(By.res(BASIC_SAMPLE_PACKAGE, "changeTextBt"))
            .click();

    // Verify the test is displayed in the Ui
    UiObject2 changedText = mDevice
            .wait(Until.findObject(By.res(BASIC_SAMPLE_PACKAGE, "textToBeChanged")),
                    500 /* wait 500ms */);
    assertThat(changedText.getText(), is(equalTo(STRING_TO_BE_TYPED)));
}

@Test
public void testChangeText_newActivity() {
    // Type text and then press the button.
    mDevice.findObject(By.res(BASIC_SAMPLE_PACKAGE, "editTextUserInput"))
            .setText(STRING_TO_BE_TYPED);
    mDevice.findObject(By.res(BASIC_SAMPLE_PACKAGE, "activityChangeTextBtn"))
            .click();

    // Verify the test is displayed in the Ui
    UiObject2 changedText = mDevice
            .wait(Until.findObject(By.res(BASIC_SAMPLE_PACKAGE, "show_text_view")),
                    500 /* wait 500ms */);
    assertThat(changedText.getText(), is(equalTo(STRING_TO_BE_TYPED)));
}
```

3. MonkeyRunner

Monkeyrunner 不同于 Monkey(它是基于 adb 命令实现的)，而是基于 Python
脚本实现复杂测试用例的 UI 测试工具，通过坐标、控件 ID 来操作应用的 UI
元素，截取测试执行的 UI 界面，进行图像比较分析来发现问题。Monkeyrunner
采用客户端 / 服务器（C/S）架构，通过 Jython 来解释 Python 脚本，然后将解
析后的命令发送到 Android 设备上以执行测试，如图 8-18 所示。其中：

MonkeyRunner

◇　InstrumentationTestRunner 是针对被测 App 而运行测试脚本的执行器。

◇　Test tools：即与 Eclipse IDE 集成的、构建测试的 SDK tools 。

◇　MonkeyRunner: 提供 API 开发测试脚本，以便能在 Android 代码之外来控制设备。

◇　Test package 被组织在测试项目中，遵守命名空间，如被测的 Java 包是
com.mydomain.myapp，那么测试包就是 com.mydomain.myapp.test。

◇　Test case classes，如图 8-19 所示。

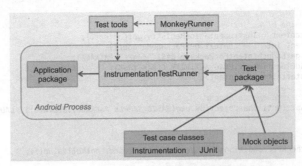

图 8-18　Android 自动化测试的基本原理

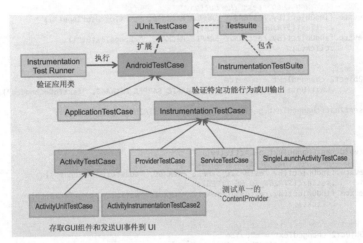

图 8-19　AndroidTestCase 类图

Monkeyrunner 允许在 Python 脚本中继承 Java 类型，调用任意的 Java API。Monkeyrunner API 由 com.android.monkeyrunner 命名空间中下列 3 个类组成。

◇　MonkeyRunner：提供连接到设备或者模拟器的方法，也提供了为 monkeyrunner 脚本创建 UI 界面的一些函数，最常用的函数是 waitForConnection，返回 MonkeyDevice 对象。

◇　MonkeyDevice：代表一个设备或模拟器，封装了一系列方法，实现如安装/卸载应用、启动活动、向应用发送按键或触摸消息等各种操作，如 installPackage、removePackage、press、touch、type、wake、startActivity、MonkeyImage takeSnapshot 等。

◇　MonkeImage：完成屏幕抓图、转化图片格式、图像比较、将图像写入文件等操作。

可进一步参考官方资料 http://developer.android.com/tools/help/monkeyrunner_concepts.html。

最后，给出代码示例如下：

```
from com.android.monkeyrunner import MonkeyRunner, MonkeyDevice
# 连接当前设备,返回 MonkeyDevice 对象
device = MonkeyRunner.waitForConnection()

# 安装被测 Android 包, 返回布尔值, 可以增加判断语句, 判断安装是否成功.
device.installPackage('myproject/bin/MyApplication.apk')
package = 'com.example.android.myapplication'
activity = 'com.example.android.myapplication.MainActivity'
runComponent = package + '/' + activity
```

```
# 运行组件，并点击 menu 菜单、抓屏，最后将图片存储在 png 格式的文件中
device.startActivity(component=runComponent)
device.press('KEYCODE_MENU', MonkeyDevice.DOWN_AND_UP)
result = device.takeSnapshot()
result.writeToFile('myproject/shot1.png','png')
```

8.2.3　iOS App UI 自动化测试

在介绍 iOS App UI 自动化之前，让我们首先认识一下 Xcode （如图 8-20 所示）中的 instruments 工具，它用于动态跟踪和分析 OS X 和 iOS 代码的实用工具，如同时跟踪多个进程，并检查所收集到的数据，从而帮助我们实现自动化测试，包括功能测试组件 UI Automation、性能分析组件 leaks、allocations 等，如图 8-21 所示。其中，UI Automation（其主界面如图 8-22 所示）就是这里需要重点介绍的工具，它提供了足够的能够模拟用户交互操作的 API，通过 JavaScript 编写测试用例，其执行的日志信息返回到 instruments 信息栏。

Xcode 自带的 instrument 中的 Automation 实现自动化测试简单使用

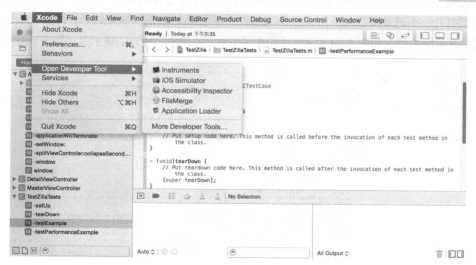

图 8-20　在 Xcode 中打开各种开发工具（包括 instruments、iOS 模拟器）

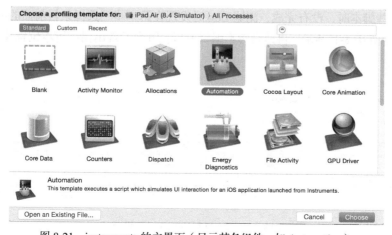

图 8-21　instruments 的主界面（显示其各组件，如 Automation）

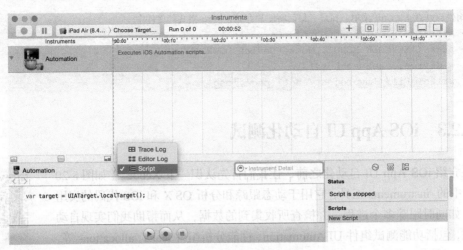

图 8-22　Automation 的主界面

虽然使用 UI Automation 进行自动化测试比较简单，但录制的脚本再回放时成功率比较低。在 TestZilla Master 程序（如图 8-23 所示）中做了一个基本操作的录制，即点"＋"增加两条记录，然后打开一条记录浏览后返回，再点"Edit"，选择条目前面的删除符号，再点"Delete"进行删除，其录制的脚本如图 8-24 所示。从图中可以看出，脚本行距小，显示过于紧密，阅读性差。

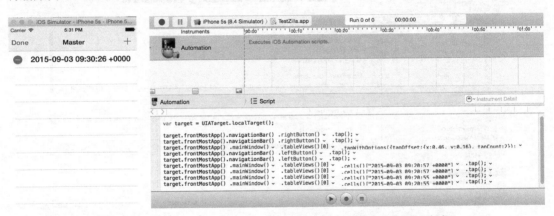

图 8-23　TestZilla Master App 界面　　　图 8-24　用 Automation 录制自动化测试脚本

当回放这些脚本时，没有完成，浏览 Log 时发现在第 7 步"选择条目前面的删除符号"时出错（error），如图 8-25 所示。再回到脚本编辑窗口，就会发现出错的脚本位置及为什么出错，如图 8-26 所示。

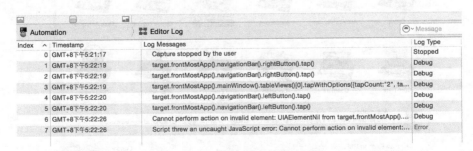

图 8-25　脚本执行的 Log 显示界面

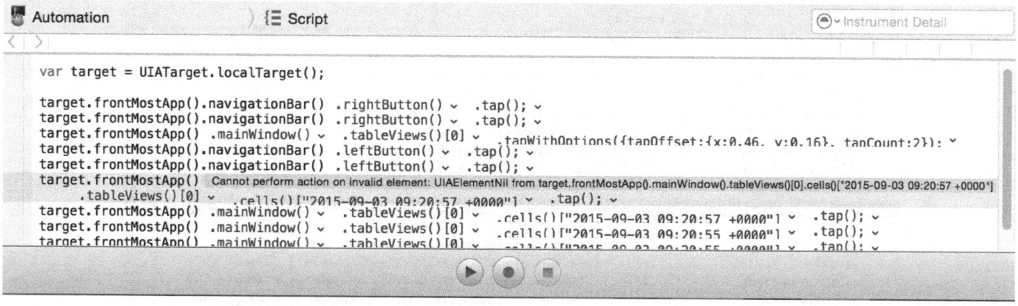

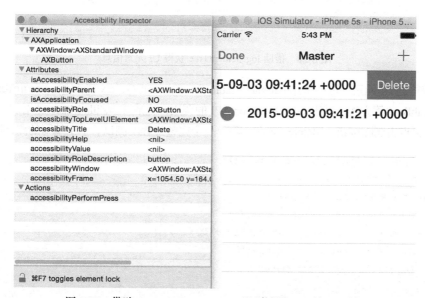

图 8-26　脚本窗口显示具体错误信息

　　靠录制脚本不是有效的方法，脚本执行不稳定，所以考虑手工编写脚本，这时可以借助 Accessibility Inspector 来识别 UI 元素，如图 8-27 所示。

图 8-27　借助 Accessibility Inspector 识别被测 App 的 UI 元素

　　也可以借助调用 logElementTree 来识别将当前屏幕组件的层次树状结构打印到日志中，通过日志定位组件。这需要在 Automation 脚本窗口输入这 4 行代码：

```
var target = UIATarget.localTarget();
var app = target.frontMostApp();
var window = app.mainWindow();
target.logElementTree();
```

　　执行这些脚本，就会自动生成 UI 元素的层次树状结构，如图 8-28 所示。然后基于这个调用 UI Automation API 来完成测试脚本的开发，测试执行效率和稳定性都会有所提高。

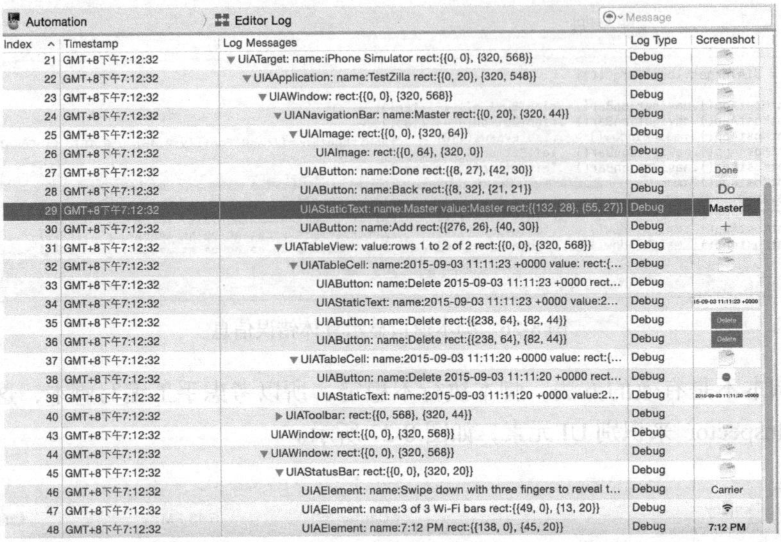

Automation 〉 Editor Log

Index	Timestamp	Log Messages	Log Type	Screenshot
21	GMT+8下午7:12:32	▼UIATarget: name:iPhone Simulator rect:{{0, 0}, {320, 568}}	Debug	
22	GMT+8下午7:12:32	▼UIAApplication: name:TestZilla rect:{{0, 20}, {320, 548}}	Debug	
23	GMT+8下午7:12:32	▼UIAWindow: rect:{{0, 0}, {320, 568}}	Debug	
24	GMT+8下午7:12:32	▼UIANavigationBar: name:Master rect:{{0, 20}, {320, 44}}	Debug	
25	GMT+8下午7:12:32	▼UIAImage: rect:{{0, 0}, {320, 64}}	Debug	
26	GMT+8下午7:12:32	UIAImage: rect:{{0, 64}, {320, 0}}	Debug	
27	GMT+8下午7:12:32	UIAButton: name:Done rect:{{8, 27}, {42, 30}}	Debug	Done
28	GMT+8下午7:12:32	UIAButton: name:Back rect:{{8, 32}, {21, 21}}	Debug	Do
29	GMT+8下午7:12:32	UIAStaticText: name:Master value:Master rect:{{132, 28}, {55, 27}}	Debug	Master
30	GMT+8下午7:12:32	UIAButton: name:Add rect:{{276, 26}, {40, 30}}	Debug	+
31	GMT+8下午7:12:32	▼UIATableView: value:rows 1 to 2 of 2 rect:{{0, 0}, {320, 568}}	Debug	
32	GMT+8下午7:12:32	▼UIATableCell: name:2015-09-03 11:11:23 +0000 value: rect:{...	Debug	
33	GMT+8下午7:12:32	UIAButton: name:Delete 2015-09-03 11:11:23 +0000 rect...	Debug	
34	GMT+8下午7:12:32	UIAStaticText: name:2015-09-03 11:11:23 +0000 value:2...	Debug	15-09-03 11:11:23 +0000
35	GMT+8下午7:12:32	UIAButton: name:Delete rect:{{238, 64}, {82, 44}}	Debug	Delete
36	GMT+8下午7:12:32	UIAButton: name:Delete rect:{{238, 64}, {82, 44}}	Debug	Delete
37	GMT+8下午7:12:32	▼UIATableCell: name:2015-09-03 11:11:20 +0000 value: rect:{...	Debug	
38	GMT+8下午7:12:32	UIAButton: name:Delete 2015-09-03 11:11:20 +0000 rect...	Debug	
39	GMT+8下午7:12:32	UIAStaticText: name:2015-09-03 11:11:20 +0000 value:2...	Debug	2015-09-03 11:11:20 +0000
40	GMT+8下午7:12:32	▶UIAToolbar: rect:{{0, 568}, {320, 44}}	Debug	
43	GMT+8下午7:12:32	UIAWindow: rect:{{0, 0}, {320, 568}}	Debug	
44	GMT+8下午7:12:32	▼UIAWindow: rect:{{0, 0}, {320, 568}}	Debug	
45	GMT+8下午7:12:32	▼UIAStatusBar: rect:{{0, 0}, {320, 20}}	Debug	
46	GMT+8下午7:12:32	UIAElement: name:Swipe down with three fingers to reveal t...	Debug	Carrier
47	GMT+8下午7:12:32	UIAElement: name:3 of 3 Wi-Fi bars rect:{{49, 0}, {13, 20}}	Debug	
48	GMT+8下午7:12:32	UIAElement: name:7:12 PM rect:{{138, 0}, {45, 20}}	Debug	7:12 PM

图 8-28　借助 logElementTree 获得 UI 元素信息

基于获得的 UI 元素，可以采用 parent()、tableViews()、cells()、textFields()、secureTextFields()、buttons()、tabBar()等方法。基于 UIAutomation API 的调用，完成 TestZilla Master “增加一项内容、点击 Edit、再点击删除按钮、‘delete’ 该项内容”一个完整过程的测试，手工编写的测试脚本如下：

```
var target = UIATarget.localTarget();
var app = target.frontMostApp();
var window = app.mainWindow();
var navBar = window.navigationBar();
var navBarLabel = navBar.staticTexts()[0];
if (navBarLabel.name() == "Master")
   UIALogger.logPass("app 打开成功");
else
    UIALogger.logFail("app 打开失败");
navBar.buttons()["Add"].tap();
target.delay(1);
navBar.buttons()["Edit"].tap();
var tableView = window.tableViews()[0];
var currentCell = tableView.cells()[0];
UIALogger.logMessage("Starting delete " + currentCell.name());
currentCell.buttons()["Delete "+ currentCell.name()].tap();
currentCell.buttons()["Delete"].tap();
target.delay(1);
navBar.buttons()["Done"].tap();
if (navBar.staticTexts()[currentCell.name()].isVisible())
    UIALogger.logFail("内容删除失败");
else
   UIALogger.logPass("成功删除");
```

测试结果 Log 显示如下，两个验证点都出现“pass”，测试通过。

app打开成功	Pass
target.frontMostApp().mainWindow().navigationBar().buttons()["Add"].tap()	Debug
target.frontMostApp().mainWindow().navigationBar().buttons()["Edit"].tap()	Debug
Starting delete 2015-09-04 01:00:29 +0000	Default
target.frontMostApp().mainWindow().tableViews()[0].cells()[0].buttons()["Delete 2015-09-04 01:00:29 +0000"].tap()	Debug
target.frontMostApp().mainWindow().tableViews()[0].cells()[0].buttons()["Delete"].tap()	Debug
target.frontMostApp().mainWindow().navigationBar().buttons()["Done"].tap()	Debug
成功删除	Pass

这样可以完成 iOS App 的功能测试，而且系统自带的 UI Automation API 比较全，UI 元素识别也没问题，如上图 8-28 所示，脚本编写和调试还算方便，但缺乏测试用例、test suite 管理，需要寻求一些更灵活的专业测试工具，帮助我们更好地完成 iOS 自动化测。

◇　**Frank/Cucumber（https://github.com/TestingWithFrank/Frank）**：一款基于 BDD（行为驱动开发）开发模式的 iOS App 测试工具，使用 Cucumber 作为自然语言来编写结构化文字类型的验收测试用例，适合模拟用户操作对应用程序进行黑盒测试。Frank 还包含一个很有用的 App 检查工具 Symbiote——监控正在运行的 App，获得所需的各种信息。

◇　**KIF**（Keep It Functional，https://github.com/kif-framework/KIF）：Square 公司专为 iOS 设计的一款 App 测试工具，它是基于 iOS accessibility 实现的、面向 UI 的自动化测试，构建和执行测试都是基于规范的 XCTest 实现的，测试在主线程同步展开，允许复杂逻辑和组合性操作。

◇　**Kiwi**（https://github.com/kiwi-bdd/Kiwi/）：也是基于 BDD 的 iOS 测试框架，遵守 RSpec 脚本规范，具有多层次的嵌套式上下文、丰富的测试判断集、Mocks 和 stubs，而且它构建在 OCUnit 之上，可以复用单元测试代码，接口简单而高效，更适合 iOS 开发者使用。

有一篇文章对比了 Frank 和 KIF：https://blog.testfort.com/mobile-application-testing/kif-vs-frank。

当我们完成一个 iOS App 版本开发后，需要提交 IPA 给测试人员进行测试，但需要测试者手机的 UDID 串号才能打包 IPA，这是 iOS 测试常常遇到的问题。而 TestFlight 就是用来解决这个问题的，其操作比较简单，去 https://testflightapp.com 注册一个账号，按照它的提示（如创建 team、发送邮件等），对方收到邮件按照提示操作，串号就能获得，之后的 IPA 安装也变得非常方便。

8.2.4　跨平台的 App UI 自动化测试

除了上面介绍的专为 Android 或 iOS 开发的测试工具之外，还有一些跨平台（同时支持 Android 和 iOS）的 App 测试工具，这类工具一般也支持 native、Web 和 Hybrid（混合）方式的应用。比较常见的工具如下。

◇　Calabash /Cucumber：http://calaba.sh/
◇　Appium：http://appium.io/
◇　MonkeyTalk：https://www.cloudmonkeymobile.com/monkeytalk
◇　Nativedriver：https://code.google.com/p/nativedriver/

◇ Soasta TouchTest：http://www.soasta.com/touchtest/

◇ Ranorex Studio：http://www.ranorex.com/mobile-automation-testing.html

◇ Borland SilkMobile：http://www.borland.com/Products/ Software-Testing/ Automated-Testing/ Silk-Mobile

◇ Experitest SeeTest：https://experitest.com/automation/

Appium

Nativedriver

前面 4 个是开源的，鼓励大家使用开源工具，特别是 Calabash、Appium、Nativedriver 等，由于篇幅有限，就不做详细介绍了，大家可以去它们的官方网站获得所需的资料。能做到跨平台的测试，有不同的实现方法。Appium 框架主要采用 Selenium 框架，能够将 iOS 的 UI Automation、Android 的 UI Automator 等 API 封装成 WebDriver API，这样可以将 iOS / Android native 和 Web view 放在一个框架内完成其测试执行。Nativedriver 实现方式类似 Appium，分别为 Android、iOS 建立本地驱动。而 Calabash 分别为 Android、iOS 建立两个独立的函数库（backend）：

◇ https://github.com/calabash/calabash-ios

◇ https://github.com/calabash/calabash-android

通过后台服务器来连接 iOS Instruments（UI Automation）和 Android Robotium 库（我们前面知道，Robotium 是基于 Android instrumentation 封装的）。实现的机理如图 8-29 所示。

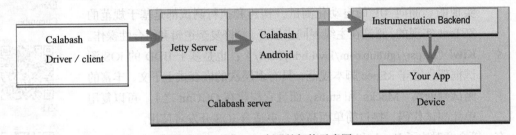

图 8-29　Calabash 实现的架构示意图

再进一步，我们可以将 Calabash、Robotium、Espresso、Selendroid、Appium、UI Automator 等众多的 Android 自动化测试框架放在一起，更好地理解它们之间的关系，对它们实现的机理更清楚，如图 8-30 所示。

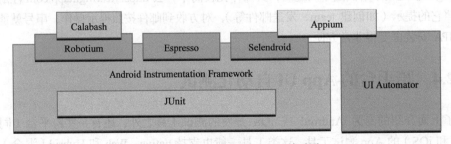

图 8-30　Android 主流测试工具关系图

在选择测试工具时，还可以从各方面进行比较，这里给出一个例子，见表 8-2。

表 8-2　流行的 Android 测试工具比较

比较的项	Robotium	UI Automator	Espresso	Appium	Calabash
支持 Android	✔	✔	✔	✔	✔

续表

比较的项	Robotium	UI Automator	Espresso	Appium	Calabash
支持 iOS	—	—	—	✔	✔
支持 Web 方式	✔　Android	基于像素点操作	—	✔　Android&iOS	✔　Android
脚本语言	Java	Java	Java	多种语言	Ruby
创建测试工具	Testdroid Recorder	UI Automator Viewer	Hierarchy Viewer	Appium.app	CLI
支持 API 水平	完全	完全	完全	完全	完全
社区	贡献者	Google	Google	活跃	一般

8.3　专项测试

如前所述，移动设备有碎片化问题，要针对不同品牌、不同型号、不同分辨率、不同 OS 版本等进行兼容性测试，但由于设备型号太多，全靠真机完成测试代价太大，一般有两种解决办法。

（1）借助模拟器，可以模拟各种版本、各种尺寸、各种分辨率的虚拟设备，在 Android 或 iOS 模拟器上完成测试。

（2）借助云测试服务，例如百度 MTC（http://mtc.baidu.com）等提供的服务，一般具备 1000 种左右的真机供适配测试。

当然也可以从技术、代码角度进行分析，识别出 App 中哪些地方会带来兼容性问题，有针对性地进行测试。而且也没有必要对所有品牌、型号、版本进行测试，而应该选择市场占有率较高的（如大于 3%）品牌、型号、版本来进行测试。这里还涉及多因素组合爆炸问题，需采用两两组合、正交试验法等优化组合，极大降低组合数，以较小的工作量完成测试。

除了移动设备碎片化问题，移动应用还存在其特殊的应用环境，针对这些特殊场景，需要进行一些专项测试，如耗电量测试、流量测试及其环境相关的测试，其中环境相关的测试包括干扰测试、定位测试、弱网络测试等。

8.3.1　耗电量测试

暂且不说"耗电量测试仪"硬件测试方法，从软件测试角度看，我们需要针对被测 App 进行电量测试，这还依赖于测试工具，Android、iOS 都有自己的测试工具。

耗电量测试

1. Android 耗电量测试

Android 可使用工具 GSam Battery Monitor Pro（如图 8-31 所示，需要购买，15 元左右，https://play.google.com/store/apps/details?id=com.gsamlabs.bbm.pro），该工具的主要功能如下。

　❖　通过 App Sucker 挖掘那些耗尽电池的应用程序。

　❖　通过可选的状态栏随时了解电池状态、剩余时间。

　❖　深挖一个应用程序是如何使用电池的，包括 wakelock 细节。

　❖　针对如 CPU 及传感器的使用、应用程序 / 内核 wakelocks 和唤醒时间等不同方面的耗电情况进行排序。

✧ CPU & sensor usage, app wakelocks, wake time, and kernel wakelocks。

✧ 通过设置，自动显示某一段时间之后的耗电情况。

✧ 借助 DashClock widget，可以获得更为详细的电池信息。

✧ 通过设置，当充电状态、温度及电池健康出现问题时能及时报警。

图 8-31　GSam Battery Monitor Pro 主要功能界面展示

2. iOS 耗电量测试

8.2.3 小节图 8-21 所示的 instruments 主界面中就有一个 Energy Dialogistics 工具，帮助我们分析其电池情况，包括 CPU、网络、显示、休眠 / 唤醒、蓝牙、Wi-Fi、GPS 等各组件耗电情况，如图 8-32 所示。点击录制，然后操作应用，就能获得应用耗电变化的统计结果，如图 8-33 所示。

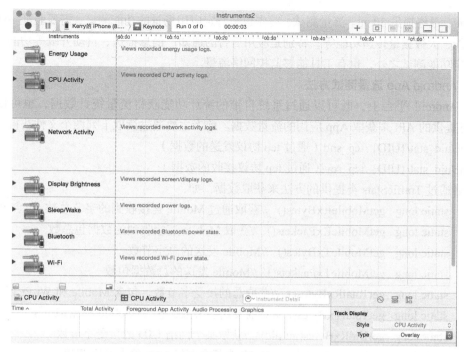

图 8-32　Energy Dialogistics 主界面

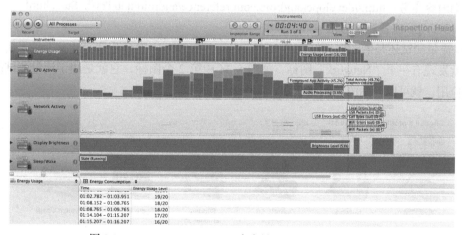

图 8-33　Energy Dialogistics 正在度量 iPhone 电池耗电情况

8.3.2　流量测试

虽然 Wi-Fi 应用越来越普及，但多数手机还是要每月购买流量，移动应用程序如何降低流量也是必须考虑的。除了减少不必要的信息网络传输、对数据传输的数据进行压缩，还需要判断用户的连接是 Wi-Fi 还是 Mobile（2G/3G/4G）连接，如果是后者，在下载比较大的数据包（如字典软件的语音包、视频软件的 MP4 文件等），必须提示，得到用户确认后才能下载，否则就不能下载。作者曾经就碰到一个比较糟糕的情况，一款英语学习软件没有判断用户手机连接的是否为 Wi-Fi 连接，就自动下载几百兆的语音数据包，造成几百元的流量费，后和移动公司协商（短信通知不够及时），才转

流量测试

为套餐费，最终损失 30 元。流量测试，首先也是特定应用场景的功能测试，需要验证一些自动下载功能、大数据量传递功能等，特别是应用后台的通知、消息推送、自动升级等功能。除了这些特定功能测试之外，也有工具能够监控网络流量。

1. Android App 流量测试方法

在 Android 平台上，既可以通过系统自带的统计功能获得流量统计数据，也可以通过 Android 提供的 API 来获取 App 应用的流量数据。前者主要通过读取下列两个文件获得：

proc/uid_stat/{UID} /tcp_snd（通过 tcp 协议发送的数据）

proc/uid_stat/{UID} /tcp_rcv（通过 tcp 协议接收的数据）

后者通过 TrafficStats 类提供的方法来获取数据，如：

✧　static long　getMobileRxBytes() //获取通过 Mobile 连接收到的字节总数，不含 Wi-Fi

✧　static long　getMobileRxPackets() //获取 Mobile 连接收到的数据包总数

✧　static long　getMobileTxBytes() //Mobile 发送的总字节数

✧　static long　getMobileTxPackets() //Mobile 发送的总数据包数

✧　static long　getTotalRxBytes() //获取总的接受字节数，包含 Mobile 和 Wi-Fi 等

✧　static long　getTotalTxBytes() //总的发送字节数，包含 Mobile 和 Wi-Fi 等

✧　static long　getUidRxBytes(int uid) //获取某个网络 UID 的接受字节数

✧　static long　getUidTxBytes(int uid) //获取某个网络 UID 的发送字节数

详细内容参考：http://developer.android.com/reference/android/net/TrafficStats.html

2. iOS App 流量测试方法

iOS 流量测试还是借助强大的工具 Instruments，在 Xcode 中打开这个开发工具，往下滚动屏幕，就发现有一个"Network"图标，如图 8-34 中第 2 个图标，它就是用于流量测试的。打开这个应用，就可以开始测试网络流量，如图 8-35 所示。

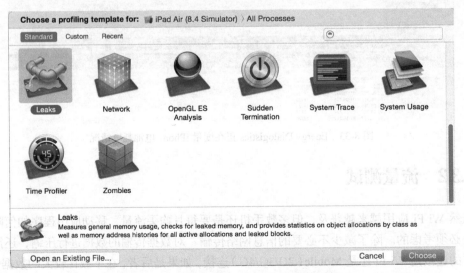

图 8-34　Xcode 的 Instruments 主界面（部分）

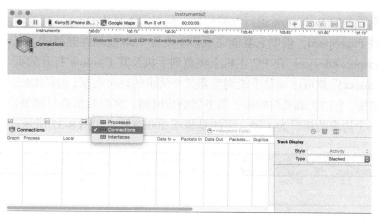

图 8-35　Instruments 的 Network 工具运行界面

8.4　性能测试

移动应用的性能测试包括 3 个部分。

（1）Web 前端的性能测试。

（2）移动 App 端 native 性能测试。

（3）后台服务器性能测试。

Web 前端性能测试服务和工具有很多，如 Fiddler、YSlow、FireBug、WebPageTest 等服务，例如在 http://www.webpagetest.org/ 上输入要测试的 URL、世界某个地方、某种浏览器，就可以获得性能测试结果，如图 8-36 所示。

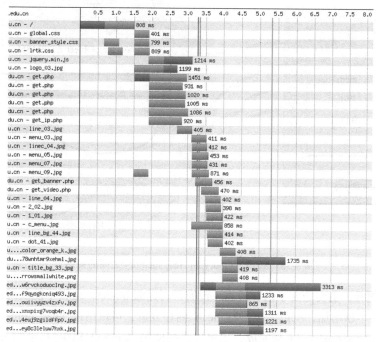

图 8-36　WebPageTest 针对某网站主页测试的结果显示

但针对移动设备的 Web view 进行性能测试，最好的工具为 Google 浏览器的 Chrome 插件 PageSpeed，借助它就能完成移动设备 Web 前端性能测试。先通过 chrome://inspect/#devices 在 PC 主机上浏览到手机及其 Chrome 打开的页面，然后单击"inspect"就可以浏览手机浏览器某个请求的耗时数据，包括 DNS lookup、TCP 连接、HTTP 请求与响应、服务器响应时间、客户端渲染时间等，例如，浏览器某个请求的耗时为 1 秒，可能是每项 200 毫秒，如图 8-37 所示。

GooglePage Speed

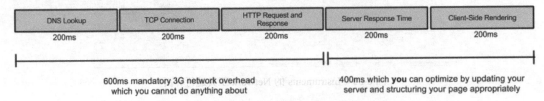

图 8-37　浏览器某个请求的耗时分解为 5 部分

后台服务器的性能测试，之前已讨论，通过 JMeter、Grinder 等工具来完成，下面就讨论移动 App 端 native 性能测试，即如何进行移动 App 端的内存分析等。

8.4.1　Android 内存分析

Android 内存　Android 内存
分析　　　　 分析

要对 Android 进行内存分析，首先要了解 Java 的内存管理机制，包括堆(heap)内存、栈(stack)内存和 JVM 垃圾回收机制，这里就不做详细介绍，可以用一张图（如图 8-38 所示）来简单描述堆内存、栈内存与 Java 程序的关系。

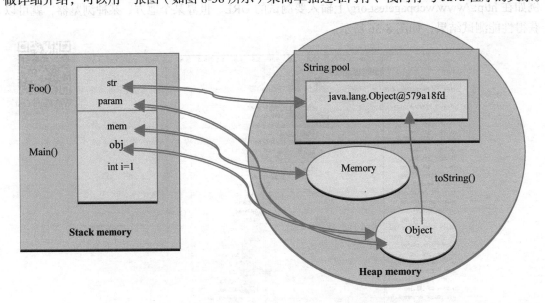

图 8-38　Stack memory 和 Heap memory 之间的关系

从内存问题看，主要是由于内存泄露（没有及时销毁 object，垃圾不能及时回收）造成的，造成 heap 内存不断增加，所以需要进行 heap 内存分析，可以借助 heap dump 内存分析工具 MAT（https://eclipse.org/mat/）来完成，也可以直接使用 Android SDK 自带的 monitor 工具中

DDMS、adb shell dumpsysmeminfo 命令、adb shell procrank 命令等
来进行内存分析。Android 系统中可以在/system/build.prop 中配置
dalvik 堆的有关设定，如 android:largeHeap、dalvik.vm.heapstartsize、
dalvik.vm.heapgrowthlimit、dalvik.vm.heapsize 等参数的设置。这里
就给出一个 DDMS（如图 8-39 所示）、adb shell top 两个示例。

Android 内存
分析　　　MAT

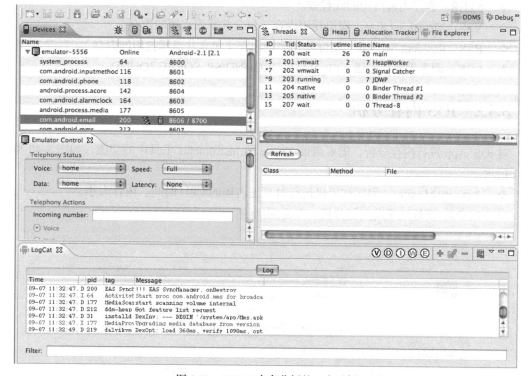

图 8-39　DDMS 内存分析的一个示例

通过 adb shell top -h 可以获得系统性能各项数据，结果显示如下：

```
shell@android:/ $ top -n 1

User 31%, System 10%, IOW 0%, IRQ 0%
User 346 + Nice 10 + Sys 120 + Idle 637 + IOW 6 + IRQ 0 + SIRQ 2 = 1121

  PID PR CPU% S  #THR     VSS      RSS PCY UID      Name
  481  1  26% S   89 762832K   81688K  fg system   system_server
 1699  0   5% S   27 676472K   39092K  fg u0_a72   wm.cs.systemmonitor
11243  0   3% S   28 673140K   29796K  bg u0_a111  com.weather.Weather
13327  2   1% S   23 680472K   35844K  bg u0_a83   com.rhmsoft.fm
  659  0   1% S   17 663044K   33136K  bg u0_a13   android.process.media
20260  1   0% R    1   1208K     508K     shell    top
```

其中，PID 为进程 id，PR 为优先级，UID 为进程所有者的用
户 id，Name 为进程的名称，而我们关注的性能相关数据参数的
含义，说明如下。

Android 内存　Android 内存
分析　　　　　分析

◇　User：处于用户态的运行时间，不包含优先值为负进程。

◇　Nice：优先值为负的进程所占用的 CPU 时间。

◇　Sys：处于核心态的运行时间。

◇ Idle：除 IO 等待时间以外的其他等待时间。

◇ IOW：IO 等待时间。

◇ IRQ：硬中断时间。

◇ SIRQ：软中断时间。

◇ S：进程状态，D=不可中断的睡眠状态，R=运行，S=睡眠等。

◇ #THR：程序当前所用的线程数。

◇ VSS：Virtual Set Size，虚拟耗用内存（包含共享库占用的内存）。

◇ RSS：Resident Set Size，实际使用物理内存（包含共享库占用的内存）。

◇ PCY：调度策略优先级，SP_BACKGROUND/SP_FOREGROUND。

8.4.2　iOS 内存分析

对 iOS App 进行内存分析，需要借助 Xcode 的 Instruments 工具中的功能，如图 8-40 和图 8-41 所示。

◇ Activity Monitor：程序在手机运行时真正占用的 CPU 时间、内存大小。

◇ Leaks：更好地帮助我们分析内存泄露问题。

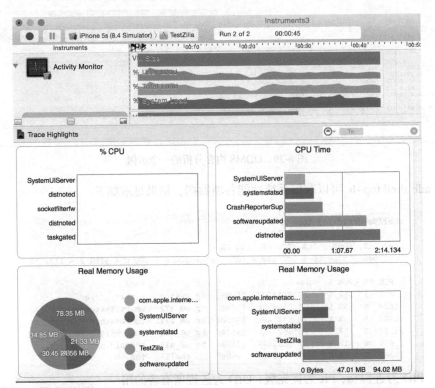

图 8-40　Activity Monitor 呈现 iOS App 运行占用的 CPU、内存整体情况

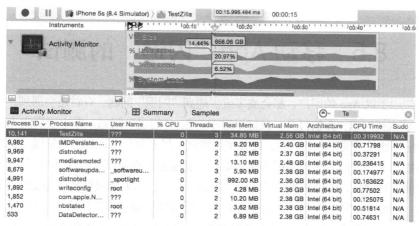

图 8-41 通过 Activity Monitor 查看具体进程的 CPU、内存使用情况

图 8-40 和图 8-41 都可以向我们展现 App 使用的内存、CPU 情况，但缺乏细节，不能真正解决性能分析问题，所以最好还是用 Leaks 工具，通过录制整个运行 App 过程，能够发现内存变化情况，如图 8-42 所示，发现两处内存泄露，总共 64 Bytes。这时点击"Allocations"下面的"Leaks"，显示内存泄露的具体信息（类型、内存地址、responsible Library 和 Frame 等），如图 8-43 所示。

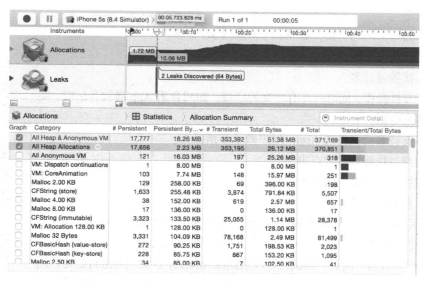

图 8-42 Leaks 显示内存分配情况和发现内存泄露问题

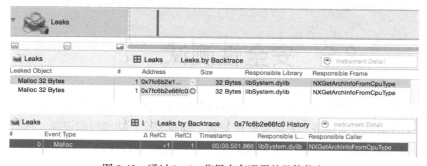

图 8-43 通过 Leaks 获得内存泄露的具体信息

8.5　移动 App "闪退" 的测试

每一个使用手机 App 的用户，都会或多或少碰到 "闪退" 问题，有时还会遇到，一启动某款 App 应用，就直接闪退，无法打开，最好不得不卸载。"闪退" 问题，即应用崩溃（crash）的问题，是移动应用比较普遍存在的问题，需要加强测试，尽量避免出现这样的错误，提高软件的可靠性，这可以归为软件的可靠性测试（通俗地说，就是稳定性测试、强壮性测试），可靠性依赖正确性、性能、容错性，所以减少移动 App "闪退" 问题，需要加强性能、容错性等各项测试。功能性测试、性能测试是基本的，前面也有介绍，所以这里侧重讨论移动 App 的容错性测试。

简单的办法就是收集 "闪退" 问题出现时的相关信息，如用户使用的机型、所做的操作、线程等信息，然后事后分析，吃一堑长一智。但这种方法属于亡羊补牢，不是上策，上策是在产品发布之前从应用环境、操作、代码等各个方面进行测试。从代码角度看，开发人员不仅要加强防御性编程的培训和训练，而且要加强单元测试、代码评审，特别是代码互审（peer review），能够发现空指针、数组越界及其他异常没有保护等问题。

从移动 App 应用环境来看，测试不要忽视下列一些应用场景。

- ✧　网络（包括 GPS）连接突然断了（如进入隧道），连接不稳定。
- ✧　网络弱连接，网络连接带宽不够，造成某些操作响应不及时。
- ✧　不同网络间的切换，如 Wi-Fi 切换到 3G 连接。
- ✧　离线情况下的操作。
- ✧　连接数量过多。
- ✧　交互性操作，同时打开有冲突的应用，如用音乐 App 播放音乐时，突然来电话。
- ✧　不支持多指操作的 App，用户做了多指操作。
- ✧　用户过快连续多次点击。
- ✧　操作点正好处在边界上。
- ✧　屏幕横竖翻转。

阿里测试云

Bugly

移动安全性测试要点

除了应用场景之外，还有兼容性的测试，例如服务器升级了，但客户端没有升级，还是老的版本。还有针对不同的尺寸、不同的屏幕分辨率、不同的 OS 版本等进行测试。针对 "闪退" 测试，可以借助像 Monkey 这类工具进行稳定性测试，也可以采用变异测试、模糊测试等工具进行测试，也可以借助外部开放的云测试服务（如腾讯的 Bugly，http://bugly.QQ.com）来完成相关的测试与分析。

8.6　安全性测试

移动 App 的安全性测试也非常重要，是不可忽视的一部分，也是任务很重的一块，要做好移动 App 安全性测试很有挑战。它涉及软件安装 / 卸载安全、功能权限设置、数据安全、通信安全、用户接口安全等各个方面，既有传统的安全性问题，如 HTTP 数据传输、用户数据的存储等安全性，以及内嵌 Web View 所带来的各种 Web 安全性问题；也有一些特殊的安全性问题，如软键盘劫持、不同 App 之间授权、通信录不适当的访问、用户地理位置信息泄露等。这里简单介绍一下后面这部分，即移动 App 面对的一些新的安全性问题，不包括前面提到的流量带来的经济风险。

应用软件安全性测试，关键确保敏感信息是否泄露。关于用户口令、银行卡信息等，其他非移动 App 也有同样的问题，这里就不再赘述。在移动 App 的安全性测试中，手机通信录就是我们首先关注的测试对象。App 应用第一次访问通信录时，必须先询问系统是否允许当前程序访问通信录，等待作答。iPhone 要求更严，在 iOS7 及其更高版本中，如果不写询问，可能导致应用崩溃。所以，在 iOS 代码里，一般会有如下代码：

```
if (ABAddressBookGetAuthorizationStatus() != kABAuthorizationStatusAuthorized) {
    NSLog(@"不允许访问通信录");
    Return;
}
```

不仅仅是通信录，还包括访问手机通话记录、相册等数据、获取用户地理信息、向用户推送数据等，也都需要征求用户的同意。再深入一步，还要检查应用 App 是否恰当处理下列这几项内容。

- ❖　限制/允许使用手机功能接入互联网。
- ❖　限制/允许使用手机发送接受信息功能。
- ❖　限制/允许应用程序来注册自动启动应用程序。
- ❖　限制/允许使用手机拍照或录音。

对 App 的每个输入都要进行有效性校验，然后再检查是否进行了必要的认证、授权，对敏感数据传输和存储是否进行了加密等。在手机端，一般都是通过"HTTP"进行连接，采用"HTTP + SSL"连接比较少，这更严格要求数据传输前，敏感数据是进行加密的。

移动 App 安装和卸载也存在安全性问题。安装时，应用程序不能预先设定自动启动；卸载时，是否询问"是否删除用户配置文件"或"是否删除用户数据文件"等，确保用户配置、用户数据是安全的。

8.7　用户体验测试

用户体验测试

在这样快节奏的时代，手机应用是面对众多个人消费者的，用户遍及世界或全国各地，无法给用户做培训，而且产品同质化也很严重，同类产品也比较多，竞争激烈，这时要求我们的产品一定要易用、好用，否则就会失去用户。在移动 App 测试中，人们还特别关注用户体验测试（即软件易用性测试），根据 SmartBear 公司在 2014 年做得调查，用户体验测试排在第一，占到 28%，如图 8-44 所示。

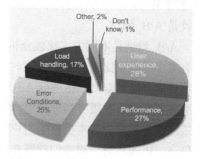

图 8-44　各种类型的测试所占的比重

同时，移动 App 用户群体中个体差异性特别大，用户体验测试很具挑战性。虽然有黄金分割定律、色彩学等，一个好的软件产品严格符合标准和规范，具有良好的直观性、一致性、灵活性、舒适性、正确性、实用性等，但用户界面设计是否合理、美观难以判断，毕竟萝卜青菜各有所爱，众口难调。但在用户体验测试上也不是没有办法，最常见有效的办法有：按用户分类进行测试、A／B测试、众测等。

用户体验测试
实例

先说说如何将用户进行分类？例如，我们可以将用户分为男女、老中青，也可以分为一般用户／商务人士、入门用户／中级用户／专家用户等，针对每类用户进行行为分析，识别出不同用户的操作行为，从而在软件设计中，将这些因素考虑进去，使软件好用，有能力处理一些相对复杂的业务流程。图 8-45 就描述面对不同类型的用户（入门用户、中级用户、专家用户）时，所要回答的问题是不一样的，而且用户的分布也有较大差别，主要是中级用户。

用户体验测试
与评价

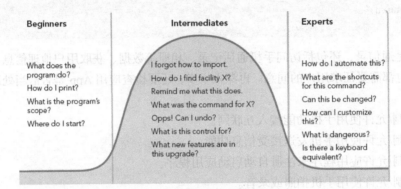

图 8-45　不同类型用户的分布和期望

在进行测试时，我们还可以从每个类别的用户中选出一些代表来参与测试，即可以邀请一些外部用户参与产品的试用，让他们提供反馈，从而获得产品是否易用、好用的信息。如果更专业一些，就可以邀请这些用户进入到专业的"用户体验测试实验室"，如第 6 章 6.3.2 节所讨论的易用性测试方法。

有时，在软件产品 UI 设计中，会面临从几个方案中选择一个的困难，例如，对比强烈的色彩还是和谐相近的色彩、按钮放在左边还是放在右边、提示在上面还是在下面等，难以抉择。这时，我们就可以交给用户来给出判断。幸好，我们处在一个互联网时代——软件即服务（software as a service）的时代，能够真实地、很快地收集客户反馈信息。我们将两套方案（一套是 A 方案，另一套是 B 方案）都推给用户，让一部分用户使用 A 方案，另一部分用户使用 B 方案，然后通过收集用户操作的数据，进行分析，可以判断哪种方案更适合用户。这就是 A/B 测试。

A/B 测试是不同方案比较分析的一种统一的习惯叫法，不仅仅局限于两套方案的比较，可以有更多的方案比较。A/B 测试时，最好每次测试只解决一个变量／因素影响的问题，并确定方案优劣判断的规则。在进行 A/B 测试时，需要对用户进行分流，这可以在客户端做，也可以在服务器端做。在服务端分流更容易实现，当用户的请求到达服务器时，服务器根据一定的规则或随机将不同的版本提供给用户使用，同时记录数据的工作也在服务端完成。也可以在发布软件 A、B 版本时，将它们部署在不同的服务器集群或不同的数据中心，而不同的服务器集群或不同的数据中心是给不同区域的用户提供服务的，用户下载相应的版本。基于前端的 A/B 测试，可以利用前端 JavaScript 方法，在客户端进行分流，并且可以用 JavaScript 比较精确地记录下用户在页面上的每一个行为（如鼠标点击行为），直接发送到对应的统计服务器记录。

在上面两种方法之外，还可以采取第 3 种办法，就是众测（crowd testing），即借助一个开放的平台，将测试任务发布到这个平台上，这个平台的用户自愿领取任务来完成测试。这类测试，真正能反映用户的真实需求和期望，更适合进行用户体验测试，特别适合移动应用的测试。现在有多个这样的平台，通过这样的平台成本很低，甚至没有成本。虽然有时为了鼓励平台用户参与测试，会提供一些奖励或礼品，如找到一个有效 Bug，则得到 50 ~ 100 元电话费。

小　结

移动 App 测试，是受移动应用软件本身技术特点和应用场景所决定的。我们首先应清楚移动 App 的特点，包括对 Android、iOS 等移动操作系统的技术特点，甚至要考虑其开发模式的特点，如快速发布、持续发布。在其测试上，除了代码层次的单元测试之外，功能测试、专项测试、性能测试、"闪退"测试、安全性测试、用户体验测试等都有自己的特点和方法、技术。

- ✧ 功能测试，主要体现在自动化测试的技术、工具上，要能够运用众多的 Android 或 iOS 测试工具中的 1 ~ 2 种工具，如 Android 的 Calabash、Robotium、Espresso、Selendroid、Appium、UI Automator，iOS 的 UI Automation、Frank、KIF、Kiwi 等。
- ✧ 专项测试：主要是流量测试、耗电量测试，Android 或 iOS 也有相应的工具帮助我们完成测试，如 Android 可使用 GSam Battery Monitor Pro 测试耗电量、基于 TrafficStats 类的方法测流量；iOS 用 Xcode Instruments 两个工具，一个工具 Energy Dialogistics 测试耗电量，另一个工具 network 测流量。
- ✧ 性能测试：涉及 3 个部分——Web 前端测试、移动设备 native 前端测试、后端（服务器）的测试，前面着重介绍了移动设备 native 前端的内存分析，能够使用 Android Monitor 的 DDMS 和 adb shell top、iOS Instruments 的 Activity Monitor 和 Leaks 等工具来分析内存。
- ✧ "闪退"测试，移动 App 闪退问题比较多，要加强容错性测试，特别是针对一些特定的应用场景进行功能稳定性测试。
- ✧ 安全性测试总是有挑战的，涉及软件安装 / 卸载安全、功能权限设置、数据安全、通信安全、用户接口安全等各个方面，但重点可以放在数据传输、存储等安全性的测试上，包括个人隐私类数据。
- ✧ 用户体验测试，可以采用用户体验测试实验室的专业测试、A/B 对比测试、众测等多种方式来完成。

思 考 题

1. 比较一下 Android UI Automator 和 iOS UI Automation 有什么不同？
2. 理解 Calabash / Cucumber 在 Android 和 iOS 不同平台上的实现机理。
3. 比较 Android Calabash / Cucumber 和 iOS Frank / Cucumber 的区别。
4. 针对同一款应用（如百度地图），在 Android 和 iOS 平台上进行内存分析，适当进行对比分析。

5. 基于真机，通过 TrafficStats 类调用，针对某款 Android 应用进行流量测试。

6. 针对某一类相同软件，如百度地图与高德地图、有道词典和必应词典，进行用户体验对比测试，提交用户体验测试报告。

7. 了解移动 App 的安全性测试和 PC 上应用的安全性测试有什么不同。

实验 8　系统功能测试

（共 2 个学时）

1.　实验目的

1）巩固所学到的 Android 自动化测试方法。

2）提高软件测试的动手能力。

2.　实验前提

1）了解流行的 Android 自动化测试工具。

2）具有较好的 Java 编程能力。

3）选择一个被测试的 Android App 软件（SUT）。

3.　实验内容

针对被测试的 Android App 软件进行自动化测试。

4.　实验环境

1）每 3 ~ 5 个学生组成一个测试小组。

2）每个人有一台 PC，安装了 Java 开发环境（如 Eclipse）和 Android SDK 及其工具。建议安装 Android Studio。

3）有 Android 手机更好，没有可以使用 Android 模拟器。

5.　实验过程

1）小组讨论，选择一款合适的测试工具，建议使用 Espresso 或 Robotium，这也取决于 SUT——选定的移动 App。

2）讨论自动化测试方案，适当分工，如两个人负责测一个主要功能，总共完成两个主要功能的自动化测试。

3）安装测试工具，针对选定的 App 功能，开发和调试自动化测试脚本。

4）成功完成脚本的执行。

6.　交付成果

1）测试脚本。

2）完整的测试报告（包括测试环境、测试执行过程、Android 自动化测试经验和问题的总结）。

第9章
缺陷报告

陈列在美国历史博物馆的记录本和飞蛾可能是我们见到的第一份缺陷报告，具有历史意义，而本章要讨论的软件缺陷报告却有其现实意义。

在单元测试之前，我们就发现需求定义文档、软件设计规格说明书中所存在的缺陷，那时大家一起参加评审会，一起讨论，清楚所记录下来的各种问题。单元测试主要由开发人员来执行，缺陷的报告和修正往往出自同一个人，缺陷报告也一般不存在难以理解、低效率等问题，这时，缺陷报告的问题不那么突出。但在随后的功能测试、性能测试等工作之中，缺陷报告则是测试人员日常工作的一部分，每天都要进行，高峰时可能一天报上一二十个缺陷。这样，缺陷报告的质量直接关系到缺陷修正的速度、开发人员的工作效率等，而且缺陷报告的规范对将来进行缺陷数据的统计分析都是非常必要的。

9.1　一个简单的缺陷报告

当我们发现一个缺陷，首先是认为结果不对，也就是说实际测试的结果和我们所期望的结果不对。例如，在对 iGoogle 中 Gmail 的测试中，直接点击一个新邮件时，如图 9-1 所示，希望能打开这个邮件，在浏览器窗口显示。结果，没有显示邮件内容及其他信息，而是显示了错误信息，如图 9-2 所示。

为了报告这个问题，首先会给出错误的概括

图 9-1　iGoogle 中 Gmail widget

性说明，如报告"直接打开一个新邮件时，出现 404 错误"，这可以看作缺陷报告的"标题"。仅仅给出一个缺陷报告的标题肯定是不够的，还需要告诉开发人员的操作步骤、期望的结果和实际的结果。这样，开发人员可以看懂这个缺陷报告，但开发人员还可能会问一些问题，例如：

  ✧　这个缺陷是在所有的浏览器中都存在的吗？还只是在 Firefox 中存在？

  ✧　在此之前，有没有做其他操作？

  ✧　这个缺陷是不是 100% 重现，还是做 10 次只出现 2～3 次？

✦ 出错时有没有截屏？

图 9-2 出错界面

所以，缺陷报告还要给出测试环境、前提和出现的频率（frequency）。如果需要，还要附上屏幕拷贝图像文件等。所以，一个简单的缺陷报告一般要包括下列基本信息：标题、前提、测试环境、操作步骤、期望结果、实际结果和出现的频率等，其中缺陷出现的频率也可以定性描述，如表 9-1 所示。例如，关于上述缺陷，就可以如下描述。

缺陷报告示例

标题：直接打开一个新邮件时，出现 404 错误

测试环境：Windows XP 和 FireFox 3.0 或 IE 6.0/7.0

前提：事先发送邮件到 Gmail 信箱

步骤：1) 打开浏览器，进入 http://www.google.com/ig?hl=zh-CN

　　　 2）点击一封新邮件

期望结果：在新打开的浏览器窗口显示邮件内容

实际结果：出错，显示 "Not Found" 404 错误信息。见附件 Gmail_error.gif.

频率：30%

表 9-1　软件缺陷发生的可能性（频率）

缺陷发生的可能性	描述
总是（Always）	总是产生这个软件缺陷，其产生的频率是 100%
通常（Often）	按照测试用例，通常情况下会产生这个软件缺陷，其产生的频率大概是 80%～90%
有时（Occasionally）	按照测试用例，有的时候产生这个软件缺陷，其产生的频率大概是 30%～50%
很少（rarely）	按照测试用例，很少产生这个软件缺陷，其产生的频率大概是 1%～5%

9.2　缺陷报告的描述

当递交一个缺陷报告时，我们一定会想，人们要理解这个缺陷，需要了解什么样的信息，而其中哪些信息是必要的、不可缺少的？从上面简单的例子可以看出，一份有效的缺陷报告的要素应包括：标题、前提、测试环境、操作步骤、期望结果、实际结果、出现的频率等。这些内容在上一节已做了介绍，下面将介绍缺陷报告所需的其他信息，更清楚地描述信息，以加快

缺陷处理的速度，加强缺陷跟踪与管理。

9.2.1　缺陷的严重性和优先级

软件中所存在的每个缺陷对客户的影响是不一样的，例如，上面那个 Gmail 缺陷，有时不能快速浏览新邮件信息，对用户影响比较大。但是，用户还可以先打开 Gmail 邮箱，再打开邮件，则没问题，所以这个缺陷不是特别严重。如果在任何情况下都不能打开新邮件，那就是致命的缺陷。如果界面不是很美观，例如内容显示在左边或右边没有对齐，这样的缺陷对用户的影响可能更小。从这里可以看出，缺陷的严重程度是不同的，即缺陷引起的故障对软件产品的使用有不同的影响，我们将这种特性称为缺陷的严重性。缺陷的严重性可以用 0、1、2 和 3 来描述，对应的含义是"致命的""严重的""一般的"和"微小的"等，见表 9-2。

与缺陷性密切相关的是缺陷优先级，即缺陷必须被修复的紧急程度。对不同的缺陷，其处理的紧急程度是不同的，一般来说，缺陷越严重，越要优先得到修正，缺陷严重等级和缺陷优先级相关性很强。但是，有时也不尽然。例如，下面几种情况就是例外。

◇　从客户角度看，缺陷不是很严重，但可能影响下面测试的执行，这时缺陷严重性低，但优先级高，需要尽快修正。

◇　有些缺陷比较严重，但由于技术的限制或第三方产品的限制，暂时没法修正，其优先级就会低。

"优先级"的衡量抓住了在严重性中没有考虑的重要程度因素，优先级的各个等级的具体描述，如表 9-3 所示。

表 9-2　软件缺陷的严重性

缺陷严重等级	描述
0 级： 致命（Fatal）	最严重等级，缺陷导致系统任何一个主要功能完全丧失、用户数据受到破坏、系统崩溃、悬挂、死机等
1 级： 严重（Critical）	系统的主要功能部分丧失，数据不能完整保存，系统的次要功能完全丧失，系统所提供的功能或服务受到明显的影响
2 级： 一般（Major）	系统的次要功能没有完全实现，但不影响用户的正常使用。例如提示信息不太准确；或用户界面差、操作时间稍长等问题
3 级： 较小（Minor）	操作者不方便或遇到麻烦，但不影响功能的操作和执行，如字体不美观、按钮大小不是很合适、文字排列不对齐等一些小问题

表 9-3　软件缺陷的优先级

缺陷优先级	描述
立即解决（P1 级）	缺陷导致系统几乎不能运行、使用，或严重妨碍测试的执行，需立即修正、尽快修正
高优先级（P2 级）	缺陷严重，影响测试，需要优先考虑修正。例如不超过 24 小时修正
正常排队（P3 级）	缺陷需要修正，但可以正常排队等待修正
低优先级（P4 级）	缺陷可以在开发人员有时间的时候被修正，如果没有时间，可以不修正

RTCA DO-178B/ED 12B "空用系统和设备认证当中的软件注意事项"适用于民用飞机中所使用的软件。这个标准同样适用于开发（或者验证）飞机当中所使用的软件。对于电子航空软件来说，美国联邦航空管理局（FAA）和联合航空局根据软件的关键程度指定其接受测试的范

围标准，如表 9-4 所示。

表 9-4   民用飞机中所用软件的缺陷严重性级别定义

关键程度等级	潜在影响
A 灾难性的	阻碍安全飞行和着陆
B 危险的/严重的	◇ 安全距离和函数总能力的大量减少 ◇ 机组人员不能正确而全面地完成他们的任务 ◇ 小部乘客受到了严重或者致命的伤
C 较大的	◇ 安全距离的显著减少 ◇ 机组人员工作量的显著增加 ◇ 给乘客带来的不适，可能包括受伤
D 轻微	◇ 安全距离和函数总能力的少量减少 ◇ 机组人员工作量的少量增加 ◇ 给乘客带来的不便
E 没有影响	◇ 对飞机的运作没有影响 ◇ 没有增加机组人员的工作量

9.2.2   缺陷的类型和来源

从软件开发管理出发，我们希望了解缺陷来自于什么地方，哪些阶段产生的缺陷多，哪些模块存在比较多的缺陷。而且，软件开发一般会按模块分工或者实行模块负责制，将缺陷和模块关联起来，责任清楚，有利于缺陷修正。如果获得这些数据，也有利于项目结束后的缺陷分析。针对那些缺陷多的模块进行深入的分析，从中找出质量问题产生的根本原因。为了获得这些信息，在报告缺陷时，会补充下列一些信息。

◇ 缺陷类型，是功能缺陷、还是性能缺陷？是 UI（用户界面）缺陷还是数据运算错误？可以定义逻辑运算功能、数据处理功能、接口参数传递、UI、性能、安全性、兼容性、配置、文档等类型。

◇ 缺陷关联的模块名，缺陷来自于产品的特定模块的名称。

◇ 缺陷来源，例如需求说明书（PRD）、设计规格说明书（Spec）、系统接口定义、数据库、程序代码、用户手册等。

◇ 缺陷发生的阶段，例如需求、系统架构设计、详细设计、编码等。

9.2.3   缺陷附件

有时，通过文字很难清楚地描述缺陷，这时通过一张图片就能解决问题。在描述 UI 缺陷时，附上一张图片，比较直观地表示缺陷发生在什么位置、有什么问题等，这时一张图片可能胜过千言万语。例如，当软件运行到某个界面时，一段文字没有显示完全或显示混乱，这时测试人员拷贝屏幕或程序窗口，并在图像处理软件（如画笔）指明问题所在的地方，在缺陷报告中附上该图像文件，如图 9-3 所示，则开发人员看到这个缺陷，打开这个图片时，一目了然。测试人员一般采用 JPG、GIF 的图片格式，因为这类文件占用的空间小，打开的速度快。

图 9-3 Yahoo Message 操作时出现的问题

当软件出现崩溃、死机现象时，则需要使用工具捕捉问题出现时的现场或直接获取系统日志（Log），提供给开发人员进行分析。这些抓取 trace 或 Debug 的工具包括 WinDBG、SoftICE 或自己开发的特定工具。工具的具体使用方法，可 以 参 考 相 关 网 站 ， 例 如 WinDBG 可 以 访 问 http://support.microsoft.com/kb/824344/zh-cn，获得帮助。

WinDBG

9.2.4 完整的缺陷信息列表

除了上述信息之外，还有一些信息可以由缺陷管理系统自动产生，但也是事先定义的，对今后的缺陷分析是必要的，例如缺陷 ID、缺陷报告时间、缺陷修复时间、缺陷验证时间等。综合上述，我们就可以得到缺陷报告描述中所需信息的完全列表，如表 9-5 所示。

缺陷报告模板

表 9-5　缺陷报告信息列表

ID	唯一的识别缺陷的序号
标题	对缺陷的概括性描述，方便快速浏览、管理等
前提	在进行实际执行的操作之前所具备的条件
环境	缺陷发现时所处的测试环境，包括操作系统、浏览器等
操作步骤	导致缺陷产生的操作顺序的描述
期望结果	按照客户需求或设计目标事先定义的、操作步骤导出的结果。"期望结果"应与用户需求、设计规格说明书等保持一致
实际结果	按照操作步骤而实际发生的结果。实际结果和期望结果是不一致的，它们之间存在差异
频率	同样的操作步骤导致实际结果发生的概率
严重程度	指因缺陷引起的故障对软件产品使用或某个质量特性的影响程度。其判断完全是从客户的角度出发，由测试人员决定。一般分为 4 个级别，如表 9-2 所示
优先级	缺陷被修复的紧急程度或先后次序，主要取决于缺陷的严重程度、产品对业务的实际影响，但要考虑开发过程的需求（对测试进展的影响）、技术限制等因素，由项目管理组（产品经理、测试/开发组长）决定。一般分为 4 个级别，如表 9-3 所示
类型	属于哪方面的缺陷，如功能、用户界面、性能、接口、文档、硬件等
缺陷提交人	缺陷提交人的名字（会和邮件地址联系起来），即发现缺陷的测试人员或其他人员
缺陷指定解决人	估计修复这个缺陷的开发人员，在缺陷状态下由开发组长指定相关的开发人员；自动和该开发人员的邮件地址联系起来。当这缺陷被报出来之际，系统会自动发出邮件
来源	缺陷产生的地方，如产品需求定义书、设计规格说明书、代码的具体组件或模块、数据库、在线帮助、用户手册等

ID	唯一的识别缺陷的序号
产生原因	产生缺陷的根本原因，包括过程、方法、工具、算法错误、沟通问题等，以寻求流程改进、完善编程规范和加强培训等，有助于缺陷预防
构建包跟踪	用于每日构建软件包跟踪，是新发现的缺陷，还是回归缺陷，基准（baseline）是上一个软件包
版本跟踪	用于产品版本质量特性的跟踪，是新发现的缺陷，还是回归缺陷，基准是上一个版本
提交时间	缺陷报告提交的时间
修正时间	开发人员修正缺陷的时间
验证时间	测试人员验证缺陷并关闭这个缺陷的时间
所属项目/模块	缺陷所属哪个具体的项目或模块，要求精确定位至模块、组件级
产品信息	属于哪个产品、哪个版本等
状态	当前缺陷所处的状态，见图 9-3 和表 9-5 所描述

9.3　如何有效地报告缺陷

当测试人员在测试中发现了缺陷并报告出来，开发人员则根据缺陷报告来再现问题、修正问题，所以，在解决软件问题上，缺陷报告成为测试人员和开发人员之间交流的基础、工作联系的纽带。一个好的描述需要使用简单的、准确的、专业的语言来抓住缺陷的本质。否则，它就会使信息含糊不清，可能会误导开发人员。概括起来，有效的缺陷描述会帮助我们达到下列目标。

（1）**加快缺陷的修正**。极大地帮助开发人员理解问题的所在，容易再现所报告的问题，多数情况下，只有再现软件缺陷，开发人员才能确定导致缺陷产生的根本原因，从而修正缺陷。

（2）**提高工作效率**。有效的缺陷会减少软件缺陷从开发人员返回的数量，每一个缺陷能得到及时的处理，使每一个小组能够有效地工作。

（3）**提高测试人员的信任度**，有利于开发团队和测试团队之间的沟通和合作，如开发人员对缺陷的响应会改进。

（4）**客观、准确的产品质量评估**。记录下缺陷，可以了解各个模块、各个功能特性存在哪些缺陷，从而客观地对产品（包括各个阶段性产品）质量有一个客观的评价。

（5）**预防缺陷**。通过所记录的缺陷分析，获得经验和教训，有助于在今后的软件开发中预防缺陷。

作为测试人员，理所当然地要准确、有效地报告缺陷，那么如何才能有效地报告软件缺陷呢？概括起来，有下列这些规则。

（1）**单一准确**。每个报告只针对一个软件缺陷。在一个报告中报告多个软件缺陷会导致：只有其中一个软件缺陷得到注意和修正，而该报告中其他的缺陷没有得到修正。

（2）**可以再现**。缺陷操作步骤的准确描述是开发人员可以再现缺陷的重要保证。对步骤的描述不能偷懒，不要忽视或省略任何一项操作步骤，特别是关键性的操作一定要描述清楚，确保开发人员按照所描述的步骤可以再现缺陷。如果按照所描述的步骤不能再现缺陷，开发人员就会抱怨，浪费大家的时间。在执行测试用例时，也可以利用录制工具真实地记录下执行步骤。

（3）**完整统一**。提供完整的软件缺陷描述信息，包括版本号、模块名称、测试环境、期望结果、实际结果以及所需的图片信息、Log 文件等。

（4）**短小简练**。通过使用关键词，可以使软件缺陷的标题的描述短小简练，又能准确解释产生缺陷的现象。如"主页的导航栏在低分辨率下显示不整齐"中"主页""导航栏""分辨率"等都是关键词。

（5）**特定条件**。许多软件功能在通常情况下没有问题，而是在某种特定条件下会存在缺陷，例如网络繁忙时。所以软件缺陷描述不要忽视这些看似细节的但又必要的特定条件（如特定的操作系统、浏览器或某种设置等），能够提供帮助开发人员找到原因的线索。如"搜索功能在没有找到结果返回时跳转页面不对"。

（6）**不做评价**。在软件缺陷描述不要带有个人观点，对开发人员进行评价。软件缺陷报告是针对产品、问题本身，将事实或现象客观地描述出来就可以，不需要任何评价或议论。

9.4　软件缺陷的处理和跟踪

测试人员有责任尽早、尽可能地发现缺陷，而且有责任督促缺陷得到修正。当一个缺陷被报出之后，测试人员还要对它进行跟踪和相应的处理。而要进行有效的缺陷跟踪和处理，首先要了解缺陷生命周期。

9.4.1　软件缺陷生命周期

生命周期的概念是一个物种从诞生到消亡所经历的过程，软件缺陷也经历这样的过程。当一个软件缺陷被发现并报告出来之时，意味着这个缺陷诞生了。缺陷被修正之后，经过测试人员的进一步验证，确认这个缺陷不复存在，然后测试人员关闭这个缺陷，意味着缺陷走完它的历程，结束其生命周期。从这里可以看出，缺陷的生命周期可以简单地表现为"打开（open）→ 修正（fixed 或 solved）→ 关闭（close）"。

在实际工作中会遇到各种各样的情况，使缺陷处理过程变得比较复杂，软件缺陷的生命周期呈现着更丰富的内容。例如：

❖　不是每个缺陷都能及时得到修正，可能由于时间关系或技术限制，某些缺陷不得不延迟到下一个版本中去修正。

❖　有些缺陷描述不清楚，开发人员看不懂或不能再现，将缺陷打回，让测试人员补充信息。

❖　有些缺陷得到了开发人员处理，认为已得到修正，测试人员验证之后，缺陷依旧存在，没有得到彻底的处理。这样，测试人员不得不重新打开这个缺陷，交给开发人员的处理。

所以，我们必须设置一些缺陷的中间状态来处理这些情形，并在整个软件开发组织中建立缺陷生命周期模型以获得一致的理解。例如，可以通过设置"延迟（deferred）"状态来处理上述的第一种情形，而通过设置"不能再现（cannot depulicate）"或"需要更多信息（need more information）"来处理上述的第二种情形。这样，就可以构成一个完整的软件缺陷生命周期模型，如图 9-4 所示。其中每项状态的含义如表 9-6 所示。

　　综上所述，软件缺陷在生命周期中经历了数次的审阅和状态变化，最终由测试人员关闭软件缺陷来结束其生命周期。软件缺陷生命周期中的不同阶段是测试人员、开发人员和管理人员一起参与、协同测试的过程。软件缺陷一旦发现，便进入测试人员、开发人员、管理人员的严密监控之中，直至软件缺陷生命周期终结，这样即可保证在较短的时间内高效率地关闭所有的缺陷，缩短软件测试的进程，提高软件质量，同时减少开发和维护成本。

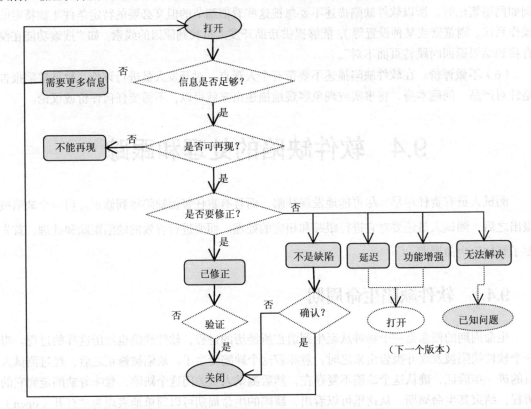

图 9-4　软件缺陷生命周期模型

表 9-6　软件缺陷状态的描述

缺陷状态	描述
打开/激活的 （Open /Active）	缺陷的起始状态，或重新被打开的状态。问题存在或依旧没有解决，等待修正，如新报的缺陷，补充完信息后再打开等
已修正 （Fixed /Resolved）	已被开发人员检查、修复过的缺陷，通过单元测试，认为已解决但还有待测试人员验证
关闭/非激活 （Close /Inactive）	测试人员验证后，确认缺陷不存在之后所处的状态
延迟（deferred）	这个缺陷不严重被推迟修正，可以在下一个版本中解决
无法解决（Onhold）	由于技术原因或第三者软件的缺陷，开发人员目前不能修复的缺陷
功能增强（Feature Enhancement）	该问题符合当前的设计规格说明书，但是一个有待改进的问题
不是缺陷（Not a Bug）	开发人员认为这不是问题，是测试人员误报的缺陷
不能再现（cannot duplicated）	开发不能复现这个软件缺陷，需要测试人员检查缺陷复现的步骤
需要更多信息 （NeedMoreInfo）	开发能复现这个软件缺陷，但开发人员需要一些信息，例如缺陷的日志文件、图片等

9.4.2　缺陷的跟踪处理

有了软件缺陷生命周期模型，测试人员就比较清楚自己的责任，了解哪些状态须由自己处理，哪些状态需要督促开发人员、产品经理等处理。例如，测试人员要关注"不能再现""不是缺陷""需要更多信息"和"已修正"等状态，及时处理这些状态的缺陷。要做到这一点，就需要建立一个动态的报表，及时更新数据，获得缺陷的最新状态。当然，也可以通过邮件机制来实现，当一个缺陷状态发生变化时，系统自动发出邮件给相关的人员（开发人员或测试人员），通知某个缺陷的状态已发生了变化，需要相应的处理。

在软件缺陷跟踪处理过程中，密切跟踪缺陷状态的变化，及时处理缺陷，使项目按预定的计划进行。测试人员要清楚自己的责任，测试人员在评估软件缺陷严重性和优先级上，应具有独立性、权威性。例如，只有测试人员有权关闭一个缺陷，开发人员则没有这个权限。再比如，如果审阅者决定对某个缺陷描述进行修改，例如，添加更多的信息或者需要改变缺陷的严重等级，应该和测试人员一起讨论，由测试人员来修改缺陷报告，并添加相应的注释。同时，测试人员又要有很好的团队合作意识，和开发人员、项目经理、产品经理等保持良好的沟通，尽量和相关的各方人员达成一致。如果确实不能达成一致，可以由产品经理裁决。

缺陷的修复需要得到测试人员的验证，同时还要进行回归测试，检查这个缺陷的修复是否会引入新的问题。如果这个修复没有通过确认测试，那么测试人员将重新打开这个缺陷报告。重新打开一个缺陷，最好和开发人员沟通、确认一下，至少加以详细说明的注释，否则会引起"打开—修复"多个来回，造成测试人员和开发人员不必要的矛盾。

如果大家都同意将确实存在的缺陷延迟处理，应明确指定下一个版本号。一旦新的版本开始时，这些缺陷应重新置于"打开"状态。

9.4.3　缺陷状态报告

在缺陷处理过程中，我们需要随时了解缺陷的各种信息，掌握产品研发的状态。无论是管理层，还是研发团队，首先肯定关心某个时刻正在开发的软件产品还有多少个缺陷需要修正，这也包括各个级别的缺陷，优先级高的缺陷数目越多，产品的质量越差，形势更严峻。当然，其他缺陷状态的数据也是有参考价值的，例如已修正的缺陷数过高，说明测试人员没有及时验证这些缺陷，需要关注测试流程，检查是否存在问题。如果"需要更多信息"、"不是缺陷"等状态的缺陷数目高，说明缺陷报告的质量差，要加强对测试人员的培训。所以，人们往往建立比较完整的缺陷状态报表（dashboard），如表 9-7 所示。其次，人们会关心其他一些信息，例如：

◇　每个开发人员还有多少缺陷需要修正，如果某个开发人员有 20 个，而另外几个开发人员只有 1～2 个缺陷，就需要让其他人去帮帮缺陷多的开发人员。

◇　处于"打开"状态且已经超过 3 天的高优先级缺陷有哪些？这些缺陷修正的进度忙，需要仔细浏览每个缺陷，了解问题出在哪里，如表 9-8 所示。

◇　处于"已修正"状态且已经超过 3 天的高优先级缺陷有哪些？在哪些测试人员的责任范围内？需要提醒相应的测试人员。

◇　每个测试人员一天新报多少个报缺陷？而每个开发人员一天能修正多少个缺陷？

表9-7 缺陷总体状态报表

优先级	全部	打开	已修正	设计修改	需要更多信息	不是缺陷	重复	不能再现	功能增强	无法修正	已知问题	延迟修正	关闭
P1	27	10	10	0	0	0	0	0	0	0	0	0	7
P2	91	13	11	0	5	2	3	2	1	0	3	2	47
P3	388	90	35	3	2	2	2	1	1	2	0	0	253
P4	456	330	0	0	20	0	0	0	13	0	0	0	93

表9-8 超过3天、未修正、高优先级缺陷列表

ID	标题	优先级	模块	指定开发人员	创建日期	打开后存在的时间
1001	用户Cookie保存没有加密	1	登录	Tom	2008/09/12	36
1111	每周报表格式不正确	1	报表	John	2008/09/22	26
1124	用户口令长度没有限制	1	登录	Tom	2008/09/23	25
1128	每周报表最后一列数据不正确	1	报表	Tom	2008/09/23	25
1207	每月报表少了3行数据	1	报表	John	2008/10/10	18
1231	用户注册邮件验证的链接有问题	1	登录	Bill	2008/10/22	16
1242	搜索模糊匹配算法有问题	1	搜索	Bush	2008/10/29	8
1246	输入特殊字符导致搜索死循环	1	搜索	Jack	2008/11/03	4
1255	搜索结果显示列表不对齐	1	搜索	Jack	2008/11/04	3

9.5 缺陷分析

缺陷分析，无论对测试人员，还是对开发人员和管理人员，都是一项必不可少的工作。缺陷分析的方法和技术，主要有根本原因分析（Root Cause Analysis）、数据统计分析和趋势分析。如果从缺陷分析的层次看，可以分为宏观分析和微观分析。

◇ 宏观分析，根据缺陷的总体数据分析，可以了解整体的测试效率、开发人员修正缺陷的效率、测试是否能达到预期的目标。

◇ 微观分析，发现测试的漏洞，评估具体模块的代码质量以及具体缺陷描述中所存在的问题。

测试漏洞反映了测试用例的不完善或者执行的不严格性。如果是测试用例的不完善，应立即补充相应的测试用例。如果是执行的问题，完善执行的流程，加强监控，处理好需求或设计变更的问题。

9.5.1 实时趋势分析

某一时刻的缺陷状态信息相当于照相，摄取某个场景的图像（snapshot），有助于我们掌握当时的现状，但这是一种静态信息。从静态信息，我们无法知道测试是否按计划进行，也无法知道测试什么时候可以结束等。我们需要随时间变化的、有关缺陷的动态信息，这就是缺陷的趋势分析。趋势分析分为实时数据趋势分析和累积数据趋势分析，这一节讨论实时趋势，而在下一节，讨论后者。

实时数据，由每日或每周发生的数据构成的时间序列，包括新报的、修正的、关闭的等缺

陷数量。一般来说，每日数据变化比较大，波动现象或随机性比较强，所以人们常常按周采样（weekly base，即每个数据点是一周所发现的缺陷数）来获取相对比较稳定的数据，有利于趋势分析。如果项目周期短，而且想了解得更清楚，特别是接近项目的各个里程碑的时间内，我们可建立每日数据（daily base）时间序列曲线。例如，通过观察 daily 数据曲线，发现每周规律明显，周一、周五发现较少数据，而其他 3 个工作日发现较多缺陷，这可能是周末效应导致的。

　　测试过程要经过单元测试、集成测试、功能测试、系统测试、验收测试等不同的阶段，其波动趋势会表现为不同的周期性。图 9-5 所示是一个实际的实时缺陷趋势图，和理想趋势比较接近，意味着测试过程运行良好。新报的缺陷数最高值发生得越早越好，说明更多的缺陷在早期被发现。而图 9-6 所示是微软公司的缺陷模型，总体趋势是趋于零，但过程中有好几次反弹。这告诉我们，某个时刻没有新报告缺陷，不能说明测试结束。只有等待缺陷经过一个上下起伏的过程，达到一个稳定的零状态，测试才能宣告结束。

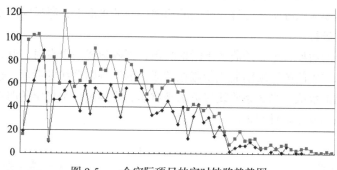

图 9-5　一个实际项目的实时缺陷趋势图

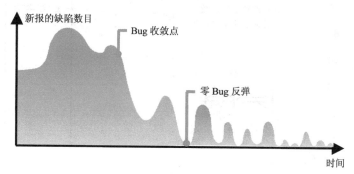

图 9-6　微软公司的缺陷模型

　　在缺陷实时趋势分析中，可以采用更精确的模型，如 Rayleigh 模型。经验告诉我们，针对缺陷率变化的过程，Rayleigh 模型的形状参数常为 $m=1$ 和 $m=2$，如图 9-7 所示。

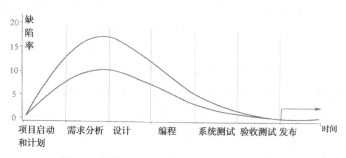

图 9-7　软件开发过程的 Rayleigh 缺陷模型形状

9.5.2 累计趋势分析

累积数据是将前面产生的数据不断累加起来所构成的时间序列，包括新报的、修正的、关闭的等缺陷的累积数据。累积曲线趋势特征更明显。如果斜率大，说明增长速度快，缺陷发现率高。如果斜率小，说明数据变化比较慢。良好的缺陷数据曲线最终趋于稳定，即接近水平线。

理想情况下，新发现的缺陷的速率快，关闭的缺陷速度也快，但随着时间推移，该速率不断降低，已修复的、已关闭的缺陷数和所发现的缺陷数发展趋势相同或相近，如图 9-8 所示。但已修复的、已关闭的缺陷数会有滞后现象，因为修正缺陷是在缺陷报出之后进行的，而且需要一定的时间才能处理完对应的缺陷，如问题分析、Debug 和单元测试等；在缺陷修正后，还要构建和安装新的软件包、验证修正的结果等。对 P1、P2 优先级的缺陷，要及时修复、关闭，这种关闭缺陷的速率应该维持在与打开缺陷的速率相同的水准上，滞后时间不宜超过 3 天，更好地保证项目顺利进行。

在测试和修复的后期，这 3 条曲线不断地收敛，当收敛成一个点时，开发人员完成了缺陷修正的任务。如果"关闭的"缺陷曲线紧跟在"激活的"缺陷曲线的后面，这表明项目小组正在快速地推进问题的解决。当 3 条曲线接近水平状态，再经过一个稳定的时期，那么意味着测试即将结束，产品的发布之日到来。

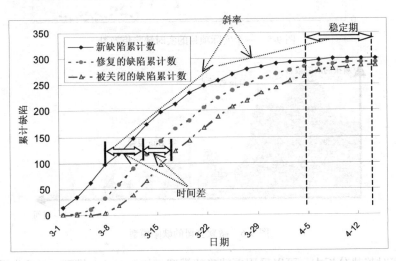

图 9-8　新发现的、修复的、关闭的累计缺陷数的理想趋势图

（1）产品的质量是否达到预定的标准，这取决于累积打开曲线和累积关闭曲线的趋势。刚开始比较容易发现缺陷，每天的缺陷数量比较大，曲线比较陡。到后来，缺陷越来越难发现，缺陷数量降低，曲线趋于水平。越早地趋于水平，则质量越接近发布的质量水平。

（2）项目进度取决于累积关闭曲线和累积打开曲线起点的时间差，时间差越小越好。关闭曲线紧跟在打开曲线的后面，这表明项目小组正在快速地推进问题的解决。这两条曲线不断地收敛，当这两条曲线收敛成一个点时，开发人员基本上完成了修复软件缺陷的任务了。

（3）开发人员能及时修正缺陷、工作效率高，也能体现在已修正缺陷的累积曲线上，它会紧靠累积打开曲线，即两条曲线之间距离比较近、比较吻合，虽然已修正缺陷的累积曲线会滞后 2~3 天或更长的时间。

（4）如果测试人员积极地、及时地验证已修正的软件缺陷，那么累积关闭曲线会紧跟着已修正缺陷的累积曲线。累积关闭曲线也会滞后 2~3 天或更长的时间，这包括软件包的构建、传递和部署、测试人员验证等所需的时间。

（5）当测试人员从一个测试阶段到另一个测试阶段时，发现累积打开曲线有一个突起，说明开发人员修复软件缺陷引入了新的缺陷或者有些软件缺陷被遗漏到下一个阶段发现了。管理人员需要尽快召开会议分析当前项目情况，找到解决办法。

但是实际情况很难达到如此完美的地步，图 9-9 所显示的曲线就是一个实际项目的累计缺陷趋势曲线。如果实际累积缺陷曲线与理想曲线图 9-8 的差别显著，则表明软件开发过程可能存在下列问题。

◇　缺陷处理流程有问题。

◇　缺陷修正而引起更多的回归缺陷。

◇　有较多的缺陷被遗漏到下一个阶段。

◇　修复缺陷所需的资源不足。

◇　回归测试策略不对等。

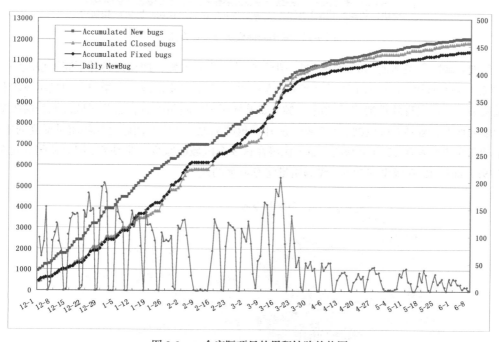

图 9-9　一个实际项目的累积缺陷趋势图

而针对累积缺陷的趋势分析中，还能选用更精确的数学模型，例如 Gompertz 模型。我们可以根据测试的累积投入时间和累积缺陷增长情况，拟合得到符合测试过程能力的缺陷增长 Gompertz 曲线，用来评估软件测试的充分性，预测软件极限缺陷数和退出测试所需时间，作为测试退出的判断依据，指导测试计划和策略的调整。

9.5.3 缺陷分布分析

缺陷分布分析，主要借助于圆饼图、直方图等工具进行分析。图 9-10 所示是一个呈现各个功能模块缺陷的直方图，非常直观，一看就知道哪个模块缺陷最多，哪个模块缺陷最少。当然，不能根据缺陷绝对数量来决定代码的质量，应该用缺陷数除以代码行数，得到代码的缺陷密度来度量各个功能模块的代码质量。这里的代码行数是指新增加的、修改的代码行数，即变动的代码行数。

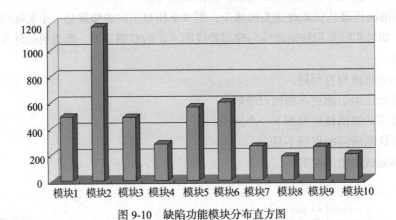

图 9-10　缺陷功能模块分布直方图

假如对缺陷数最多的功能模块 2 进一步分析其缺陷的来源，即获得各种不同类型缺陷的数量，如图 9-11 所示。它显示了该功能模块缺陷产生的 3 个主要来源——用户界面显示逻辑和规格说明书——占发现软件缺陷总数的 74%。如果从测试风险角度看，这些区域可能是隐藏缺陷比较多的地方，需要测试更细、更深些。从开发角度来说，这些方面就是代码质量提高的重点。这个功能模块共发现 1200 个缺陷，如果代码在这 3 个区域能减少一半缺陷，则总缺陷数就会减少 37%，即从 1200 减少到 756，代码质量将有显著的改善。

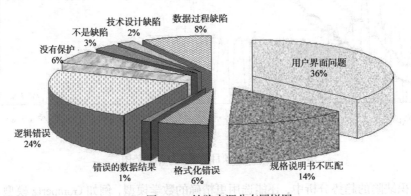

图 9-11　缺陷来源分布圆饼图

我们还可以从另外一个角度分析测试效率和开发人员修正缺陷的质量，即考量两个指标——迟发现的缺陷和回归缺陷。迟发现的缺陷是指这些缺陷已存在于上一个已发布的版本中，没有被发现，而直到这个新版本测试过程中才被发现。在代码质量稳定且达到较高水准情况下，可以用这个数据度量测试能力。而回归缺陷可以用来度量开发人员修正缺陷的质量。图 9-12 显示 76% 的缺陷是新功能引进的，但也有 10% 的缺陷（近 100 个缺陷）是迟发现的，还是很高的，需要改进测试能力。而 10% 的缺陷是回归缺陷，意味着修正缺陷引起较多的问题，所以，开发人员修正缺陷的质量也有待提高。

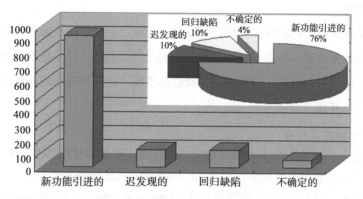

图 9-12　不同类型的缺陷分布图

为了找出导致这些问题的根本原因，就必须进行根本原因分析。缺陷根本原因分析，不仅有助于测试人员决定哪些功能领域需要增强测试，可以使开发人员的注意力集中到那些缺陷最严重、最频繁的领域，而且可用于评估测试和开发的能力和效率，指导开发和测试流程的改进。根本原因分析必须借助一些工具，例如鱼骨图、柏拉图等方法。另外一种缺陷的根本原因分析方法是缺陷正交分类技术，从不同的维度对缺陷进行分析，包括缺陷密度、各阶段缺陷清除率等数据的统计建模和分析。例如，欧洲空间标准化合作组织（ECSS）建议使用 4 种缺陷根本原因分析方法。

✦　软件故障模式、影响以及危险分析方法（software failure modes，effects and criticality analysis，SFMECA）

✦　系统故障树分析方法（software fault tree analysis，SFTA）

✦　软硬件相互分析方法（hardware software interaction analysis，HSIA）

✦　软件共失效分析（software common cause failure analysis，SCCFA）

9.6　缺陷跟踪系统

一般来说，缺陷报告、跟踪和处理都会通过一个基于 Web 和数据库的缺陷管理系统来支持，而不能简单地通过字处理软件和表格处理软件（如微软公司 Word、Excel 文档）来处理。如果没有一套特定的系统来帮助我们管理缺陷，那么缺陷处理效率会很低，例如不能自动发邮件通知相关人员，将来也无法进行有效的查询、数据统计分析等工作。如果采用特定的系统来管理缺陷，那么就会带来不少益处。例如：

（1）基于缺陷数据库，不仅可以统一数据格式，完成数据校验，缺陷数量可以很大，而且确保每一个缺陷不会被忽视，使开发人员的注意力保持在那些必须尽快修复的高优先级的缺陷上。

（2）基于数据库系统，可以随时建立符合各种需求的查询条件，而且有利于建立各种动态的数据报表，用于项目状态报告和缺陷数据统计分析。

（3）基于系统可以随时得到最新的缺陷状态，项目相关部门和人员获得一致又准确的信息，掌握相同的实际情况，消除沟通上的障碍。

（4）基于系统可以将缺陷和测试用例、需求等关联起来，可以完成更深度的分析，有利于产品的质量改进等。

简单的缺陷跟踪系统比较容易实现，可以自己开发，也就是用数据库来记录表9-4中各项缺陷信息，并提供一些基本的查询条件。但是，已经有不少现存的缺陷跟踪系统供我们选用，可以选用开源软件系统，也可以选用商业化软件产品，无需自己开发。

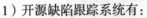

Mantis

Bugzilla

1）开源缺陷跟踪系统有：

◇ **Mantis**，一款基于 Web 的软件缺陷管理工具，配置和使用都很简单，适合中小型软件开发团队，详见 http://mantisbt.sourceforge.net/。

◇ **Bugzilla**：比较流行的缺陷管理工具。http://www.mozilla.org/projects/bugzilla/

◇ **Buglog HQ**：面向多个应用能自动产生 Bug 处理报告的、应用灵活、界面美观的开源系统，http://www.bugloghq.com/。

◇ **Cynthia**：中文的问题/Bug、任务管理系统，http://www.oschina.net/p/cynthia。

2）商业化缺陷跟踪系统有：

◇ **JIRA**：http://www.atlassian.com（澳大利亚 Atlassian 公司）

◇ **IBM ClearQuest**：http://www-01.ibm.com/software/awdtools/clearquest/

◇ **HP ALM**：http://www.hp.com/

◇ **TestTrack Pro**：http://www.seapine.com/ttpro.html

◇ **DevTrack**：www.techexcel.com/products/devsuite/devtrack.html

◇ **Borland Segue SilkCentral™ Issue Manager** 等

所有缺陷的数据不仅要存储在共享数据库中，还要有相关的数据连接，如产品特性数据库、产品配置数据库、测试用例数据库等的集成。因为某个缺陷是和某个特定的产品特性、软件版本、测试用例等相关联的，有必要建立起这些关联。同时为了提高缺陷处理的效率，与邮件服务器集成。通过邮件传递，测试和开发人员随时可以获得由系统自动发出的有关缺陷状态变化的邮件。

示例：Segue SilkCentral Issue Manager 缺陷管理工具

SilkCentral Issue Manager 是基于 Web 的用户接口的、分布式的缺陷管理工具，在软件开发过程中记录缺陷、自动跟踪缺陷状态以及对缺陷处理结果进行归类处理。它能够灵活配置以满足各种业务环境和产品的需求，与业务流程集成。

（1）提供了许多预定义的、用户定制的报表、图表以及用于有效提高表达项目状态的的语汇（query），使用统一定义的信息，提高沟通效率，有助于解决缺陷管理问题。

（2）行为驱动的工作流程：能够按照预先设定的规则对各个缺陷状态按其生命周期进行相应处理，迅速地将任务分派给相关人员进行处理，或将问题自动引导到下一阶段，加快缺陷处理流程。

（3）通过建立适用于每个项目的处理规则，以减少大量单调的手工处理任务和重复性的决策处理，进而减少了缺陷跟踪的时间。

（4）允许用户通过 Web 方式使用，这样有利于不同地点间甚至跨洲的各个开发部门间进行缺陷管理。在浏览器中允许进行自定义链接，访问自己所关心的区域。这样，可以在任意时刻快速找到关键信息，从而提高工作效率。

（5）通过电子邮件通知、自动分配规则、预先定义的优先级等对问题进行分解。如通过 SMTP 兼容的邮件通知系统，使用者可以通过点击任意文本链接打开浏览器应用。

（6）通过使用 SQL 语言，可以从不同数据库中，提取复杂的、跨产品的问题或信息。

（7）可以组织并保存与每个人工作相关的查询、报表和图形，还可以设置每个人的工作权限以保证数据的安全性和可维护性。

（8）定制处理的卡片帮助开发/测试人员关注最重要的信息，如每个缺陷可能造成的风险等。

（9）全面的在线帮助。

（10）使用简易灵活的工作流引擎将跟踪流程自动化，大大精简了运营成本。

（11）能够与测试管理、功能测试和负载测试工具整合。

小　结

从需求评审开始，测试人员就开始报告软件缺陷。缺陷报告是测试人员的基本功之一，包括对产品特性的理解深度、问题描述能力和技术分析能力等。在软件开发问题的解决过程中，缺陷报告是测试人员和开发人员、产品设计人员等沟通的桥梁，构成了一个完整的软件缺陷生命周期。

清晰、准确的缺陷报告有助于缺陷的修正，而且可以提高开发人员的工作效率，改善测试人员和开发人员的之间关系。软件缺陷生命周期中的不同阶段是测试人员、开发人员和管理人员一起参与、协同测试的过程。软件缺陷一旦发现，便进入测试人员、开发人员、管理人员的严密监控之中，直至软件缺陷生命周期终结，这样即可保证在较短的时间内高效率地关闭所有的缺陷，缩短软件测试的进程，提高软件质量，同时减少开发和维护成本。

在测试执行阶段时，我们会关注缺陷状态报告，进行必要的缺陷趋势分析，从而有效地控制测试的进程。在测试结束后，我们会进行更多的缺陷分析，包括缺陷分布分析、缺陷密度分析等，发现问题，找出问题产生的根本原因，从而改进软件开发和测试的过程，提高软件开发效率和产品的质量。

思　考　题

1. 如何有效地描述一个缺陷？

2. 说说软件缺陷可能得不到修复的几个原因。

3. 软件缺陷生命周期的基本状态包括哪些？在处理缺陷过程中，要注意哪些方面？

4. 通过软件趋势分析，我们能获得哪些有价值的信息？

5. 缺陷分布分析有什么样的意义？

6. 如果某项目中软件缺陷发现速度下降，测试人员对项目即将关闭准备发布表示兴奋，请问可能有哪些原因会造成这种假象？

第10章
测试计划和管理

在我们日常生活和工作中，如果要举办一个活动，事先都需要策划。例如，学校举办运动会，首先就需要很好的计划。确定运动会的口号是什么、确定比赛规模和方法、设置项目和选择相应的比赛日期、确定如何组建各个运动队等。即使一些个人活动，例如英语学习、装修房子等，也离不开计划。任何活动都是计划先行，制订了周密计划，活动效果就有了一定

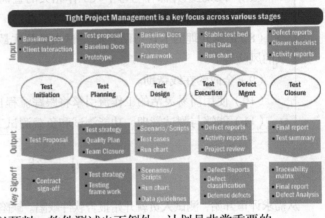

的保证。如果没有计划，结果往往难以预料。软件测试也不例外，计划是非常重要的。

测试自身工作经历"测试计划、测试用例设计、测试脚本开发、测试执行和测试结果"这样一个过程。软件测试的各种主要活动，无论是功能测试还是性能测试，都需要事先计划。从项目一启动，就开始计划，考量开展活动所需的资源和时间，以及活动执行过程中可能遇到的风险等。而一旦活动开始执行，就需要监督和控制活动的过程，这就是我们通常所说的测试管理。测试管理，除了测试活动的监督和控制之外，还包括测试文化的培养、测试流程的定义、测试环境标准的建立以及测试团队的建设等。

10.1 测试的原则

做事应该讲原则，在一些不利的场合更要坚持原则，才能确保成功。软件测试也不例外，其基本原则就是为了保证软件产品质量而进行充分的、全面的测试，并尽早、尽可能多地发现缺陷。为了保持这样的原则，一定要一切从客户出发，想客户所想，坚定"质量第一"的理念，当时间和质量冲突时，时间要服从质量，设法获得更多的时间和资源来保证质量。虽然有市场压力，需要在效率和质量之间取得平衡，产品的开发要服从市场的策略和市场的需求，但是，测试人员在任何时刻都应视"质量"为企业的生命。

在软件测试过程中，应注意和遵循一系列的具体原则，在国家标准中，强调测试的主要原则是及早测试、重点测试、阶段性、独立性、客观公正、遵循计划、测试是开发的一部分等。这些原则都是正确的，下面就对这些原则加以说明。

1. 尽早和不断地测试

软件项目一启动，软件测试也就开始，也就是从项目启动的第一天开始，测试人员就参与项目的各种活动和开展对应的测试活动。测试工作进行得越早，越有利于提高软件的质量，这也是缺陷预防在测试活动中的一种体现。在代码完成之前，可以进行各种静态测试，主导或积极参与需求文档、产品规格说明书等的评审，并且充分做好测试的前期工作，包括计划测试、设计测试用例、开发测试脚本和准备测试环境。

从静态测试到动态测试，软件测试贯穿着整个软件开发生命周期。也只有这样，软件测试才能尽早发现和预防错误，降低软件开发成本，更好地保证软件质量。所以，测试人员应将"尽早和不断地测试"作为座右铭。

2. 重点测试

一个大小适度的程序，其路径排列的数量也非常大，测试很难覆盖所有路径。现在程序规模越来越大，在测试中不可能运行覆盖路径的每一种组合。如果要覆盖路径，其代价非常大，在有限的时间和资源下进行完全测试、找出软件所有的错误和缺陷是不可能的，对多数应用程序也是没有必要的。因此，测试总是存在风险的，在有限的时间或其他资源情况下，尽量减少风险，抓住重点进行更多的测试，而在其他的测试上占用较少的资源。根据80/20原则（Pareto Principle），用户80%的时间在使用软件产品中20%的功能。"重点测试"就是测试这20%的功能，而其他80%的功能属于优先级低的测试范围。

3. 测试阶段性

一方面，根据软件开发生命周期的不同阶段性任务，我们要决定相应的测试目标和任务，如在需求分析和设计阶段，要参与需求评审和设计评审；在测试执行阶段，测试人员起着主导作用，进行大规模的测试，包括功能测试、性能测试、安全性测试等。在功能测试中，还可以进一步划分为更具体的测试阶段，如新功能测试、回归测试、全面测试3个子阶段。

另一方面，测试工作本身应分为测试计划、测试设计、测试开发、测试执行、结果分析和报告等阶段，完成阶段性工作，输出阶段性成果——测试计划书、测试用例、测试脚本、缺陷报告、测试报告等。

4. 测试独立性

程序员应避免测试自己的程序，为达到最佳的效果，应由独立的测试小组、第三方来完成测试。测试在一定程度上带有"挑剔性"，心理状态是测试自己程序的障碍。同时，对于需求规格说明的理解错误也很难再由程序员本人自己进行测试时被发现。在实际测试工作中，单元测试虽然由开发人员自己完成，也建议开发人员相互配对，为对方代码进行单元测试。

5. 测试客观性

事先定义好产品的质量特性指标，测试时才能有据可依。有了具体的指标要求，才能依据测试的结果对产品的质量进行客观的分析和评估。例如，进行性能测试前，产品规格说明书就已经清楚定义了各项性能指标。同样，测试用例应确定预期输出结果，如果无法确定所期望的测试结果，则无法进行正确与否的校验。

所有特定的质量要求及其指标，都应该在产品的需求文档、设计规格说明书中明确定义下来，这样才能使软件产品具有可测试性，重要的是软件实现时应很好地考虑或依据这些要求，在软件开发过程中设法满足这些要求，以构筑高质量的产品。

6. 计划是一个过程

虽然通过文档来描述软件测试计划，并最后归档，但计划是一个过程，是做好软件测试工作的前提，指导各项测试活动。在测试各项活动中要遵循测试计划，而不能将测试计划束之高阁。

在项目开始时很难将所有的测试点、测试风险等都了解清楚，随着和开发人员做足够的沟通、对产品进行 ad-hoc 测试等，情况越来越清楚，然后进一步细化、不断丰富测试计划。其次，软件产品需求也会发生变化，开发进程也难以和事先预估完全吻合，这样测试计划的修改也是必然的和必要的。在测试过程早期，应制定良好的、切实可行的测试计划，并在后期测试活动中得到严格执行。同时，随着对测试范围掌控越来越准确，有必要对测试策略、资源、进度和执行等进行调整，所以测试计划也是适应实际测试状态不断变化而进行调整的一个过程。

7. 测试是开发的一部分

在软件产品的开发过程中，越早发现产品中存在的问题，开发费用就越低，产品质量越高，软件发布后维护费用越低。而一个软件项目要按时保质地完成，是开发人员和测试人员共同努力的结果。无论是需求分析、系统设计，还是在自动化测试过程中，开发人员和测试人员的工作都是不能分离的，实现和验证是交互进行的。新实现或构建的东西需要验证，验证过程中发现的问题又需要修正、重新构建，是软件开发和测试不断交互的一个过程，最终完成软件产品的开发。所以说，测试工作是一项具有整体性、持续性的软件开发活动中的一环，是产品质量保证的不可缺少的一面。

8. 发现缺陷更多的地方，其风险更大

一般来说，一段程序中已发现的错误数越多，意味着这段程序的质量越不好。错误集中发生的现象，可能和程序员的编程水平、经验和习惯有很大的关系，也可能是程序员在写代码时情绪不够好或不在状态等。如果在同样的测试效率和测试能力的条件下，缺陷发现越多，漏掉的缺陷就越多。这也就是著名的 Myers 反直觉原则：在测试中发现缺陷多的地方，会有更多的缺陷没被发现。假定测试能力不变，通过测试会发现产品中 90% 的缺陷。如果在模块 A 发现了 180 个缺陷，在模块 B 发现了 45 个缺陷，意味着模块 A 还有 20 个缺陷没被发现，而模块 B 只有 5 个缺陷未被发现出来。所以，对发现错误较多的程序段，应进行更深入的测试。

9. 想用户所想

在所有测试的活动过程中，测试人员都应该从客户的需求出发，想用户所想。正如我们所知，软件测试的目标就是验证产品开发的一致性和确认产品是否满足客户的需求，与之对应的任何产品质量特性都应追溯到用户需求。测试人员要始终站在用户的角度去思考、分析产品特性，例如，试问下列问题。

- 这个新功能对客户的价值是什么？
- 客户会如何使用这个新功能？
- 客户在使用这个功能时，会进行什么样的操作？
- 按目前设计，用户觉得方便、舒服吗？

如果发现缺陷，去判断软件缺陷对用户的影响程度，系统中最严重的错误是那些导致程序无法满足用户需求的缺陷。软件测试，就是揭示软件中所存在的错误、低性能、不一致性等各种影响客户满意度的问题，一旦修正这些错误就能更好地满足用户需求和期望。

10.2　测试计划

测试是一项风险比较大的工作，在测试过程中有许多不确定性，包括测试范围、代码质量和人为因素等。这种不确定性的存在，就是一种风险，测试计划的过程就是逐渐消除风险的过程。软件项目计划的目标是提供一个框架，不断收集信息，对不确定性进行分析，将不确定性的内容慢慢转换为确定性的内容，该过程最终使得管理者能够对资源、成本及进度进行合理的估算，对测试过程可能出现的问题有足够了解，制定出相应的预防措施。

10.2.1　概述

制订测试计划，是为了确定测试目标、测试范围和任务，掌握所需的各种资源和投入，预见可能出现的问题和风险，采取正确的测试策略以指导测试的执行，最终按时按量地完成测试任务，达到测试目标。

测试计划模板

在测试计划活动中，测试计划人员首先要仔细阅读有关资料，包括用户需求规格说明书、设计文档等，全面熟悉系统，并对软件测试方法和项目管理技术有着深刻的理解，完全掌握测试的输入。测试输入是测试计划制定的依据，主要有下列几项内容。

◇　项目背景和项目总体要求，如项目可行性分析报告或项目计划书。

◇　需求文档，用户需求决定了测试需求，只有真正理解实际的用户需求，才能明确测试需求和测试范围。

◇　产品规格说明书会详细描述软件产品的功能特性，这是测试参考的标准。

◇　技术设计文档，从而使测试人员了解测试的深度和难度、可能遇到的困难。

◇　当前资源状况，包括人力资源、硬件资源、软件资源和其他环境资源。

◇　业务能力和技术储备情况，在业务和技术上满足测试项目的需求。

在掌握了项目的足够信息后，就可以开始起草测试计划。起草测试计划，可以参考相关的测试计划模板，如附录 B 的"测试计划简化模板"和英文模板（[29][30]）。测试计划，以测试需求和范围的确定、测试风险的识别、资源和时间的估算等为中心工作，完成一个现实可行的、有效的计划。一个良好的测试计划，其主要内容如下。

（1）测试目标：包括总体测试目标以及各阶段的测试对象、目标及其限制。

（2）测试需求和范围：确定哪些功能特性需要测试、哪些功能特性不需要测试，包括功能特性分解、具体测试任务的确定，如功能测试、用户界面测试、性能测试和安全性等。

（3）测试风险：潜在的测试风险分析、识别，以及风险回避、监控和管理。

（4）项目估算：根据历史数据和采用恰当的评估技术，对测试工作量、测试周期以及所需资源做出合理的估算。

（5）测试策略：根据测试需求和范围、测试风险、测试工作量和测试资源限制等来决定测试策略，是测试计划的关键内容。

（6）测试阶段划分：合理的阶段划分，并定义每个测试阶段进入要求及完成的标准。

（7）项目资源：各个测试阶段的资源分配，软、硬件资源和人力资源的组织和建设，包括测试人员的角色、责任和测试任务。

（8）日程：确定各个测试阶段的结束日期以及最后测试报告递交日期，并采用时限图、甘特图等方法制定详细的时间/表。

（9）跟踪和控制机制：问题跟踪报告、变更控制、缺陷预防和质量管理等，如可能会导致测试计划变更的事件，包括测试工具的改进、测试环境的影响和新功能的变更等。

10.2.2　测试计划过程

一般来说，在制订计划过程中，首先需要对项目背景进行全面了解，如产品开发和运行平台、应用领域、产品特点及其主要的功能特性等，也就是掌握软件测试输入的所有信息。然后，根据测试计划模板的要求，准备计划书中的各项内容。测试计划不可能一气呵成，而是经过计划初期、起草、讨论、审查等不同阶段，最终完成测试计划。

（1）计划初期是收集整体项目计划、需求分析、功能设计、系统原型、用户用例（use case）等文档或信息，理解用户的真正需求，了解新技术或者技术难点，与其他项目相关人员交流，力求在各个方面达到一致的理解。

（2）计划起草。根据计划初期所掌握的各种信息、知识，确定测试策略，选择测试方法，完成测试计划的框架。测试需求也是测试用例设计的基础，并用来衡量测试覆盖率的重要指标之一，确定测试需求是测试计划的关键步骤之一。

（3）内部审查。在提供给其他部门讨论之前，先在测试小组/部门内部进行审查。

（4）计划讨论和修改。召开有需求分析、设计、开发等人员参加的计划讨论会议，测试组长将测试计划设计的思想、策略做较详细的介绍，并听取大家对测试计划中各个部分的意见，进行讨论交流。

（5）测试计划的多方审查。项目中的每个人都应当参与审查（即市场、开发、支持、技术写作及测试人）。计划的审查是必不可少的，测试经理和测试工程师所掌握的信息可能不够完整，其理解可能不够全面和深刻。此外，就像开发者很难测试自己的代码那样，测试工程师也很难评估自己的测试计划。每一个计划审查者都可能根据其经验及专长发现测试计划的问题或针对测试策略或方法提出一些建议。

（6）测试计划的定稿和批准。在计划讨论、审查的基础上，综合各方面的意见，就可以完成测试计划书，然后报给上级经理，得到批准，方可执行。

（7）计划执行跟踪和修改。在实际计划执行过程中，由于测试需求、测试环境等因素发生变化，就有必要对计划进行调整，满足测试的需要。

测试计划不仅是软件产品当前版本而且还是下一个版本的测试设计的主要信息来源，进行新版本测试时，可以在原有的软件测试计划书上做修改，但要经过严格审查。不同的测试阶段也可以单独制定相应的测试计划，如单元测试计划、集成测试计划、系统测试计划和验收测试计划等。有时需要根据不同的测试任务，制订特定的测试计划，如安全性测试计划、性能测试计划等。单个测试计划还是合成为一个整体测试计划，这取决于项目的规模和特点。对于中、小项目，一个整体的测试计划就能涵盖全部内容。如果是大型项目，则往往分开为多个独立的测试计划，甚至会形成一系列的计划书，如测试风险分析报告、测试任务计划书、风险管理计划、测试实施计划、质量保证计划等。

10.2.3　测试目标

目标指引方向，确定了目标，才能开始进行更周密的计划。所以，在开始制订测试计划之前，需要确定测试目标。对不同的测试项目，软件测试的基本目标是相同的——在开发周期内，尽可能早地发现最严重的缺陷。要达到这样的目标，项目一启动，测试人员就应进入项目，和产品设计人员、开发人员一起工作，保持紧密的合作关系，全面理解产品的设计与实现。

测试目标也分为整体目标和阶段性目标、特定的任务目标，如图 10-1 所示。整体目标是针对软件项目或一个软件产品来确定的，如要求系统地、全面地对软件产品进行测试，包括功能测试、性能测试、适用性测试、安全性测试等，并达到预先所定义的测试覆盖率。而阶段性目标是分别针对单元测试、集成测试、系统测试和验收测试来定义所期望的结果，例如单元测试的目标是每个单元在系统集成前得到测试，代码行和类的测试覆盖率都要求达到 90% 以上。

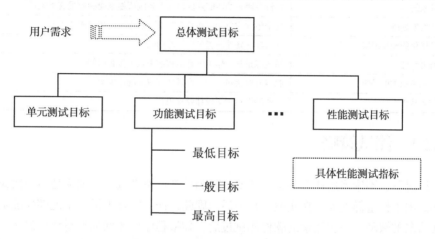

图 10-1　软件测试目标的分解和层次

从用户需求出发来确定测试目标，以满足用户对软件产品的需求。对于不同类型或不同应用背景的软件系统，其用户需求是不一样的，测试目标自然也不一样。例如军用系统，在安全性、可靠性等方面要求非常高，为安全性测试、可靠性测试制定很高的目标。而对一般的互联网应用服务，则是强调功能性、易用性、性能等方面的测试目标。总体目标就是，经过测试之后，能发现影响用户使用的绝大多数的问题，最终确保交到用户手上的是一个高质量的产品。为了制定正确的测试目标，需要充分理解用户的需求，将用户的需求转化为测试需求，从而基于测试需求，可以确定对应的测试目标。例如，用户要求一个网站在使用时响应要快，不能出错，这种用户的需求会被转化为测试需求——性能测试。针对性能测试，可以确定具体的测试目标为：200 人同时在线时，事务处理成功率不小于 98%，响应时间小于 8 秒。

在确定测试目标时，往往需要对软件产品所涉及的业务功能和业务流程进行分析，从而进一步细化测试目标，设计出对应的测试用例来验证各项具体的测试目标是否实现。测试目标可能会根据预算或时间限制进行调整。例如，下面有 3 个简单的目标，这些目标代表了功能测试的不同层次（或水准），如：

◇　最低目标：正常的输入＋正常的处理过程，有一个正确的输出；

◇　基本目标：对异常的输入有错误的捕获，并进行相应提示或屏蔽；

❖ 较高目标：对隐式需求进行测试。

以性能测试为例，说明如何确定测试目标。先要确定总体目标，然后根据总体目标的要求，制定对应的具体目标（子目标）。总体的目标是：通过性能测试，不仅要通过压力测试发现性能瓶颈，还要获得系统的容量和系统所需要的各项性能指标，如应用系统的响应时间、每秒可支持的点击数或每秒的交易量。根据系统的设计，了解哪些系统的关键组件会影响系统的性能，确定每个组件可以达到的性能水准，以及系统的整体性能所能达到的性能指标。而具体的目标需要定义每项测试所期望的结果。通过回答一系列有关性能的问题，我们会对测试目标理解得更清晰、更具体，如表 10-1 所示。

表 10-1　性能测试目标及其提问

目标	要回答的问题
度量最终用户的响应时间	完成一个商业流程需要多长时间？
度量系统容量	在没有明显的性能降低情况下系统所能承受的容量有多大？
确认性能瓶颈	哪个组件或单元正在越来越慢（响应时间越来越长）？
定义优化的硬件配置	什么样的硬件配置带来最好的性能？
检查可靠性	系统能正常工作（没有出错或失效）多长时间？
检查软件版本的升级	版本升级会对性能、可靠性有较大的影响吗？
评估新特性	这些特性达到了设计要求吗？

10.2.4　测试策略

通常情况下，不论采用什么方法和技术，其测试都是不彻底的，因为任何一次完全测试或者穷举测试的工作量都太大，在实践上行不通。因此，任何实际测试都不能够保证被测试程序中不存在遗漏的缺陷。一次完整的软件测试过后，如果程序中遗漏的严重错误过多，则表明测试是不充分的甚至是失败的，而测试不足意味着让用户承担隐藏错误带来的风险。反过来说，如果过度测试，则又会浪费许多宝贵的资源，加大企业的成本。我们需要在这两点上进行权衡，找到一个最佳平衡点。这就是测试策略发挥作用的时候。

1. 测试策略的内涵

为了最大程度地减少这种遗漏的错误，同时也为了最大限度地发现存在的错误，在测试实施之前要确定有效的测试策略。然后，根据测试策略，选定测试方法，确定测试范围等，丰富测试计划，制定详细的测试案例。依据软件项目类型、规模及应用背景的不同，我们将选择不同的测试方案，以最少的软、硬件及人力资源投入而获得最佳的测试效果，这就是测试策略目标所在。可以给"软件测试策略"下一个定义，即在一定的软件测试标准、测试规范的指导下，依据测试项目的特定环境约束而规定的软件测试的原则、方式、方法的集合，这就是测试策略。

软件测试可以由手工操作软件去执行测试，也可以借助于测试工具自动执行测试。什么时候采用手工测试、什么时候采用自动化测试，都是测试策略需要考虑的。软件测试策略随着软件生命周期变化，可能是因为新的测试需求或发现新的测试风险而不得不采取新的测试策略。在制定测试策略时，应该综合考虑测试策略的影响因素及其依赖关系。软件测试策略要依赖于测试人员本身所具有的能力、所掌握的测试方法和技术，而且还受到测试项目资源因素、时间等的约束，有时还有一些特殊的要求所限制。

2. 如何制定测试策略

测试策略描述如何全面地、客观地和有效地开展测试，对测试的公正性、遵照的标准做一个说明。在制定测试策略过程中，需要考量用户特点、系统功能之间的关系、资源配置、上个版本的测试质量和已有的测试经验等各个因素的影响，从而找到问题的解决办法，包括采取哪些测试方法、采用什么样的测试工具等。尽可能地考虑到某些细节，借助创造性的思维或头脑风暴，往往能找到测试的新途径。

为了制定正确的测试策略，先要明确其输入，包括被测的软件系统的功能性和技术性需求，以及测试目标、测试方法和完成标准等。然后，根据测试目标或测试需求确定测试的内容，评估各项测试内容可能存在的风险并确定测试的优先级，针对不同的测试内容选择最合适的测试方法、技术和工具，针对不同的测试风险采取不同的对策，最后确定测试策略，包括测试各个阶段完成的标准、所采用的方法和对策以及测试用例设计的取舍等。测试策略制定的步骤如图10-2 所示。

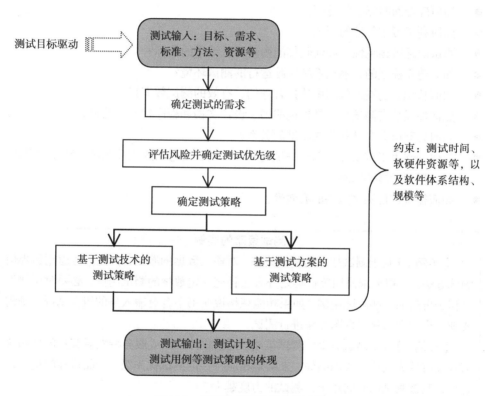

图 10-2　确定软件测试策略的过程

在制定策略过程中，权衡资源约束和风险等因素是很关键的，有效的测试策略就是为了降低风险，在有限的资源下完成给定的测试任务，优先级高的测试任务优先完成。如果不采取测试策略，就不能及时完成测试任务。而采取一定的测试策略（如新方法、特别的方法）能及时完成测试任务，或者是舍弃某些非常低或较低优先级的测试任务，从而增加了测试风险。所以，正确把握测试目标和测试风险之间的平衡，获得最佳的测试策略。

3. 如何更好地制定测试策略

针对不同的测试阶段（单元测试、集成测试、系统测试）、不同的测试对象或测试目标，制定相对应的测试策略。例如，在单元测试，执行严格的代码复查，以保证在早期就能发现大部分的问题，而对功能性的回归测试，尽量借助自动化完成，而且要求每天执行冒烟测试或软件包验证测试（build verification test，BVT），包括在安全性测试、配置测试执行时可进行一些探索性测试。一个好的测试策略应该包括：

♦ 实施的测试类型和测试的目标；

♦ 实施测试的阶段及其相应的技术；

♦ 用于评估测试结果的方法和标准；

♦ 对采取测试策略所带来的影响或风险的说明等。

测试策略应该尽量简单、清晰，例如可以在有限的白板上通过2~3行字和1~2张图描述出测试策略，或者可以通过一个（20~30分钟）简短的会议就能把测试策略解释清楚。为了更好地确定软件测试策略，也可以试着问一些如下的问题，在寻找这些答案的过程中，也就找到了最佳的测试策略。

● 如何确定回归测试的范围？

● 如何利用可重复性的测试？

● 测试缺乏可预见性，如何收集能衡量测试结果的指标？

● 如何建立稳定的、模拟系统实际运行的测试环境？

● 如何从无穷的输入数据中选择合理的、有效的测试数据集？

● 如何加强静态测试——规格说明书、设计文档和程序代码等的审查？

● 如何处理单元测试和集成测试的关系？

● 如何处理手工测试和自动化测试之间的平衡，使它们的互补性得到发挥，测试的效率和质量到达最佳状态？

● 如何衡量这份测试策略的有效性？

测试策略的实例

【实例1】基于测试技术的测试策略。对输入数据的测试，首先应考虑用边界值测试方法，一般要求使用等价类划分方法补充一定数量的测试用例，必要时用错误推测法再追加一些测试用例。如果功能规格说明书中含有输入条的组合情况，则需要进一步考虑选择因果图方法进行测试。

【实例2】基于测试方案的测试策略。根据软件产品或服务特性对客户的使用价值以及特性失效所造成的损失，来确定相应特性的测试优先级。产品特性的优先级越高，其被测试的时间越早，测试的力度越大。

【实例3】根据用户的需求来确定测试目标，而测试策略是由测试目标所决定的。例如，某些应用软件，用户对性能非常关注，而有些应用软件，用户对功能关注，而对性能不够关注。这样，一个应用软件的性能测试目标可以分为多个层次，从而对应不同的性能测试策略。

♦ 用户高度重视：性能测试无处不在。在系统设计阶段，就开始进行充分、深入地讨论和验证性能问题。不仅对整个系统进行性能测试，而且对每个组件都实施性能测试。

♦ 用户一般关注：定义清晰的性能指标，只针对系统进行性能测试。发现性能问题并改进系统的性能，使系统尽量达到设计要求。

♦　用户不太关注：可能不进行性能测试，只做功能测试。即使做性能测试，也就是在功能测试完成之后，进行性能测试，从而掌握系统的性能指标，而不需要事先定义性能指标，即没有严格的性能指标要求。

【实例 4】杀毒软件是需要经常维护的，系统可能每天都要更新一次。如果每天都让测试人员去做一遍完整的测试之后发布出去，不仅需要大量的人力与物力，而且由于心理因素，可能测试的实际效果也不好。这时候，选择合适的自动化测试工具来完成回归测试是非常必要的。

【实例 5】基于缺陷分析的测试策略。通过缺陷分析，可以更好地了解开发人员的习惯、容易犯错误的地方，可以更好地设计测试用例，更快地发现缺陷。也可以从缺陷出发，反推回去，找到合适的测试策略。

10.2.5　制订有效的测试计划

要做好测试计划，测试设计人员要掌握项目的背景，熟悉软件测试方法和项目管理技术，深刻理解用户需求、产品特性和实现技术，全面熟悉软件产品或系统。除此之外，在测试的方法运用和策略的制定等各个方面，积累了很好的经验。概括起来，通过下列一些方法，可以写出更有效的测试计划。

（1）在确定测试项目的任务之前，应清楚测试的范围和目标，如检查每一个测试点、提交什么样的测试结果。

（2）让所有合适的相关人员参与测试项目的计划制定，特别是在测试计划早期。合适的相关人员包括相关的产品经理、开发人员、技术支持人员、系统部署人员和市场销售人员等。

（3）对测试的各阶段（敏捷测试中可能没有明显的测试阶段，这个阶段可以理解单个迭代）所需要的时间、人力及其他资源进行预估，测试范围能分解应尽量分解，针对每个测试任务仔细分析到位，尽量做到客观、准确、留有余地（10%~15%）。

（4）制定测试项目的输入、输出和质量标准，并和有关方面达成一致。例如，系统的性能指标必须清晰地在 PRD/MRD 中定义出来。

（5）建立变化处理的流程规则，识别出在整个测试阶段中哪些是内在的、不可避免的变化因素，如何进行控制。

测试计划中描述测试过程所需的测试用例、执行顺序和操作规则等，这些将成为此后测试活动的指导框架和约束，得到严格的执行。在测试计划中所存在的错误与欠缺会给测试设计和执行带来更大的问题，包括不正确的设计思路、测试资源不足、测试环境不可靠、测试执行效率低下等，某些测试问题还难以补救。所以，测试计划的评审需要得到足够的重视，计划中的每一条款都需要得到实实在在的确认。

10.3　测试范围分析和工作量估计

在确定了测试需求之后，为了达到这些目标，就要执行相应的测试任务。在执行测试任务过程中，需要分析测试的范围，根据测试的范围、任务和其他条件，决定测试的工作量和测试环境。基于质量需求和测试的工作量、测试环境、产品发布的设想时间等要求，就可以确定测试进度和所需的测试资源，或者基于现有的测试资源，来决定测试的日程表。

在测试总量不变、质量需求不变的情况下，人力资源和进度是相互制约的，增加人力资源，可以缩短测试周期；人力资源不足，可以通过延长测试周期来完成所需要的测试工作。资源和进度的关系也不是简单的线性关系，本书后面内容会有更仔细的分析。

10.3.1　测试范围的分析

在测试范围分析时，一般先进行功能测试范围分析，然后再进行非功能性测试的范围分析。

功能测试，往往根据软件产品规格说明书或用户故事验收标准来完成，因为它们清楚地描述了产品的功能特性或验收的条件。总之，可以根据需求文档、设计文档来确定功能测试范围，也可以结合功能之间的逻辑关系、考虑用户的使用习惯等，进一步细化功能测试范围。例如把功能划分成若干个模块分别进行测试，并补充集成测试和端到端（end-to-end）的测试。功能测试范围分析的分解方法可以按功能层次分解，也可以按功能区域、功能逻辑进行分解。一旦功能被细化，被分解为模块及其子功能，就比较容易确定功能测试范围。功能模块之间的接口或相互交叉的地方不能被忽视，应列入功能测试范围。借助流程图和框图等，如图 10-3 所示，可以有效地对功能测试范围进行分析。在面向对象的软件开发中，常常先绘制 UML 用例图、活动图、协作图和状态图，在此基础上进行功能测试范围分析。

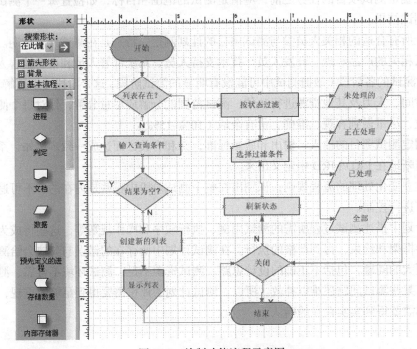

图 10-3　绘制功能流程示意图

对于非功能性的系统测试，可以分别从性能测试、兼容性测试、适用性测试和安全性测试等各个方面进行分析。

（1）兼容性测试范围，例如电子商务系统中，服务器端软件的最新版本和客户端的当前版本以及前两个版本都要保持兼容，客户端软件要与不同的操作系统（包括 Windows、Ubuntu Linux、Mac OS 等）兼容，而且还要和第三方网上支付系统兼容，数据接口保持一致。也就是说，要将 3 个版本的客户端软件和服务器进行联合测试，而且当前版本的客户端软件需在多个操作系统及其不同版本上进行测试等。

（2）性能测试要求详见 7.4.1。如果性能指标达不到要求，需要增强服务器的配置，再完成相应的性能测试。

（3）安全性测试范围，不仅要完成口令设置、口令加密、权限设置和用户登录等测试，而且还要检查受攻击的、潜在的安全漏洞，包括跨站脚本攻击、SQL 注入式攻击和服务器日志文件的保护性。

10.3.2　工作量的估计

软件规模的估算方法有功能点方法、对象点方法等，并得到了较好的应用。基于软件规模，可以大致确定软件开发、软件测试的工作量，但多数情况下，仅仅根据软件规模来确定测试工作量还是不够的。例如，开发人员写出的代码质量不高，重复进行回归测试的次数就会多，自然增加测试的工作量。如果产品质量要求高，那么测试要求也相对提高，需要进行足够的、充分的测试，测试的周期会加长，从而显著地增加测试的工作量。所以，测试的工作量需要根据软件规模、开发环境（如自动化测试程度）、代码质量、测试目标和测试范围等多个因素进行综合分析获得。

1. 功能点估算法

工作量的估算由于影响因素比较多，目前没有特别好的方法，但估算的过程基本一致，如图 10-4 所示。功能点是一个比较可靠的工作量估算方法，它先估算每个功能点所需要的工作量，然后进行累加获得总的工作量。功能点划分得越细，这种方法的估算准确性越高。对每项测试任务进行分解，然后根据分解后的子任务来进行估算，比较专业的方法有工作分解结构表（WBS）。通常来说，分解的粒度越小，估算精度越高。功能点方法依赖一定的经验，如果有大量的历史数据和丰富的经验，那就能准确地估算工作量。使用功能点方法时，需要考虑各项测试工作所占用的时间，不仅仅是测试用例执行的时间。例如，"网上购书订单提交"功能的测试工作量可以估算如下。

◆　阅读和评审需求文档 1 个人日（man-day）。
◆　产品规格书评审 2 个人日。
◆　测试用例设计 2 个工作日。
◆　测试执行 3 个工作日 （3 轮，每轮一个工作日）。
◆　共 8 个人日。

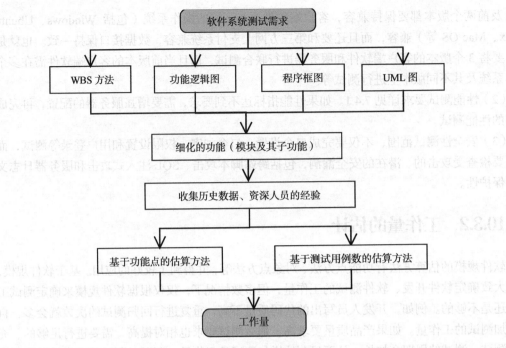

图 10-4　工作量估算的过程

如果能实现自动化测试，工作量估算方法没有变，只不过具体计算项不同。例如，对于上述同样功能的测试工作量，需求文档、产品规格书评审和测试用例设计等工作量不变，而是增加测试脚本开发的工作量（例如 5 个人日），同时减少测试执行的工作量（如减到 1 个人日）。最终，总工作量可能达到 12 个人日，工作量增加了。对于一个版本的软件开发周期，自动化测试不能降低工作量，可能会增加工作量。但是，如果在后继版本多次使用已开发好的脚本，那么原来投入在脚本开发的工作量会得到很好的回报。而且，有了自动化测试，在单个版本的测试过程中就不止执行 3 次，而是执行很多次，甚至每天执行一次，对提高产品质量也是有帮助的。

2．测试用例估算法

这种估算方法是依据测试用例数来估算测试工作量，例如用功能模块所有要执行的测试用例总数，除以每个人日所能执行的测试用例平均数，就得出人日数（即工作量）。因为一般来说，平均每个人日所能执行的测试用例数相对稳定，例如，每个人日可以执行 60 个功能测试用例，包括缺陷报告。这可能存在一个假定，即代码质量较好，运行每 100 个测试用例只发现 2 ~ 3 个缺陷。如果缺陷太多，缺陷报告就会占用太多时间，每日执行的测试用例数就相应地降低。工作量估算，往往基于其他一些假定，例如：

（1）效率假设，即测试队伍的工作效率。例如功能测试的工作量依赖于应用的复杂度、窗口的个数和每个窗口中的动作数目。

（2）测试假设，为了验证一个测试需求所需测试动作的数目，可能包括每个测试用例的估算时间。

（3）风险假定。一般在考虑各种因素影响下所存在的风险，这些风险所带来的工作量可以考虑增加 10% ~ 20%，作为额外的备用工作量。

3．相对比例估算法

如果确实没有任何可行的办法，就可以按照测试人员和开发人员的比例来确定。从经验看，不同的软件应用领域，开发人员和测试人员的比例往往是不同的，大致可以分为 3 类，其比例分别是 1:2、1:1、2:1。

（1）像操作系统一类的产品，功能多，应用复杂，其用户的水平层次千差万别，但同时要求稳定性很强，支持各类硬件，提供各种应用接口，所以测试的工作量非常大，一个开发人员可能要配备两个测试人员（1:2）。

（2）像应用平台、支撑系统软件一类的产品，测试工作量处于中等水平，不仅系统本身要运行在不同的操作系统平台上，还要支持不同的应用接口和应用需求。测试人员与开发人员的比例要低一些，一个开发人员配备一个测试人员（1:1）。

（3）对于特定的应用系统一类产品，由于用户对象清楚，甚至对应用平台或应用环境加以限制，所以测试人员可以再减少些，两个开发人员配备一个测试人员（2:1）。

4. 测试生命周期的总工作量

处在不同的开发阶段，测试的工作量差异可能比较大。在新产品第一个版本开发过程中，相对以后的版本，测试的工作量可能会大得多，因为第一个版本的缺陷会很多，在缺陷报告、回归测试上要占用很多的时间。但在后继版本中，新功能测试工作量可能不多，如果程序的耦合性较强，回归测试工作量会比较大，这需要在工作量估算中加以考虑。

在一般情况下，对于一个项目要进行 2~3 次回归测试。所以，假定一轮功能测试需要 100 个人日，则完成一个项目所有的功能测试肯定就不止 100 个人日，往往需要 200~300 多个人日。可以采用以下计算公式：

$$W = W_O + W_O \times R1 + W_O \times R2 + W_O \times R3$$

- W 为总工作量，W_O 为一轮测试所需的工作量。
- $R1$、$R2$、$R3$ 为每轮的递减系数。受代码质量、开发流程和测试周期等影响，$R1$、$R2$、$R3$ 的值是不同的。对于每一个公司，可以通过历史积累的数据，获得经验值。

代码质量相对较低的情况下，假定 $R1$、$R2$、$R3$ 的值分别为 80%、60%、40%，当一轮功能测试的工作量是 100 个人日时，则总的测试工作量为 280 个人日。如果代码质量高，一般只需要进行两轮的回归测试，$R1$、$R2$ 值也降为 60%、30%，则总的测试工作量为 190 个人日，工作量减少了 30% 以上。

10.4　测试资源需求和进度管理

测试范围分析之后，所需要的测试资源就比较清楚了。测试的资源需求，包括人力资源和软、硬件资源。人力资源是重点、关键点，并涉及项目测试组的人员构成、任务分工和责任。而项目进度安排取决于测试的工作量和现有的人力资源。测试工作量是一定的，所以测试进度和测试资源之间存在很强的依赖性。当人力资源充足时，测试周期可以缩短；当人力资源较少时，测试周期就会变长。

10.4.1　测试资源需求

在完成了测试工作量的估算之后，根据软件开发计划所期望到达的时间表，就可以确定所需的人力资源——测试人员的能力和人数。工作量、时间和人力资源是相互牵制的，当工作量一定时，时间和人力资源相互依赖，时间多则人力资源可少些，时间少则人力资源就需要多些，如图 10-5 所示。

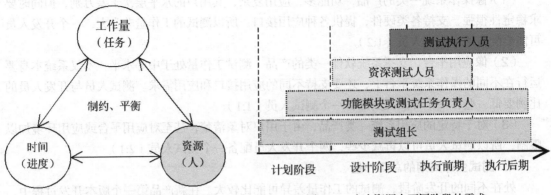

图 10-5　工作量、时间和资源相互制约　　　　图 10-6　人力资源在不同阶段的需求

人力资源的需求，不仅是一个人数的问题，而且必须考虑能力、专长或熟悉的领域等，选择合适的测试人员，组成测试团队。软件测试项目所需的人员和要求在各个阶段是不同的，通过图 10-6 可以一目了然地了解测试人员进入测试项目的先后次序和不同测试阶段的分布情况，循序渐进，越来越多的测试人员进入项目，而到测试执行后期，有一部分资深测试人员先退出，进入新的项目，去参与项目的测试计划和设计。

（1）在项目计划阶段，测试组长首先进入项目，了解项目背景和确定测试需求，选定或指派功能模块或测试任务（如性能测试、安全性测试等）的负责人，然后这些模块或任务的具体负责人也进入到项目中，参与需求评审、测试范围分析、测试策略和计划的制定等。

（2）在测试设计阶段，需要一些比较资深的测试设计人员参与进来，他们经验丰富、技术能力强，与模块或任务的具体负责人一起工作，评审软件产品设计规格说明书、设计测试用例、开发测试脚本等。

（3）在测试执行阶段，主要是执行测试用例，并完成相应的回归测试，测试人员需求的数量取决于测试自动化实现的程度。如果测试自动化程度低，需要更多的测试执行人员，对他们的经验和技术要求都相对低，因为可以按照已设计好的测试用例来完成测试任务。如果测试自动化程度高，人力的投入有明显的减少，可能只需要一些人完成用户界面的易用性测试（用户体验的测试），而大部分功能测试都是自动执行的，由模块或任务的具体负责人来分析测试结果就可以了。

对于不同的应用领域、不同的项目，软、硬件资源差异很大。硬件资源可以分为网络资源、服务器资源和客户端机器等不同类型，分别进行估算、购买、安装和设置。而软件资源包括支撑平台（操作系统、数据库、中间件等）、第三方软件产品、测试工具软件等。

● 硬件：交换机、路由器、负载均衡器（load balance）、服务器、客户端 PC 机、摄像头、特殊的显示卡和声卡、耳机、麦克风等。

● 支撑的系统软件：Linux 操作系统、Web 服务器（如 Apache）、中间件（如 Tomcat、WebLogic）、数据库系统软件 MySQL/Oracle 等

● 测试工具：JUnit、JMeter、Selenium 等或开发平台 eclipse、Android Studio、Xcode 等。

10.4.2　测试进度管理

一个项目要取得成功，其核心就是两点——按时完成和质量达到标准。进度管理就是保证项目按时完成，控制项目的成本。进度管理自然成为项目管理中最主要的工作之一，受到公司管理者、项目经理以及测试组长等高度关注。进度，也是比较容易观察、度量的，从管理角度看，控制进度是控制成本、保证项目成功的最有效途径之一。

进度管理是一门艺术、一个追求动态平衡的管理过程，在保证质量的前提下，通过里程碑设置、关键路径控制和充分的面对面沟通等一系列方法来督促项目的进展，确保各个任务按时完成，最终达成目标。例如，多个里程碑的设置就是将"最后不能完成"的巨大风险分解成多个小的风险，提前发现问题，从而更好地保证项目及时完成。项目管理中所采用的方法和措施都可以应用到测试项目中来。那么，软件测试的进度管理和一般项目的进度管理有哪些区别呢？

测试不能穷尽，在一定程度上反映了测试没有结束的时间，在测试后期，缺陷还是不断被发现出来，测试什么时候可以结束？各项待执行的测试任务已完成，所有发现的问题都已解决，是否意味着测试结束？即使在过去一周内没有发现新的缺陷，也不能说明产品不存在缺陷。由于测试方法不正确、测试能力的限制等，始终不能发现某些缺陷或者没有触及某些测试范围。测试何时结束、测试阶段何时告一段落，是测试进度管理中碰到的难题。为了解决这个问题，一定要清楚定义测试结束的标准、测试阶段进/出要求，密切监控测试覆盖率和缺陷的状态，综合各方面因素作出判断。从一般意义看，测试结束的标准可定义为：

- 所有计划的测试都已完成。
- 测试的覆盖率达到要求（可以借助工具度量代码行/块、分支/条件的覆盖率）。
- 缺陷发现逐渐减少，直至有一段时间（一周左右）没有发现任何严重缺陷。
- 所有严重缺陷已被修正，并得到验证。
- 没有任何不清楚、不确定的问题。

测试受前期工作影响较大，由于需求变化而导致设计或编程工作拖延，往往会挤掉测试的执行时间；如果前期测试用例设计不够好，后期测试执行的效率会降低，每日或每周发现的缺陷数没有明显的递减规律。所有这些，都会使测试工作陷于被动。在测试进度管理中，加强前期工作的进度管理，和开发人员保持密切联系，发现问题及时提出来，督促和影响开发人员的设计和编程工作的进度。在测试执行阶段，可以通过量化的缺陷数据推动开发人员修正缺陷的速度，测试团队掌握比较大的主动权。而在前期，设计、编程人员占据着主动的地位，相对来说，难以控制。如何更好地影响、督促他们的工作进度呢？经常性地参与设计评审、代码评审，了解项目状态，提前发现设计、代码中的问题，有助于开发工作的进展。其次，和开发人员密切合作，将自己已完成的测试用例、脚本交给开发人员，让开发人员在提交代码之前多做些验证工作，提高代码交付的质量，有利于后期的测试。

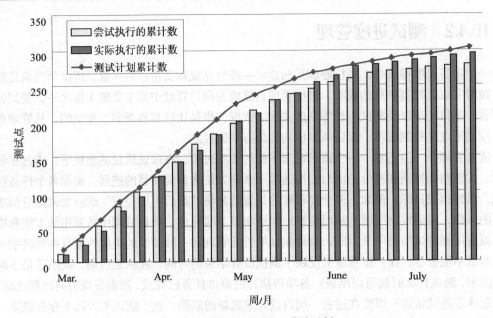

图 10-7　测试进度 S 曲线示例

比较正式的测试进度管理方法主要有累积缺陷曲线法和测试进度 S 曲线法。在第 5 章已介绍了累积缺陷曲线，基于测试能力处在较高水平的假设，在前期缺陷发现率比较高，随着测试时间增加，缺陷发现的速率会降低。当缺陷越来越难发现时，预示着测试进入尾声。而所有这些变化都在累积缺陷曲线上表现出来，所以可以通过累积缺陷曲线来管理测试进度。而进度 S 曲线法主要是将实际的进度和计划的进度进行比较来发现问题，而考察数据是测试用例或测试点的数量。事先，将计划的工作进度输入到系统中形成曲线，然后每日或每周记录实际的进度。如果发现它们之间的差距较大，就需要进一步调查，找出问题的根源并予以纠正。例如，人力是否足够、测试用例之间是否存在相关性等，从而使实际进度和计划进度总体上保持一致来控制测试进度。一般而言，在计划或者尝试数与实际执行数之间存在 15% ～ 20% 的偏差就需要启动应急行动来弥补失去的时间（进度）。图 10-7 所示是一个全程跟踪测试进度的 S 曲线示例。

10.5　测试风险的控制

软件测试自身的风险性是大家公认的，测试的覆盖度不能做到 100%，源于这层含义，人们有时将测试定义为"对软件系统中潜在的各种风险进行评估的活动"。测试中始终存在各种各样的风险，正是风险的存在，使测试更具有艺术性，同时，测试风险的控制是非常必要的。为了避免、转移或降低风险，要事先做好风险管理计划。例如，把一些环节或边界上的有变化、难以控制的因素列入风险管理计划中，从而在后面的测试过程中，有所准备，能有效地降低测试中所存在的风险，最大程度地保证软件产品的质量和满足客户的需求。

10.5.1 主要存在的风险

为了控制软件测试的风险，首先就需要了解测试中所存在的风险。在测试过程中，常常会碰到一些问题或困惑，例如：

测试计划风险
检查表

- ✧ 如何确保测试环境满足测试用例所描述的要求？
- ✧ 如何保证每个测试人员清楚自己的测试任务和要达到的目标？
- ✧ 如何保证测试用例得到百分之百的执行？
- ✧ 如何保证所报告的每一个软件缺陷描述清楚？
- ✧ 如何更有效地进行回归测试，在效率和质量之间寻找平衡？

这些提问从不同的方面反映了测试的风险，例如，测试环境不准确对测试结果有影响，甚至导致测试结果无效；被测试系统非常复杂，测试人员对任务理解可能不全面，对测试范围分析不够透彻等，结果导致测试用例质量存在风险；测试用例没有100%得到执行，可能是测试执行时疏忽了或者没有足够的测试时间，给产品质量带来严重的隐患。不清楚的缺陷描述、不正确的回归测试策略等也都会带来比较大的测试风险。测试风险很多，但可以分为两类——测试对象剖面的风险和测试操作剖面的风险。

（1）测试对象剖面的风险，即测试对象比较复杂，测试的广度和深度都不够。例如，系统所涉及的业务处理复杂、测试范围没有说明清楚、用户的各种使用场景（scenario）未被捕捉到、某些例外的测试用例没有想到等。

（2）测试操作剖面的风险，主要指测试操作过程中存在的各种风险，例如测试环境和真实运行环境差异较大、测试流程不够完善导致测试执行难以控制、回归测试中以风险换时间的策略等。

风险识别的有效方法是将可能存在的风险都列出来，建立风险项目检查表。在测试过程中，按风险内容进行逐项检查、逐个确认，确定当前项目潜在的主要风险。对于测试的风险，可以给出如下一个风险项目检查表，如表 10-2 所示。

表 10-2 软件测试风险项目检查表

类别	内容	示例
测试需求	对产品功能特性的误解，造成测试需求定义不准确	例如，订单是可以撤销的，但一旦付款，订单就不可撤销。如果忽视后面一个条件，测试用例就不对
测试依据	质量标准不够清晰，导致对这方面的问题是否为缺陷难以判断	如适用性、用户体验的测试，仁者见仁，智者见智，测试人员和开发人员之间有不同意见，争论过多
环境风险	测试环境是一个模拟环境，和实际运行环境不一致，造成测试结果的误差	用户数据量大、运行环境中存在垃圾数据、长时间的不间断运行时间等
测试范围（广度）	很难完成 100% 的测试覆盖率，有些边界范围容易被忽视	很难覆盖模块之间接口参数传递、成千上万的操作组合等测试场景
测试深度	对系统设计和实现了解不够，导致系统的功能、安全性、兼容性、性能、可靠性等测试深度不够	例如软件系统设计复杂，采用了新的技术，测试用例设计不到位，忽视了一些边界条件、深层次的逻辑和安全性等方面的问题
回归测试	一般都是选择性地执行，不会运行所有的测试用例，而是运行部分的测试用例。这必然带来风险	修正一个缺陷后，测试人员往往根据自己经验来确定回归测试范围，而开发改动的代码影响范围大，使问题隐藏在此范围之外
需求变更	软件需求变化相对频繁，有时在开发后期还发生需求变更，从而影响设计、代码，最终影响测试	需求变更后，文档不一致，测试用例没有及时更新，回归测试不足等

续表

类别	内容	示例
设计代码	由于开发方面出现问题，严重影响测试	设计出现重大失误、代码质量差，而发布时间不能变，测试时间会被大量压缩
用户期望	测试人员不是用户，很难100%地把握用户的期望，这种差异也会带来风险	测试的适用性测试就是一个典型的例子，用户界面喜好、操作习惯，都会因不同的用户存在或多或少的差异
测试技术	借助一些测试技术完成测试任务，可能有些测试技术不够完善，有些测试技术存在一定的假定，都会带来风险	正交实验法在软件测试中应用时，很难达到其规定的条件
测试工具	测试工具模拟手工操作、模拟软件运行状态的变化、数据传递等，但可能和实际的操作、状态和数据传递等存在差异	如性能测试工具模拟1000个并发用户同时向服务器发送请求，这些请求是从某个网段的十几台机器发出的。而实际运行环境中，1000个用户从分布在世界各地、不同的网段和机器发出请求，请求的数据内容也不同
人员风险	测试人员的状态、责任感、行为规范等	如有些测试用例被有意或无意地遗漏，或者由于工作疏忽而漏报缺陷；测试人员生病、离职等，造成资源不足，使测试不够充分

10.5.2　控制风险的对策

识别出测试风险之后，就可以对风险进行评估，采取相应的对策来规避风险、降低风险等。例如：

◇ **消除执行风险**。通过系统复审、测试人员之间互审、测试人员在不同的测试模块上相互调换、自动化测试和抽查等方法，及时发现问题，并产生震慑作用，确保测试用例被100%执行。

◇ **降低进度风险**。进行测试资源、时间等估算时，要留有余地，增加10%的空间，以降低测试资源可能不足的风险。

◇ **减少人员风险**。对每个关键性技术人员培养后备人员，做好不同领域知识的培训，从而确保人员一旦离开公司，项目不会受到严重影响。

有些风险可能带来的后果非常严重，就必须通过一些方法，将它转化为其他一些不会引起严重后果的低风险。如产品发布前夕发现某个不是很重要的新功能，给原有的功能带来一个严重缺陷，这时处理这个缺陷所带来的风险就很大。好的对策就是去掉新功能，转移这种风险。有些风险不可避免，就设法降低风险，如"程序中未发现的缺陷"，这种风险总是存在的，就要通过提高测试用例的覆盖率来降低这种风险。

评估测试风险时，需要了解风险发生的概率有多大、影响哪些功能。如果风险发生的概率低或者所影响的功能不是最常用的功能，那么这些风险带来的危害相对较小，其优先级会低。在风险控制中，首先要关注、处理那些优先级高的风险，然后处理低优先级的风险。表10-3给出了一些实例，说明如何评估风险的可能性、影响大小和严重性，最终采取相应的对策。

要想真正回避风险，更重要是在企业文化、管理模式等方面来预防风险。针对测试的各种风险，建立一种"防患于未然"或"以预防为主"的管理意识。与传统的软件测试相比，广义的测试概念——静态测试和动态测试的组合、全过程测试管理方式，不仅可以有效降低产品的质量风险，而且还可以提前对软件产品缺陷进行规避、缩短整个项目的测试周期。

表 10-3　软件测试风险识别和控制措施

风险	可能性	潜在的影响	严重性	预防/处理措施
软件需求不清楚、变更而导致测试需求及范围发生了变化	高	导致测试计划、工作量等发生变化	较严重	和用户充分沟通，做好调研、需求获取和分析，调整测试策略和计划
开发进度延长，包括项目计划的变更、各个环节的进度拖延	中	推迟系统测试执行的时间和进度	严重	设定更多的子里程碑，控制整体进度，做好沟通和协调
由于设计时间不足、代码互审和单元测试不够而导致开发代码质量低	中	缺陷太多、严重，反复测试的次数和工作量大	严重	做好软件设计，提高编码人员的编码水平，进行单元测试；严格控制提交测试的版本，调整测试策略和计划
对需求的理解偏差太大。原因是缺乏原型、与客户沟通不足、需求评审不到位	中	难以确认设计的合理性、判断是否为缺陷等	严重	和用户、产品经理多沟通，并借助一些原型、演示版本来改进
测试工程师对业务不熟悉，主要原因是业务领域新、测试人员是新人或介入项目太迟	低	测试数据准备不足、不充分，测不到关键点，同时测试效率难以提高	一般	测试人员及早介入项目，和产品经理、市场、设计等各类人员沟通，加强培训，建立伙伴、师父带徒弟的关系
项目提交日期的变更而导致测试周期变更，一般是由客户提出的变更	低	系统测试总时间缩短，难以保证测试的质量	非常严重	严格控制项目的时间变更，多与客户沟通并得到客户的理解。调整测试策略和测试资源等

10.5.3　测试策略的执行

我们知道，对于大多数应用项目，测试不是为了证明所有的功能是正常工作的，恰恰相反，测试是为了发现缺陷，找出那些不能正常工作、不一致的问题。为了发现缺陷，需求和设计的评审、测试用例的设计至关重要，借助测试用例可以更有效地发现缺陷。同时，测试用例的执行也会影响测试的效果，而且测试用例很难完全覆盖测试范围和各种用户使用场景，还要求测试人员在执行过程中，举一反三，发散思维，创新思考，在那些测试用例还没有覆盖到的地方发现缺陷。

如何更早地发现缺陷、提高测试效率又不增加风险？如何引导大家更快地达到测试目标？可以通过一系列测试执行策略来提高测试效率，不会增加测试风险，反而能降低测试风险。

（1）首先就要向测试人员不断灌输一个理念——"测试工作就是发现缺陷（detect bug）"，取得共识。这样，测试人员就知道什么是自己真正的工作，清楚测试的目标，思维的方式都会发生改变。正确的测试理念不仅有助于测试执行的效率，而且还有助于测试用例设计的质量。

（2）测试执行阶段可以划分为两个子阶段，如图 10-8 所示。前一个阶段的目标是发现缺陷，强调测试的效率。例如，不追求测试用例执行的数量，而追求测试用例的效果，越有可能发现缺陷的测试用例越要优先得到执行，而且测试人员有更多时间思考，多做些随机测试，以求发现更多的缺陷。在测试执行后一阶段，目的是增加测试的覆盖度，将风险降到最低。这时，测试的效率会低一些，而会尽量执行更多的测试用例，宁愿损失部分测试效率，也要提高测试的可靠性，保证测试的质量。

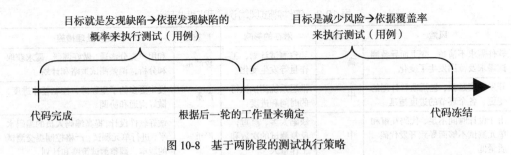

目标就是发现缺陷→依据发现缺陷的
概率来执行测试（用例）

目标是减少风险→依据覆盖率
来执行测试（用例）

代码完成　　　　　　　　根据后一轮的工作量来确定　　　　　　　代码冻结

图 10-8　基于两阶段的测试执行策略

（3）测试执行要进行有效监控，包括测试执行效率、缺陷历史情况和发展趋势等。根据获得的数据，对测试范围、测试重点等进行必要的调整，提高测试覆盖度，降低风险。

示例：有效的测试策略、降低风险

1. 测试执行前

✧ 执行前，开一个动员会是必要的，如同打战，要鼓舞士气，更要阐述测试策略，回答大家的问题，把测试任务、测试范围和所有的条条框框都交待清楚。

✧ 严格审查测试环境，包括硬件型号、网络拓扑结构、网络协议、防火墙或代理服务器的设置、服务器的设置、应用系统的版本，包括被测系统以前发布的各种版本和补丁包以及相关的或依赖性的产品。

✧ 将所有待执行的测试用例进行分类，基于测试策略和历史数据的统计分析，包括测试策略和缺陷的关联关系，构造有效的测试套件（test suite），然后在此基础上建立要执行的测试任务，这样任务的分解有助于进度和质量的有效控制，减少风险。

✧ 良好的沟通，不仅和测试人员保持经常的沟通，还要求和项目组的其他人员保持有效的沟通，如每周例会，可以及时发现测试中的问题或不正常的现象。

2. 测试执行过程中

✧ 由几个经验丰富的测试工程师完成抽查性质的测试或 ad-hoc 测试，以验证某些风险区域的测试质量。

✧ 不同的人员在经验、思维方式上存在差异，交叉互换测试人员所测试的模块，可以发挥互补作用，提高测试覆盖率，更好地降低风险。

✧ 当测试时间被压缩后，首先要思考测试策略的优化，调整计划，提高测试效率，找出解决问题的办法。如果没有优化的空间，就要考虑测试需求的优先级，调整测试内容和力度，优先测试重要的功能点，而不常用的、级别低的测试需求可以转移到用户现场或者后期进行。

✧ 进行常规的缺陷审查，如每日缺陷复审，审查缺陷描述是否清楚、严重程度级别是否合适、缺陷修正是否及时等，及时发现问题、纠正问题，降低测试进展的风险。

✧ 对每个阶段的测试结果进行分析，保证阶段性的测试任务得到完整的执行并达到预定的目标。阶段性的风险降低，从而使整个项目的测试风险降低。

✧ 加强自动化测试，从而每日运行测试，降低回归缺陷的风险。

◇　通过测试管理系统来管理缺陷、测试用例、测试套件、测试任务和测试执行结果，具有良好的可跟踪性、控制性和追溯性，有利于跟踪和分析，容易控制好测试进度和质量。

10.6　测试报告

在测试过程中，不断报告所发现的问题，其中有些缺陷被开发人员很快修正，但又有新的缺陷被报告出来，呈现一个动态的缺陷状态变化过程，直到所有需要修正的缺陷已被处理完，产品准备发布。在产品验收或发布之前，测试人员需要对软件产品质量有一个完整、准确的评价，最后提交测试报告。测试报告为纠正软件存在的质量问题提供依据，并为软件验收和交付打下基础。为了完成测试报告，需要对测试过程和测试结果进行分析和评估，确认测试计划是否得到完整履行，测试覆盖率是否达到预定要求以及对产品质量是否有足够的信心，最终在测试报告中给出有关测试和产品质量的结论。

10.6.1　评估测试覆盖率

测试结果分析的一项重要工作就是测试覆盖率的评估，通过了解测试覆盖率的值，可以知道测试是否充分、测试能否结束。如果等到测试即将结束之时进行测试覆盖率的评估，一旦结果显示覆盖率评估很低、不满足要求，那么对整个项目的影响可能是致命的。因此，测试覆盖率评估不能发生在测试即将结束的那一时刻，而是要贯穿整个软件测试过程，进行持续评估，及时发现问题、纠正问题，不断改进测试，提高测试的覆盖率，最终满足测试的质量要求。

什么是测试覆盖率？ 当我们想了解测试是否充分、是否有些地方没被测试过，就需要对所有测试过的地方有所了解，也就是了解测试的覆盖程度。测试越充分，测试的覆盖程度越高，产品的质量就越能得到保证。这种程度的量化就是测试覆盖率，即测试覆盖率是用来衡量测试完成程度或评估测试活动覆盖产品代码的一种量化的结果，评估测试工作的质量，也是产品代码质量的间接度量方法。如果用公式描述的话，可以看作"测试过程中已验证的区域或集合"和"要求被测试的总的区域或集合"的比值。

例如，在单元测试中，我们就介绍过语句覆盖、分支覆盖、条件覆盖和基本路径覆盖等概念及其相应的测试用例设计方法，将其实际测试结果进行量化，就得到语句覆盖率（statement coverage）、语句块覆盖率（basic block coverage）、分支覆盖率（branch coverage）、条件覆盖率和基本路径覆盖率（basic path coverage）等，这些值展示了单元测试的程度。在单元测试中，往往要求语句覆盖率在 80% 以上，即单元测试过程中所有被执行过的语句超过 80% 以上。

基于代码的测试覆盖评测是对被测试的程序代码语句、代码块、类、函数（方法）、路径或条件的覆盖率分析。如果应用基于代码的覆盖率分析，一般需要借助工具（如 IBM Rational PureCoverage、Bullseye Coverage、开源 Clover、EMMA、Cobertura 和 NoUnit 等）来执行。工具会跟踪测试执行所经过的代码，然后自动算出已经执行的代码量（类、方法数）以及未执行的剩余代码量（类、方法数）。而且覆盖率的结果和源代码关联，通过查看任何小于 100% 覆盖率的详细结果，就可以找到未被执行的代码，从而反过来分析代码和测试用例，找出问题，完善测试用例。下次执行时，这些未被执行的代码就能被执行（覆盖），从而提高测试的覆盖率。

下面图 10-9 和图 10-10 就是 EMMA 覆盖率分析结果的示例。

COVERAGE SUMMARY FOR PACKAGE [default package]

name	class, %		method, %		block, %		line, %	
default package	98%	(118/120)	66%	(318/483)	81%	(15517/19107)	77%	(2651.4/3430)

COVERAGE BREAKDOWN BY SOURCE FILE

name	class, %		method, %		block, %		line, %	
SwingSet2Applet.java	0%	(0/1)	0%	(0/3)	0%	(0/41)	0%	(0/13)
LayoutControlPanel.java	100%	(3/3)	71%	(5/7)	35%	(187/529)	37%	(46/123)
ContrastTheme.java	100%	(1/1)	6%	(1/17)	37%	(59/159)	24%	(8/33)
ExampleFileView.java	100%	(1/1)	50%	(6/12)	45%	(55/123)	55%	(18/33)
HtmlDemo.java	100%	(2/2)	60%	(3/5)	45%	(64/143)	47%	(17.1/36)
FileChooserDemo.java	100%	(7/7)	62%	(18/29)	45%	(376/835)	49%	(80/162)
TabbedPaneDemo.java	100%	(3/3)	27%	(3/11)	53%	(307/582)	54%	(51/95)
ToolTipDemo.java	100%	(2/2)	75%	(3/4)	59%	(218/372)	55%	(33/60)
Permuter.java	100%	(1/1)	75%	(3/4)	59%	(59/100)	62%	(15/24)
OptionPaneDemo.java	100%	(8/8)	82%	(18/22)	60%	(302/507)	59%	(48/81)
ExampleFileFilter.java	100%	(1/1)	62%	(8/13)	65%	(155/240)	60%	(34.9/58)
EmeraldTheme.java	100%	(1/1)	20%	(1/5)	71%	(27/38)	50%	(4/8)
RubyTheme.java	100%	(1/1)	20%	(1/5)	71%	(27/38)	50%	(4/8)
SplitPaneDemo.java	100%	(8/8)	53%	(9/17)	72%	(443/617)	69%	(84/122)
CharcoalTheme.java	100%	(1/1)	10%	(1/10)	72%	(67/93)	50%	(9/18)

图 10-9　EMMA 给出软件包及其各个程序的测试覆盖率结果

```
54
55    public class ContrastTheme extends DefaultMetalTheme {
56
57          public String getName() { return "Contrast"; }
58
59          private final ColorUIResource primary1 = new ColorUIResource(0, 0, 0);
60          private final ColorUIResource primary2 = new ColorUIResource(204, 204, 204);
61          private final ColorUIResource primary3 = new ColorUIResource(255, 255, 255);
62          private final ColorUIResource primaryHighlight = new ColorUIResource(102,102,102);
63
64          private final ColorUIResource secondary2 = new ColorUIResource(204, 204, 204);
65          private final ColorUIResource secondary3 = new ColorUIResource(255, 255, 255);
66          private final ColorUIResource controlHighlight = new ColorUIResource(102,102,102);
67
68          protected ColorUIResource getPrimary1() { return primary1; }
69          protected ColorUIResource getPrimary2() { return primary2; }
70          protected ColorUIResource getPrimary3() { return primary3; }
71          public ColorUIResource getPrimaryControlHighlight() { return primaryHighlight;}
72
73          protected ColorUIResource getSecondary2() { return secondary2; }
74          protected ColorUIResource getSecondary3() { return secondary3; }
75          public ColorUIResource getControlHighlight() { return super.getSecondary3(); }
76
77          public ColorUIResource getFocusColor() { return getBlack(); }
78
79          public ColorUIResource getTextHighlightColor() { return getBlack(); }
80          public ColorUIResource getHighlightedTextColor() { return getWhite(); }
81
82          public ColorUIResource getMenuSelectedBackground() { return getBlack(); }
83          public ColorUIResource getMenuSelectedForeground() { return getWhite(); }
84          public ColorUIResource getAcceleratorForeground() { return getBlack(); }
85          public ColorUIResource getAcceleratorSelectedForeground() { return getWhite(); }
86
```

图 10-10　点击上图中 ContrastTheme.java 给出的未覆盖的代码细节

除了从源代码来衡量测试的覆盖率之外，也可以从测试需求、功能点、测试用例等方面来评估测试的覆盖率。简单地说，测试覆盖率可以看作由测试需求覆盖率和代码覆盖率等两部分组成。代码覆盖率达到 100% 也不能代表测试覆盖率很高，例如，代码没有实现需求中定义的部分功能（即这部分代码没有写），或者代码实现的功能不是用户想要得到的功能等，这类问题很难通过代码覆盖率来发现。测试需求的覆盖率分析，需要借助手工分析完成。系统的测试活动，至少建立在某一个测试覆盖策略基础上。如果测试需求已经完全分类，则可以实施基于需求的覆盖策略来达到测试的目标。例如，确定了所有性能测试需求，则可以要求性能测试需要覆盖 95％ 的性能测试需求。

10.6.2 基于软件缺陷的质量评估

质量是反映软件与需求相符程度的指标，而缺陷被认为是软件与需求不一致的某种表现，所以通过对测试过程中所有已发现的缺陷进行评估，可以了解软件的质量状况。也就是说，软件缺陷评估是评估软件质量的重要手段之一。

软件缺陷评估的方法相对比较多，从简单的缺陷计数到严格的统计建模。基于缺陷分析的产品质量评估方法有缺陷密度、缺陷率、缺陷清除率和种子方法等。种子方法从理论上可行，但缺乏操作性，业界很少用，感兴趣的读者可以参考其他文献。下面着重讨论前 3 种方法。

1. 缺陷密度

缺陷密度是指缺陷在软件规模（组件、模块等）上的分布，如每千行代码（KLOC）或每个功能点（或对象点、特征点等）的缺陷数。在本章第 1 节，我们就知道，发现更多缺陷的模块，则该模块隐藏的缺陷也更多，在修正缺陷时也会引入较多的错误，结果产品的质量更差。所以说，缺陷密度越低意味着产品质量越高，质量是构建出来的。

- 如果相对上一个版本，当前版本的缺陷密度没有明显变化或更低，就应该分析当前版本的测试效率是不是降低了？如果不是，意味着产品质量得到了改善；如果是，那么就需要额外的测试，还需要对开发和测试的过程进行改善。
- 如果当前版本的缺陷密度比上一个版本高，那么就应该考虑在此之前是否为显著提高测试效率进行了有效的策划并在本次测试中得到实施。如果是，虽然需要开发人员更多的努力去修正缺陷，但质量还是得到了更好的保证；如果没有，意味着质量恶化，质量很难得到保证。这时，要保证质量，就必须延长开发周期或投入更多的资源。

2. 缺陷清除率

首先引入几个变量，F 为描述软件规模用的功能点；$D1$ 为在软件开发过程中发现的所有缺陷数；$D2$ 为软件发布后发现的缺陷数；D 为发现的总缺陷数。因此，$D=D1+D2$。

对于一个应用软件项目，则有如下计算方程式（从不同的角度估算软件的质量）。

- 质量 $= D2/F$。
- 缺陷注入率 $= D/F$。
- 整体缺陷清除率$= D1/D$。

假如有 100 个功能点，即 $F=100$，而在开发过程中发现了 20 个错误，提交后又发现了 3 个错误，则：$D1 =20$，$D2 =3$，$D= D1+D2 =23$。

- 质量（每功能点的缺陷数）$=D2/F= 3/100= 0.03$ （3% ）
- 缺陷注入率$= D/F= 23/100= 0.23$（23%）
- 整体缺陷清除率$= D1/D= 20/23= 0.8696$ （86.96%）

整体缺陷清除率越高，软件产品的质量越高。缺陷清除率越低，质量也越低，如表 10-4 所示。

表 10-4 SEI CMM 级别潜在缺陷与清除率

SEI CMM 级别	潜在缺陷	清除效率（%）	被交付的缺陷
1	2000	85	300
2	1000	89	110

续表

SEI CMM 级别	潜在缺陷	清除效率（%）	被交付的缺陷
3	400	91	36
4	200	93	14
5	100	95	5

　　阶段性缺陷清除率是测试缺陷密度度量的扩展，跟踪开发周期所有阶段中的缺陷，包括需求评审、设计评审、代码审查和测试等。因为大部分的编程缺陷是和设计问题有关的，进行正式评审或功能验证以增强前期过程的缺陷清除率，有助于减少缺陷的注入。表10-5所示是阶段缺陷清除率示例，例如需求问题都是需求阶段注入的缺陷，共32个，可能还有1~2个没有被发现，这里以32计算，而通过需求评审只发现10个缺陷，这样需求阶段的缺陷清除率只有31.25%。系统测试和验收测试阶段，其引入的缺陷是回归缺陷，即在修正已发现的缺陷时产生的新缺陷，缺陷清除率计算会复杂些。系统测试和验收测试的阶段缺陷清除率实际上没有必要计算，这时只要关注回归缺陷，尽量避免回归缺陷的产生。

表10-5　阶段缺陷清除率示例

缺陷发现阶段	需求定义问题	设计问题	代码问题	阶段清除率
需求阶段——需求评审	10			需求阶段 10/32 = 31.25%
设计阶段——设计评审	8	8		设计阶段　8/24 = 33.3%
编程阶段——代码评审	4	10	20	编程阶段　20/40 = 50%
系统测试	8	5	15	
验收测试	2	1	5	
合计	32	24	40	

10.6.3　测试报告的书写

　　在软件测试覆盖率分析、软件产品质量评估的基础上，测试组长就可以开始书写测试报告。测试报告对测试纪录、测试结果如实进行汇总分析，其主要内容由以下几部分组成。

　　（1）介绍测试项目或测试对象（软件程序、系统、产品等）相关信息，包括名称、版本、依赖关系、进度安排、参与测试的人员和相关文档等。

测试报告模板

　　（2）描述测试需求，包括新功能特性、性能指标要求、测试环境设置要求等。

　　（3）说明具体完成了哪些测试以及各项测试执行的结果。

　　（4）根据测试的结果，对软件产品质量做出准确、全面的评估，列出所有已知的且未解决的问题，测试有待完善的计划和产品质量改进建议等。

　　国家标准 GB/T 17544－1998 中对测试报告的结构和具体内容有明确的要求，共7项，而重点集中在第4项内容。

　　（1）产品标识。

　　（2）用于测试的计算机系统。

　　（3）使用的文档及其标识。

　　（4）产品描述、用户文档、程序和数据的测试结果。

　　（5）与要求不符的清单。

　　（6）针对建议的要求不符的清单，产品未作符合性测试的说明。

（7）测试结束日期。

在产品描述中提供关于用户文档、程序以及数据（如果有的话）的信息，其信息描述应该是正确的、清楚的、前后一致的、容易理解的、完整的并且易于浏览的。更重要的是，在测试报告中，产品的描述和测试的内容有着相对应的关系，也就是说，产品描述还要包含功能、性能、易用性、可维护性、可移植性等要求。

在功能说明中，包括软件系统的安装、功能表现以及功能使用的正确性、一致性，说明产品的可使用功能及其设置等，清楚地描述系统的边界值、安全性要求等。易用性说明，包括易理解性、易浏览性、可操作性等方面，具体描述对用户界面、所要求的知识、适应用户的需要、防止侵权行为、使用效率和用户满意度等的要求。而可靠性，系统不应陷入用户无法控制的状态，既不应崩溃也不应丢失数据。即使在下列情况下也应满足可靠性要求。

- ✧　使用的容量到达规定的极限。
- ✧　企图使用的容量超出规定的极限。
- ✧　由产品描述中列出的其他程序或用户造成的错误输入。
- ✧　用户文档中明确规定的非法指令。

10.7　测试管理工具

要管理好测试过程，测试管理系统是必不可少的。如果没有测试管理系统的帮助，几乎是不可想象的。测试管理系统不仅管理测试资源、测试用例、测试环境、测试数据和测试执行结果等，而且与缺陷管理、配置管理系统和其他开发工具等集成在一起，形成有机的整体。

10.7.1　测试管理系统的构成

对测试输入、执行过程和测试结果等实施管理，其管理的内容很多，如测试计划、测试用例、测试套件、缺陷等，以及自动化测试中特有的内容，包括测试数据文件、测试脚本代码、预期输出结果、测试日志、测试执行结果等。为了实现更灵活、有效的自动化管理，文档性管理已不能满足其需要，应该使用基于数据库、XML 等技术的测试管理系统来进行管理。

软件测试管理工具能管理整个测试过程，提高管理的效率和准确性，并提供一个协同合作的环境，虽然测试人员分布在世界各地，但不管在何时何地都能参与整个测试过程。在这个测试管理系统中，其管理的核心是测试用例和缺陷。

- 测试套件是测试用例的组合，而测试数据、测试环境配置等可以看作是测试用例的组成内容，测试执行结果就是测试用例在不同环境中运行的记录。
- 缺陷贯穿整个软件开发周期，为测试管理、质量评估等提供所需的重要信息。

由于测试脚本由源代码配置管理系统控制，所以不包括测试脚本的管理。其次，资源、需求、变更控制等项目方面的管理，属于整个软件过程管理，不属于测试管理系统，虽然它们之间有关系。所以，测试管理系统以测试用例库、缺陷库为核心，覆盖整个测试过程而所需要的组成部分，如图 10-11 所示。

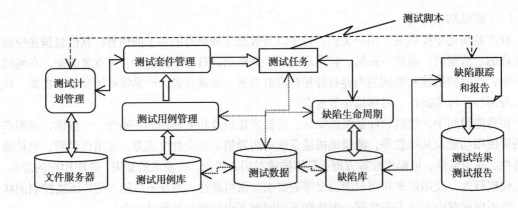

图 10-11　测试管理系统的构成示意图

在测试管理系统中，很重要的一点就是在测试用例、缺陷之间建立必要的映射关系，即将两者完全地关联起来。

- 当知道一个缺陷，就知道是由哪个测试用例发现的。
- 可以列出任何一个测试用例所发现的缺陷情况，由此，就知道哪些测试用例发现较多的缺陷，哪些测试用例从来没有发现缺陷。发现缺陷的测试用例更有价值，优先得到执行。

更理想的话，还要建立起需求、产品特性/功能点和测试用例之间的映射关系，如图 10-12 所示。构成了这样的映射关系后，更容易解决需求变更、回归测试范围确定、质量评估等一系列重要的问题。需求变更是肯定会发生的，正如人们常说，变化是永恒的，不变是不存在的。借助这种映射关系，可以解决需求变化所带来的问题，如：

- 需求变化会影响哪些功能点？
- 功能点发生变化，需要修改哪些测试用例？
- 产品的某个特性或某个功能点所存在的缺陷有哪些？其质量水平如何？
- 如果一个缺陷是由于设计缺陷、需求定义引起的，如何追溯到原来需求去解决？
- 通过对缺陷的分析，如何进一步改进设计、提高需求定义的准确性？

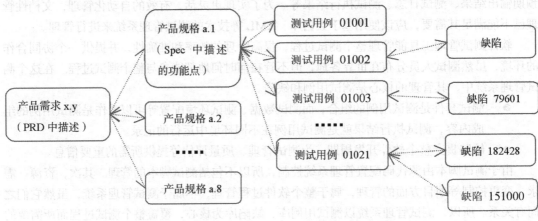

图 10-12　需求、功能点、用例和缺陷之间的映射关系

10.7.2　主要工具介绍

软件测试管理工具或管理系统比较成熟，拥有比较多的产品，不仅能满足测试管理的需求，而且可以适应不同类型、不同规模软件企业的特点。常见的测试管理工具主要如下。

TestLink

- **开源工具**：TestLink、Bugzilla Test Runner、验收测试管理工具 FitNesse、基于 XML 文件测试用例管理工具 JtestCas。除此之外，还有其他一些测试管理框架，如 TestMaker、SalomeTMF 等。
- **商业性工具**：HP ALM / Quality Center，IBMRational Test Manager 和 Team Test，Borland SilkCentral Test Manager 和 Microsoft Visual Studio Team System 等。

下面通过 HP ALM 作为示例，使大家了解测试管理工具的具体特性以及所发挥的作用。

示例：测试管理工具 HP Quality Center

Quality Center 是一套测试管理软件，以需求驱动整个测试过程，规范测试管理的流程，包括测试需求管理、测试计划、测试执行到缺陷跟踪。

（1）**测试需求管理**。通过提供一个比较直观的机制将需求和测试用例、测试结果和报告的错误联系起来，从而确保能达到最高的测试覆盖率。即使频繁地更新，仍能简单地将应用需求与相关的测试对应起来。检查应用程序的文档，以确定测试范围和测试目标、策略。构建"需求树"目的是为了确定完全覆盖测试需求，为"需求树"中的每一个需求话题建立一个详细的目录，描述每一个需求、分配优先级和链接附件，产生报告和图表以帮助分析测试需求。

（2）**编制测试计划**。指导测试人员如何将应用需求转化为具体的测试计划，组织起明确的任务和责任，并在测试计划期间为测试小组提供关键要点和 Web 界面来协调团队间的沟通。提供了多种方式来建立完整的测试计划，包括从草图上建立一份计划、通过 Test Plan Wizard 快捷地生成一份测试计划、将计划信息的相关文件导入到计划管理器中。测试计划的主要步骤有定义测试策略、定义测试对象、定义测试、创建需求覆盖（连接每一个测试和测试需求）、设计测试步骤、自动化测试脚本的建立和分析测试计划。例如为每一个模块确定其测试类型，在测试计划树中为每一个测试点添加基本说明；描述了测试注意事项、检查点、每个测试的预期结果。

（3）**安排和执行测试**。创建测试套件、分配测试任务和时间表、运行测试任务和分析测试结果。其中，Smart Scheduler 根据测试计划中创立的指标对测试执行监控，能自动分辨是系统还是应用错误，然后将测试切换到网络的其他机器。当网络上任何一台主机空闲，测试任务会安排到这台主机上，也就是能充分利用时间、机器、网络资源等。使用 Graphic Designer 图表设计，可以很快地将测试分类以满足不同的测试目的，如功能性测试、负载测试、完整性测试等。它的拖动功能可简化设计和排列在多个机器上运行的测试，最终根据设定好的时间、路径或其他测试的成功与否，为序列测试制订执行日程。

（4）**缺陷跟踪**。从添加缺陷、检查新的缺陷、修复缺陷、验证修改结果和分析缺陷数据，贯穿整个测试过程。由于同一项目组中的成员经常分布于不同的地方，

Quality Center 基于浏览器的特征，使这些用户可以随时随地查询出错跟踪情况 。利用出错管理，测试人员只需进入一个 URL，就可汇报和更新错误，过滤整理错误列表并作趋势分析。

（5）**人工与自动测试的结合**。多数的测试项目需要人工与自动测试，包括健全、还原和系统测试。即使符合自动测试要求的工具，在大部分情况下也需要人工操作。通过自动化切换机制，让测试人员决定哪些重复的人工测试可转变为自动脚本以提高测试速度，并简化这一转化过程，及时启动测试设计过程。

（6）**图形化和报表输出**。Quality Center 常规化的图表和报告帮助对数据信息进行分析，提供直观且有效的方法来收集测试结果和分析数据，还以标准的 HTML 或 Word 形式提供生成和发送正式测试报告。测试分析数据还可简便地输入到标准化的报告工具，如 Excel 、ReportSmith、CrystalReports 和其他类型的第三方工具。

（7）**用户权限管理**。将不同的用户分成用户组，缺省的就有 6 个组 TDAdmin，QATester， Project Manager，Developer，Viewer，Customer。拥有可定制的用户界面和访问权限，用户可以根据需求建立特殊的用户组。每一用户组都拥有属于自己的权限设置。

（8）**和其他工具的集成**。Quality Center 可以与 LoadRunner、QTP 进行有效的集成，来统一管理测试用例、测试脚本、使用情景与测试结果，并且可以面向发生问题的部分进行错误跟踪，达到与开发部门实时交互。各种功能或负载测试工具的执行信息和结果都会被自动汇集传送到 Quality Center 的数据存储中心。

小　结

当一个软件公司处在初级水平，先有测试活动，发现问题后，为了解决问题才有测试管理。而对一个成熟的软件公司来说，测试管理在先，测试活动在后，即先有一套流程、过程跟踪方法等，然后开展测试活动，主动收集数据，进行分析并不断改进测试流程。测试管理的全局性，不要忽视任何一个环节，不要轻视任何一个细节。从产品需求文档（PRD，包括 UI Mock-up）审查开始到产品发布，实施对测试全过程的跟踪和管理，其中很重要的一项内容就是测试计划。

在测试计划过程中，一定要设法全面理解软件的功能特性，确定测试需求和各个阶段的测试任务。在此基础上进行测试范围分析，从而对测试工作量、所需的软硬件资源和人力资源等进行估算，进而完成测试进度的安排。测试计划的另一个重点就是识别测试风险，找出相应对策来控制、降低风险，最终制定有效的测试策略。要想真正回避风险，更重要的是建立一种"防患于未然"或"以预防为主"的管理意识。

测试计划书需要评审，并根据项目的实际进展情况及时修改。测试计划是一个过程，不仅仅是"测试计划书"这样一个文档，测试计划会随着情况的变化不断进行调整，以优化资源和进度安排，减少风险，提高测试效率。

测试进度管理，以质量为首要目标，要把握好进度与质量、成本的关系，通过里程碑、关键路径的控制并借助测试管理系统来实现。同时，测试进度管理也是一门艺术、一个动态平衡的管理过程，需要不断调度、协调和调整，保证项目均衡而流畅的发展。基于测试的评估包括基于需求的测试覆盖评估和基于代码的测试覆盖评估，最终提交测试报告。

测试的管理要借助工具或软件系统达到有效性、可追溯性等。测试管理系统以测试用例库、缺陷库为核心，覆盖整个测试过程，并在测试用例、缺陷之间建立必要的映射关系，在选用商业和开源的测试管理工具之间，建议选用开源的测试管理工具，包括缺陷管理工具。

思 考 题

1. 如何更好地理解测试的独立性和客观性？
2. 在测试计划过程中，最关键的环节是什么？为什么？
3. 测试工作量估计有哪些方法？你认为哪种方法最好？
4. 为什么说测试进度管理是一种艺术？
5. 在众多的软件测试风险中，我们要关注哪些影响可能最大的风险？
6. 如何评估软件测试覆盖率？

附 录

附录 A
软件测试术语中英文对照

- A -

Acceptance testing　验收测试

Accessibility test　易接近性测试

Actual outcome　实际结果

Ad hoc testing　随机测试

Algorithm analysis　算法分析

Alpha testing　α测试

Anomaly　异常

Application under test (AUT)　被测试的应用（软件）

Architecture　系统架构

Artifact　工件

Assertion checking　断言检查

Audit　审计

Automated Testing　自动化测试

- B -

Backus-Naur Form　BNF 范式

Baseline　基线

Basis test set　基本测试集

Bench test　基准测试

Benchmark　标杆、基准指标

Best practise　最佳实践

Beta testing　β测试

Black Box Testing　黑盒测试

Bottom-up Integration　自底向上集成

Boundry Value Analysis　边界值分析法

Branch coverage　分支覆盖

Breadth Testing　广度测试

Bug　缺陷、错误

Bug bash　缺陷大清除

Bug fix　缺陷修正

Bug report　缺陷报告

Bug tracking system　缺陷跟踪系统

Build　内部构建版本

Build Verfication test(BVT)　版本验证测试

Build-in　内置

- C -

Capability Maturity Model Integration (CMMI):　能力成熟度模型集成

Capture/playback　捕获/回放

CASE　计算机辅助软件工程（computer aided software engineering）

Cause-effect graph　因果图

Capacity test　容量测试

Certification　验证

Change control　变更控制

Change Management　变更管理

Change Request　变更请求

Character Set　字符集

Check in/check out　检入/检出

Closeout　收尾

Code coverage　代码覆盖

Code page　代码页

Code review　代码评审

Code sytle　编码风格

Code walkthrough　代码走读

Code-based testing　基于代码的测试

Coding standards　编程规范

Common sense　常识

Compatibility Testing　兼容性测试

Completeness　完整性

Complexity　复杂性

Component testing　组件测试

Concurrency user　并发用户

Condition coverage　条件覆盖

Configuration item　配置项

Configuration management　配置管理

Configuration testing　配置测试

Conformance criterion　一致性标准

Conformance Testing　一致性测试

Consistency　一致性

Control flow graph　控制流（程）图

Corrective maintenance　故障维护

Correctness　正确性

Coverage　覆盖率

Crash　崩溃

Criticality analysis　关键性分析

Cyclomatic complexity　圈复杂度

- D -

Data definition-use coverage　数据定义使用覆盖

Data dictionary　数据字典

Data Flow Analysis　数据流分析

Data flow diagram　数据流图

Data integrity　数据完整性

Data validation　数据确认

Dead code　死代码

Debug　调试

Decision coverage　判定覆盖

Decision table　判定表

Defect　缺陷

Defect density　缺陷密度

Defect Tracking　缺陷跟踪

Deployment　部署

Depth Testing　深度测试

Design-based testing　基于设计的测试

Dirty testing　肮脏测试

Disaster recovery　灾难恢复

Documentation testing　文档测试

Domain　域

Dynamic Testing　动态测试

- E -

Embedded software　嵌入式软件

Emulator　仿真

End-to-End testing　端到端测试

Entity relationship diagram　实体关系图

Entry criteria　准入条件

Entry point　入口点

Envisioning Phase　构想阶段

Equivalence Class　等价类

Equivalence Partitioning　等价类划分法

Error　错误

Error guessing　错误猜测法

Error seeding　错误播种

Event-driven　事件驱动

Exception handlers　异常处理器

exception　异常/例外

Executable statement　可执行语句

Exhaustive Testing　穷尽测试

Exit point　出口点

Expected outcome　期望结果

Exploratory testing　探索性测试

- F -

Failure　失效

Fault　故障

Feasible path　可达路径

Feature testing　（功能）特性测试

Field testing　现场测试

FMEA(Failure Modes and Effects Analysis)失效模式效果分析

Framework　框架

FTA(Fault Tree Analysis) 故障树分析

Functional decomposition　功能分解

Functional Specification　功能规格说明书

Functionality testing　功能测试

- G -

G11N (Globalization)　全球化

Garbage characters　乱码

Glass-box testing　白盒测试

Glossary　术语表

GUI (Graphical User Interface)　图形用户界面

- H -

Hard-coding　硬编码

Hotfix　热补丁

- I -

I18N (Internationalization)　国际化

Identify Exploratory Tests　识别探索性测试

IEEE（Institute of Electrical and Electronic Engineers）美国电子与电器工程师学会

Incident　事故

Incremental testing　渐增测试

infeasible path　不可达路径

Input domain　输入域

Inspection　会议审查

installability testing　可安装性测试

Installing testing　安装测试

Integration testing　集成测试

Interface testing　接口测试

Invalid inputs　无效的输入

Isolation testing　隔离测试

Issue　问题

Iteration　迭代

Iterative development　迭代开发

- K -

Key Process Area　关键过程区域

Keyword driven script　关键字驱动脚本

Kick-off meeting　启动会议

- L -

L10N (Localization)　本地化

Lag time　延迟时间

Lead time　前置时间

Load Testing　负载测试

Localization testing　本地化测试

Logic-coverage testing　逻辑覆盖测试

- M -

Maintainability testing　可维护性测试

Maintenance　维护

Master project plan　总体项目计划

Measurement　度量

Memory leak　内存泄漏

Migration testing　迁移测试

Milestone　里程碑

Mock up　模型、原型

Module testing　模块测试

Monkey testing　跳跃式测试

MTBF（mean time between failures）平均失效间隔时间

MTTF（mean time to failure）平均失效时间

MTTR（mean time to repair）平均修复时间

- N -

N/A(Not applicable)　不适用的

Negative Testing　负面测试

Non-functional requirements　非功能性需求

- O -

Off-the-shelf software　套装软件

Operational testing　可操作性测试

Output domain　输出域

- P -

Pair Programming　成对编程

Path coverage　路径覆盖

Peer review　同行评审

Performance indicator　性能指标

Performance testing　性能测试

Pilot testing　引导（试验性）测试

portability testing　可移植性测试

Positive testing　正面测试

Postcondition　后置条件

Precondition　前提条件

Priority　优先级

Prototype　原型

Pseudo code　伪代码

Pseudo-localization test　伪本地化测试

- Q -

QC（quality control）　质量控制

QA　（quality assurance）　质量保证

- R -

RUP (Rational Unified Process) 统一过程

Recovery testing　恢复测试

Refactoring　重构

Regression testing　回归测试

Release　发布

Release note　版本说明

Reliability testing　可靠性测试

Reliability assessment　可靠性评估

Requirements management tool 需求管理工具

Requirements-based testing 基于需求的测试

Review　评审

Risk assessment　风险评估

Robustness　强健性

ROI（Return of Investment）　投资回报率

Root Cause Analysis(RCA) 根本原因分析

- S -

Safety　（生命）安全性

Sanity testing　健全测试

Schema Repository　模式库

Screen shot　抓屏、截图

Security testing　安全性测试

Serviceability testing　可服务性测试

Severity　严重性

Shipment　发布

Simulation　模拟

Simulator　模拟器

SLA (Service level agreement) 服务级别协议

Smoke testing　冒烟测试

Software development plan 软件开发计划

Software development process 软件开发过程

Software diversity　软件多样性

Software element　软件元素

Software engineering　软件工程

Software life cycle　软件生命周期

Source code　源代码

Source statement　源语句

Specification　规格说明书

Specified input　指定的输入

Spiral model　螺旋模型

SQL（structured query language）结构化查询语句

Staged Delivery　分阶段交付

State diagram　状态图

State transition testing　状态转换测试

Statement coverage　语句覆盖

Static Analysis　静态分析

Static Testing　静态测试

Statistical testing　统计测试

Stepwise refinement　逐步优化

Stress Testing　压力测试

Structural testing　结构化测试

Structured design　结构化设计

Stub　桩程序

Summary　总结

Symbolic execution　符号执行

Synchronization　同步

Syntax testing　语法分析

System design　系统设计

System integration　系统集成

System Testing　系统测试

- T -

Technical requirements　技术需求

Test automation　测试自动化

Test Case　测试用例

Test completion criterion　测试完成标准

Test coverage　测试覆盖率

Test design　测试设计

Test driver　测试驱动程序、库函数

Test environment　测试环境

Test execution　测试执行

Test generator　测试生成器

Test infrastructure　测试基础设施

Test Metrics 测试度量

Test Plan/Planning　测试计划

Test procedure　测试规程

Test Oracle　测试预言，结果判断准则

Test records　测试记录

Test report　测试报告

Test scenario　测试场景

Test script　测试脚本

Test Specification　测试规格说明书

Test strategy　测试策略

Test suite　测试套件

Test target　测试目标

Test ware　测试件

Testability　可测试性

Testing bed　测试平台

Testing item　测试项

Test incident report（TIR）　测试事故报告

Top-down integration　自顶向下集成

Traceability　可跟踪性

Trade-off　平衡

Transaction　事务/处理

Tune System　调试系统

- U -

Unit Test　单元测试

Usability Testing　可用性测试

Usage scenario　使用场景

User acceptance test　用户验收测试

User interface(UI)　用户界面

User profile　用户信息

User scenario　用户场景

- V -

V&V (Verification & Validation)　验证&确认

Validation　确认

Verification　验证

Version　版本

Virtual user　虚拟用户

VSS（visual source safe）

- W -

Walkthrough　走读

Waterfall model　瀑布模型

White box testing　白盒测试

Work breakdown structure (WBS)　任务分解结构

- Z -

Zero bug bounce (ZBB)　零缺陷反弹

附录 B
测试计划简化模板

变动记录

版本号	日期	作者	参与者	变动内容说明

目录索引

1. 前言

1.1 测试目标：通过本计划的实施，测试活动所能达到的总体的测试目标。

1.2 主要测试内容：主要的测试活动，测试计划、设计、实施的阶段划分及其内容。

1.3 参考文档及资料

1.4 术语的解释

2. 测试范围

测试范围应该列出所有需要测试的功能特性及其测试点，并要说明哪些功能特性将不被测试。

应列出单个模块测试、系统整体测试中的每一项测试的内容（类型）、目的及其名称、标识符、进度安排和测试条件等。

2.1 功能特性的测试内容

功能特性	测试目标	所涉及的模块	测试点
· · ·			

2.2 系统非特性的测试内容

测试标识	系统指标要求	测试内容	难点
· · ·			

3. 测试风险和策略

描述测试的总体方法，重点描述已知风险、总体策略、测试阶段划分、重点、风险防范措施等，包括测试环境的优化组合、识别用户最常用的功能等。

测试阶段	测试重点	测试风险	风险防范措施
⋮			

4. 测试设计说明

测试设计说明，针对被测项的特点，采取合适的测试方法和相应的测试准则等。

4.1 被测项说明

描述被测项的特点，包括版本变化、软件特性组合及其相关的测试设计说明。

4.2 测试方法

描述被测项的测试活动和测试任务，指出所采用的方法、技术和工具，并估计执行各项任务所需的时间、测试的主要限制等。

4.3 环境要求

描述被测项所需的测试环境，包括硬件配置、系统软件和第三方应用软件等。

4.4 测试准则

规定各测试项通过测试的标准。

5. 人员分工

测试小组各人员的分工及相关的培训计划。

人员	角色	责任、负责的任务	进入项目时间
⋮			

6. 进度安排

测试不同阶段的时间安排、进入标准、结束标准。

里程碑	时间	进入标准	阶段性成果	人力资源
⋮				

7. 批准

由相关部门评审、批准记录。

附录 C
测试用例设计模板

C.1 国家标准 GB/T 15542-2008

用例名称			用例标识	
测试追踪				
用例说明				
用例的初始化	硬件配置			
	软件配置			
	测试配置			
	参数配置			
操作过程				
序号	输入及操作说明	期望的测试结果	评价标准	备注
前提和约束				
过程终止条件				
结果评价标准				
设计人员			设计日期	

C.2 简单的功能测试用例模板（表格形式）

标识码		用例名称			
优先级	高/中/低	父用例		执行时间估计	分钟
前提条件					
基本操作步骤					
输入/动作		期望的结果		备注	
示例：典型正常值……					
示例：边界值……					
示例：异常值……					

C.3 功能测试用例模板（文字形式）

✧ ID：(测试用例唯一标识名)

✧ 用例名称：（概括性说明测试的目的、作用）

✧ 测试项：（测试哪个功能或功能点）

✧ 环境要求：（说明所采用的操作系统、数据平台、应用系统及其相应的配置）

✧ 参考文档：（基于哪个需求规格说明书）

✧ 优先级：高/中/低

✧ 父用例：（有父用例，填其 ID；没有，填 0）

✧ 输入数据或前提：（事先设置、数据示例）

✧ 具体步骤描述：（一步一步地描述清楚）

　　1.

　　2.

　　… …

✧ 期望结果：

C.4 性能测试用例模板

标识码		优先级	高/中/低	执行时间估计	分钟
用例名称					
测试目的					
环境要求					
测试工具					
前提条件					
负载模式和负载量			期望达到的性能指标		备注
10 个用户并发操作					
50 个用户并发操作					

附录 D
软件缺陷模板

D.1 国家标准 GB/T 15542-2008

缺陷 ID			项目名称			程序/文档名	
发现日期			报告日期			报告人	
问题 性质	类别	程序问题 □	文档问题 □	设计问题 □	其他问题 □		
	级别	1级 □	2级 □	3级 □	4级 □	5级 □	
问题追踪							

问题描述/影响分析

附注及其修改意见

D.2 规范、专业的缺陷模板

缺陷 ID	（自动产生）	缺陷名称		
项目号		模块		
任务号		功能特性/ 功能点		
产品配置 识别码		规格说明书 文档号	关联的测试用例	
内部 版本号		严重性	1	优先级	P1

续表

报告者	选 择	分配给	选 择	抄送	
发生频率 （1%～100 %）		操作系统		浏览器	
现象	选 择	Tag（主题词）			
操作 步骤					
期望 结果					
实际 结果					

附件：

说明或分析

附录 E

软件测试报告模板

《项目测试报告名称》

项目名称		版本号	
发布类型		测试负责人	
测试完成日期		联系方式	
评审人		批准人	
评审日期		批准日期	

变动记录

版本号	日期	作者	参与者	变动内容说明

目录索引

1. 项目背景

1.1 测试目标及测试任务概括

1.2 被测试的系统、代码包及其文档等的信息

1.3 所参考的产品需求和设计文档的引用和来源

1.4 测试环境描述：硬件和软件环境配置、系统参数、网络拓扑图等。

1.5 测试的假定和依赖

2. 所完成的功能测试

2.1 测试的阶段及时间安排

阶段	时间	测试的注意任务	参与的测试人员	测试完成状态

2.2   所执行的测试记录

在测试管理系统中相关测试执行记录的链接。

2.3   已完成测试的功能特性

标识	功能特性描述	简述存在的问题	测试结论（通过/部分通过/失败）	备注

2.4   未被测试的功能特性

未被测试项的列表，并说明为什么没有被测试的原因或理由。

2.5   测试覆盖率和风险分析

给出测试代码、需求或功能点等覆盖率分析结果，并说明还有哪些测试风险，包括测试不足、测试环境和未被测试项等引起的、潜在的质量风险。

2.6   最后的缺陷状态表

严重程度	全部	未被修正的（Open）	已修正	功能增强	已知问题（暂时无法修正的）	延迟修正（在下个版本修正）	关闭
0							
1							
2							
3							

3.   系统测试结果

3.1   安装测试

按照指定的安装文件，完成相应的系统安装及其设置等相关测试

3.2   系统不同版本升级、迁移测试

3.3   系统性能测试

标识	所完成的测试	系统所期望的性能指标	实际测试结果	差别分析	性能问题及其改进建议

3.4   安全性测试

描述所完成的测试、安全性所存在的问题等。

3.5　其他非功能特性的测试

4.　主要存在的质量问题

4.1　存在的严重缺陷

列出未被解决而质量风险较大的缺陷。

4.2　主要问题和风险

对上述缺陷进行分析，归纳出主要的质量问题。

5.　总体质量评估

5.1　产品发布的质量标准

根据在项目计划书、需求说明书、测试计划书中所要求的质量标准，进行概括性描述。

5.2　总体质量评估

根据测试的结果，对目前的产品进行总体的质量评估，包括高质量的功能特性、一般的功能特性、担心的质量问题。

5.3　结论

就产品能不能发布，给出结论"Yes"或"No"。

6.　附录

6.1　未尽事项

6.2　详细的测试结果

例如，给出性能测试的总结数据及其分析的图表。

6.3　所有未被解决的缺陷的详细列表

附录 F

参考文献和资源

[1] Glenford J.Myers 等. 软件测试的艺术. 王峰，陈杰，译. 北京：机械工业出版社，2006.

[2] 朱少民. 软件测试方法和技术. 3 版. 北京：清华大学出版社，2014.

[3] 陈伟柱等. 单元测试之道. 北京：电子工业出版社，2006.

[4] 朱少民. 全程软件测试. 2 版. 北京：电子工业出版社，2014.

[5] Ron Patton. Software Testing. 2nd ed. SAMS Publishing, 2006.

[6] Rex Black. Managing the Testing Process. 2nd ed. Jihn Wiley & Sons, Inc., 2002.

[7] 需求评审工具 ARM：http://satc.gsfc.nasa.gov/tools/.

[8] 评审工具：http://www.keystrokepos.com/swreview/.

[9] 运算规则：http://www.codeproject.com/KB/recipes/.

[10] MSDN 中文杂志：http://msdn.microsoft.com/zh-cn/magazine/default.aspx.

[11] W3C 技术报告：http://www.w3.org/TR/.

[12] JUnit 工具：http://www.junit.org.

[13] Selenium 工具：http://seleniumhq.org/.

[14] JMeter 中文手册：http://wiki.javascud.org/pages/viewpage.action?pageId=5566.

[15] 开源测试工具介绍：www.opensourcetesting.org.

[16] 开源项目社区：http://www.sourceforge.net/.

[17] 微软开发人员网络（MSDN）：http://msdn.microsoft.com/zh-cn/.

[18] IBM developerWorks(中国)：http://www.ibm.com/developerworks/cn/.

[19] 代码评审最佳实践：http://smartbearsoftware.com/docs/BestPracticesForPeerCode Review.pdf/.

[20] EClipse 测试性能工具平台： http://www.eclipse.org/tptp/.

[21] 软件测试人员资源网站：http://testingfaqs.org/.

[22] Sun Java 网站：http://www.sun.com/java/，http://java.sun.com/.

[23] Unicode 联盟：http://www.unicode.org/.

[24] Linux 国际化标准：　http://www.li18nux.org/.

[25] OpenI18N 全球化规格说明书 http://www.openi18n.org/docs/pdf/OpenI18N1.3.pdf.

[26] W3C I18N 网站：http://www.w3.org/International/.

[28] 维客(wiki)：http://www.wiki.cn/wiki.

[29] 测试计划模板：http://www.sqatester.com/documentation/downloads/GenericTestPlan.doc.

[30] 测试计划纲要：http://www.evolutif.co.uk/tkb/guidelines/ieee829/.

[31] 测试模板：http://www.testingexcellence.com/downloads/templates/.

普通高等学校
计算机教育 "十二五" 规划教材

12th Five-Year Plan Textbooks of
Computer Education

软件测试（第2版）

Software Testing

本书提供了丰富的实例和实践内容，特别加强了移动应用 App 的各项测试，从而更好地满足当今软件测试工作的实际需求，使读者掌握测试方法的应用之道和品味测试的最佳实践。引入了敏捷测试，适应当前软件开发模式的变化。需求评审也不局限于需求规格说明书的评审，还包括用户故事的评审。在集成测试中，增加了"持续集成及其测试"的介绍。"测试用例设计"的内容改为"测试分析与设计"，加强测试分析。在功能测试上，不仅加强业务分析，而且扩展整体的分析思路，给出 LOSED 模型，从多个方面去分析，相互补充，确保测试的充分性。对测试工具进行了更新，删除一些淘汰的工具，增加了一些新出现、更流行的测试工具，确保工具的有效性。增加了八个实验，分布在第 2 章到第 8 章，这些实验覆盖需求评审、测试设计、单元测试、系统功能测试、性能测试、安全性测试、移动应用自动化测试、Windows 应用自动化测试等。书中提供了近百个二维码，有利于读者更方便、更快地获得相应的阅读材料。

人民邮电出版社
教学服务与资源网
www.ptpedu.com.cn

教材服务热线：010-81055256
反馈／投稿／推荐信箱：315@ptpress.com.cn
人民邮电出版社教学服务与资源网：www.ptpedu.com.cn

ISBN 978-7-115-41293-5

9 787115 412935 >

ISBN 978-7-115-41293-5
定价：49.80元

封面设计：董志桢